住房和城乡建设部"十四五"规划教材

高等学校工程管理专业系列教材

工程项目质量管理

张涑贤　苏　秦　主编

U0169687

中国建筑工业出版社

图书在版编目（CIP）数据

工程项目质量管理 / 张涑贤，苏秦主编. — 北京：中国建筑工业出版社，2022.10

住房和城乡建设部"十四五"规划教材 高等学校工程管理专业系列教材

ISBN 978-7-112-27981-4

Ⅰ. ①工… Ⅱ. ①张… ②苏… Ⅲ. ①建筑工程—工程质量—质量管理—高等学校—教材 Ⅳ. ①TU712.3

中国版本图书馆 CIP 数据核字（2022）第 176706 号

本教材以质量管理四大支柱为架构，以工程项目质量形成过程为主线，在传承质量管理经典理论的基础上，介绍质量管理领域最新研究成果，并注重质量管理工具和方法在工程项目领域的应用。教材内容体系完善，逻辑严密。为便于读者学习，各章附有学习要点、复习思考题和案例分析。

本教材内容共分 9 章，具体包括工程项目质量管理概论、质量管理体系及卓越绩效管理、工程项目设计阶段质量管理、设备采购和监造质量管理、过程控制与质量改进、工程项目施工阶段质量管理、工程项目施工质量验收、质量管理的工具和方法以及工程项目安全管理。

本教材可作为高等学校工程管理专业，土建学科类、管理科学与工程类及工商管理类其他专业本科生、研究生的教材及参考书，亦可作为工程项目管理实践人员及建筑行业从业人员的参考书和自学用书。

为更好地支持相应课程的教学，我们向采用本书作为教材的教师提供教学课件，有需要者可与出版社联系，邮箱：jckj@cabp.com.cn，电话：(010) 58337285，建工书院 https://edu.cabplink.com（PC 端）。

* * *

责任编辑：牟琳琳 张 晶
责任校对：李美娜

住房和城乡建设部"十四五"规划教材
高 等 学 校 工 程 管 理 专 业 系 列 教 材
工程项目质量管理
张涑贤 苏 秦 主编
*
中国建筑工业出版社出版、发行（北京海淀三里河路 9 号）
各地新华书店、建筑书店经销
北京红光制版公司制版
北京圣夫亚美印刷有限公司印刷
*
开本：787 毫米×1092 毫米 1/16 印张：17 字数：420 千字
2023 年 2 月第一版 2023 年 2 月第一次印刷
定价：**49.00** 元（赠教师课件）
ISBN 978-7-112-27981-4
(40127)

出 版 说 明

党和国家高度重视教材建设。2016 年，中办国办印发了《关于加强和改进新形势下大中小学教材建设的意见》，提出要健全国家教材制度。2019 年 12 月，教育部牵头制定了《普通高等学校教材管理办法》和《职业院校教材管理办法》，旨在全面加强党的领导，切实提高教材建设的科学化水平，打造精品教材。住房和城乡建设部历来重视土建类学科专业教材建设，从"九五"开始组织部级规划教材立项工作，经过近 30 年的不断建设，规划教材提升了住房和城乡建设行业教材质量和认可度，出版了一系列精品教材，有效促进了行业部门引导专业教育，推动了行业高质量发展。

为进一步加强高等教育、职业教育住房和城乡建设领域学科专业教材建设工作，提高住房和城乡建设行业人才培养质量，2020 年 12 月，住房和城乡建设部办公厅印发《关于申报高等教育职业教育住房和城乡建设领域学科专业"十四五"规划教材的通知》（建办人函〔2020〕656 号），开展了住房和城乡建设部"十四五"规划教材选题的申报工作。经过专家评审和部人事司审核，512 项选题列入住房和城乡建设领域学科专业"十四五"规划教材（简称规划教材）。2021 年 9 月，住房和城乡建设部印发了《高等教育职业教育住房和城乡建设领域学科专业"十四五"规划教材选题的通知》（建人函〔2021〕36 号）。为做好"十四五"规划教材的编写、审核、出版等工作，《通知》要求：（1）规划教材的编著者应依据《住房和城乡建设领域学科专业"十四五"规划教材申请书》（简称《申请书》）中的立项目标、申报依据、工作安排及进度，按时编写出高质量的教材；（2）规划教材编著者所在单位应履行《申请书》中的学校保证计划实施的主要条件，支持编著者按计划完成书稿编写工作；（3）高等学校土建类专业课程教材与教学资源专家委员会、全国住房和城乡建设职业教育教学指导委员会、住房和城乡建设部中等职业教育专业指导委员会应做好规划教材的指导、协调和审稿等工作，保证编写质量；（4）规划教材出版单位应积极配合，做好编辑、出版、发行等工作；（5）规划教材封面和书脊应标注"住房和城乡建设部'十四五'规划教材"字样和统一标识；（6）规划教材应在"十四五"期间完成出版，逾期不能完成的，不再作为《住房和城乡建设领域学科专业"十四五"规划教材》。

住房和城乡建设领域学科专业"十四五"规划教材的特点，一是重点以修订教育部、住房和城乡建设部"十二五""十三五"规划教材为主；二是严格按照专业标准规范要求编写，体现新发展理念；三是系列教材具有明显特点，满足不同层次和类型的学校专业教学要求；四是配备了数字资源，适应现代化教学的要求。规划教材的出版凝聚了作者、主审及编辑的心血，得到了有关院校、出版单位的大力支持，教材建设管理过程有严格保障。希望广大院校及各专业师生在选用、使用过程中，对规划教材的编写、出版质量进行反馈，以促进规划教材建设质量不断提高。

住房和城乡建设部"十四五"规划教材办公室

2021 年 11 月

前　言

"质量"对于工程项目绩效的顺利实现举足轻重。为适时推广质量管理学科和项目管理实践发展的新理念、新成果及应用，《工程项目质量管理》教材应运而生，本教材获评住房和城乡建设部"十四五"规划教材。

《工程项目质量管理》教材编写过程中体现以下特点：①体系完善。本教材以质量管理四大支柱为架构，以工程项目质量形成过程为主线，在传承质量管理经典理论的基础上，介绍质量管理领域最新研究成果，并注重质量管理工具和方法在工程项目领域的应用。教材结构体系完善，逻辑严密。②理念创新。本教材结合建筑业的行业及产品特色，将制造业质量管理取得的丰硕成果应用于工程项目中，质量理念上更注重企业层面向工程项目层面的转化。③内容前沿。本教材融合了学科最新研究成果，结合工程项目生产及产品本身的特点，强调服务质量、关系质量、小批量生产质量控制等最新研究成果在项目质量管理中的应用，并探讨建筑行业发展趋势对工程项目质量管理带来的新问题和新挑战。④案例典型。本教材注重理论联系实际，根据质量管理应用领域的特点和相应质量管理方法的特殊性，设计和选用工程项目领域的典型案例，反映工程项目形成各阶段涉及的质量管理实践中的热点焦点问题，实用性强。

本教材内容共分9章，包括工程项目质量管理概论、质量管理体系及卓越绩效管理、工程项目设计阶段质量管理、设备采购和监造质量管理、过程控制与质量改进、工程项目施工阶段质量管理、工程项目施工质量验收、质量管理的工具和方法和工程项目安全管理。教材由西安建筑科技大学管理学院张涑贤教授和西安交通大学管理学院苏秦教授任主编并统稿，参加编写的还有西安理工大学张鹏伟副教授、西北工业大学李乘龙副教授、长安大学王灿友副教授和西安石油大学杨青青讲师。其中，第1章、第3章、第4章由张涑贤、苏秦编写；第2章、第5章由苏秦、杨青青、李乘龙编写；第6章、第7章由张鹏伟、王灿友编写；第8章、第9章由张涑贤、张鹏伟、李乘龙编写。为便于读者学习，各章附有学习要点、复习思考题和案例分析。

本教材由西安理工大学刘书庆教授担任主审，为本教材提出了许多建设性的意见。本教材在编写过程中，参考并引用了国内外部分同类著作、教材和教学参考书。西安建筑科技大学硕士研究生王梓豪、魏佳敏、任越、何竹云和杨静等，在查阅文献资料、校稿等工作中也付出了辛苦劳动。在此一并表示衷心的感谢。

由于时间仓促，加之编者水平有限，教材中难免有不足和疏漏之处，竭诚希望使用本教材的读者提出宝贵的意见。

张涑贤

2022年5月于西安建筑科技大学

目　　录

第1章 工程项目质量管理概论

引导案例

匠心筑基，优化产品质量

2020 年，B 公司集团管理层明确提出，为强基固本、持续提升全周期竞争力，在 B 公司全国的项目实行专注产品力提升、以安全和质量为基础的"强基行动"。强基行动就是让项目聚焦于最根本的质量和安全管理行为，打造精品，把强基行动作为项目的底线管理行为。

"安全和质量是第一位的，一切都要让路给安全和质量。一定要很严厉地管理所有的事。"B 公司在云南、滇西南的项目，将这些理念都落实到了建设生产环节。坚持以零缺陷作为衡量安全、质量的唯一标准，并作为全区域一项常态化工作，落实到每个项目的开发、施工和质量安全管控中。每个月，B 公司云南区域在建项目都会接受第三方专业检测机构的检查评比，针对主体、砌筑、抹灰、装修等各环节进行巡检，倒逼项目加强现场的安全、质量管理，达到过程中零伤亡、零瑕疵，以向业主提供更优质量产品为最终目的。

一切工程项目的质量最终都取决于执行的人。为此，云南区域、滇西南区域在 2021 年 1 月召开"强基行动-鲁班联盟启动大会"，从而打造一支追求匠心精神的区域工程师团队，全方位提升基础产品力、基层工程人员质量。B 公司在各项目监理的配置，比原来翻了一倍。以云南省楚雄某项目为例，原来配置 6 名监理，现在配置 11 名，监理费用增加了 50%。通过减少区域派驻到项目上的人员，增加监理人数，达到"管控更精细"的目的，对工程质量有提升。

建立质量控制标准化体系。B 公司从 2020 年起就采取八大精工品质内控指引标准助力品质提升，具体包括工程质量控制标准、工程安全文明管控标准、精装交付标准、精装工程观感标准、精装修工程工艺工法标准、精装工程细部节点构造标准、机电工程工艺工法标准、景观工程工艺工法标准等。

扩大建筑机器人和智能建造体系应用范围，提升工程质量。B 公司旗下某全资子公司已有 18 款机器人在超过 15 个项目中开展试点应用，目前，智能化造楼机、智能随动式布料机、地面整平机器人、喷涂机器人等较为成熟的产品已进入商业化应用阶段。云南区域一位负责人表示，机器人也会应用到本区域项目，BIM 数字化智慧工地、VR 技术已在本区域项目中普及，对于促进"好房子"建筑质量和安全有积极的作用。

"伟大在于细节"，这是 B 公司及其创始人一直奉行的使命。"强基行动"从工程项目各个方面入手，层层把关，致力于工程项目质量优化，为追求美好生活的人提供好房子、好社区。

学习要点

1. 质量的基本概念及发展；
2. 工程项目质量的特点及影响因素；
3. 质量先驱的质量哲理；
4. 质量管理的发展过程；
5. 全面质量管理的内涵。

1.1 质量及工程项目质量

1.1.1 质量的基本概念及其发展

1. 质量的基本概念

随着社会的不断发展，质量的定义也层出不穷。有关质量的定义主要从 ISO 9000 质量管理体系标准中质量的定义、不同维度下质量的定义两个方面展开。

（1）ISO 9000 质量管理体系标准中质量的定义。国际标准化组织（ISO）所制定的《质量管理体系——基础和术语》ISO 9000：2015 这样定义质量：质量（Quality）是"一组固有特性满足要求的程度"。

注1：术语"质量"可使用形容词如差、好或优秀来修饰。

注2："固有的"（其反义是"赋予的"）意味着存在于可感知或可想象到的任何事物内。

理解要点如下：

1）特性（Characteristic）。特性是指可区分的特性，可以是固有的或赋予的，也可以是定性的或定量的。固有特性是指本来就有的、长久不变的属性。赋予特性是指为了适应不同要求而增加的特性，与固有特性是相关联的，如产品的价格、保质期。特性有很多类别，可以是物理的，如机械的、电的、化学的或生物学的特性；可以是感官的，如嗅觉、触觉、味觉；可以是行为的，如礼貌、诚实、正直；也可以是时间的，如准时性、可靠性、可用性等。

2）要求（Requirement）。要求是指明示的、通常隐含的或必须履行的需求或期望。规定要求是明示的要求，如在文件中阐明的要求。"通常隐含"是指组织、顾客和其他相关方的惯例或一般做法，所考虑的需求是不言而喻的。特定要求可用修饰词表达，如产品要求、质量要求、顾客要求等。此外，要求可由不同的相关方或组织自己提出。

组织、顾客和其他相关方的需求是动态的、广泛的，因此在理解质量定义的同时还应该考虑质量概念的以下特征：

① 广义性。质量不仅指产品的质量，还包括过程、体系的质量。

② 时效性。组织、顾客和其他相关方的需求和期望会因时间、地点而变化，质量要求必须不断作出相应调整。

③ 相对性。需求的日趋多元化、个性化导致对同一产品的同一功能也可能有不同的需求。只要能满足需求，就应该认为产品质量是好的；也就是说，质量没有绝对的评价标准。

④ 经济性。"物超所值""物美价廉""性价比"等均描述了质量的经济性。质量和价

格是产品在市场中的两个基本参数。

（2）从不同维度定义质量

1）产品维度（Product Dimension）。人们对质量的理解不同，对质量的定义也会有所不同。哈佛商学院的戴维·加文（David Garvin）将这些质量定义归为 5 类：

① 难以形容的（Transcendent）：质量是一种直觉的感知，只可意会，不可言传，如同美丽或爱。

② 基于产品的（Product-based）：质量存在于产品的零部件和特性之中。

③ 基于用户的（User-based）：顾客满意的产品或服务，就是好的质量。

④ 基于制造的（Manufacturing-based）：符合设计规格的产品具有好的质量。

⑤ 基于价值的（Value-based）：物超所值的产品具有好的质量。

在上述 5 种质量定义的基础上，加文还提出了 8 个质量维度，以描述产品的质量。各维度具体内容如下：

① 性能（Performance），指产品达到了预期目标的效能。一般而言，好的性能与好的质量是同义词。

② 特征（Feature），指用来增加产品基本性能的属性，包括产品中的许多"新花样"。如名为"汉墙"的发电墙、花园阳台等。这些特征会强烈刺激顾客的消费欲望。

③ 可靠性（Reliability），指产品在设计的使用寿命期内，一致地完成规定的功能的能力，可靠性管理作为质量管理的一个分支已经产生，它以概率理论为基础应用于质量。若产品在设计的使用寿命期内故障率很低，则该产品就具有高的可靠性。

④ 符合性（Conformance），指产品的某一维度在规格允许的容差范围内的情况。通常我们在产品设计时会将产品的性能量化，量化的产品维度称为规格，规格容许少量的变动叫作容差。

⑤ 耐久性（Durability），指产品受到压力或撞击而不会出现故障的程度。

⑥ 可服务性（Serviceability），指产品易于修复的程度。如果一个产品可以很容易地修复且费用很便宜，则该产品就具有很好的可服务性。

⑦ 美感（Aesthetics），指一种主观感觉特征，如：味觉、触觉、听觉、视觉及嗅觉。基于美感这一维度，我们可以根据产品属性满足顾客偏好的程度来测量产品质量。

⑧ 感知质量（Perceived Quality），指顾客以个人的感知来判断产品与服务的质量。品牌形象、品牌知名度、广告数量与口碑等均能影响顾客的感知质量。

2）服务维度（Service Dimension）。加文归纳出的质量维度更多地关注于实体产品的质量，而服务作为一种无形产品，具有顾客直接参与等特殊性，因此，服务质量比一般产品的质量更难定义。

著名学者帕拉苏拉曼（A. Parasuraman）、蔡特哈梅尔（V. Zeithamel）和贝里（L. Berry）对服务质量的研究颇有造诣，提出的服务质量维度如下：

① 有形性（Tangibles），包括服务设施、设备、服务人员的仪态、用词及口气和服务用品的外观等。例如，餐饮店投入大量资金营造良好的环境，员工衣着整齐，态度亲和，从而吸引更多顾客消费；而酒店的床单泛黄、设备老化等，必定影响服务质量。

② 可靠性（Reliability），涉及服务提供者可靠准确地履行服务承诺的能力。例如，顾客可能会仅依据声誉来招聘顾问，如果该顾问能提供顾客所需服务，达到顾客满意，顾

客将支付费用，否则，顾客可以拒绝付费。

③ 响应性（Responsiveness），指服务提供者帮助顾客并迅速提供服务的意愿。例如，当顾客打电话给公司客服寻求服务时，多久才得到回应，多长时间会解决问题，是否要等待很长时间等。

④ 保证性（Assurance），指员工具有知识、礼节、自信并值得信任的程度。如病人需要手术，必定选择能力强、经验丰富的医生而非实习医生为自己做手术。

⑤ 移情性（Empathy），指公司给予顾客个性化的关怀。如认识到顾客需求的重要性，根据顾客不同个性所设计的主题餐厅往往会有很多的回头客。

就像产品质量有许多维度一样，服务质量也有许多其他维度，如可用性（Availability）、专业性（Professionalism）、适时性（Timeliness）、完整性（Completeness）和愉悦性（Pleasantness）等。在进行服务设计时，只有使这些不同的服务维度同时得以考虑，才能提升企业的整体服务质量。

2. 质量概念的发展

随着社会经济的不断进步，质量概念也不断得到补充、丰富和发展。传统的质量概念以产品生产为基础，认为质量是产品的某种特性。从制造技术发展的过程看，这种观念是与自动化大生产、为社会提供大批量、相同质的产品同步形成的。

在市场机制下，传统的质量观念得到不断扩展，人们逐渐认为，质量不仅要符合耐久性标准，而且要包括可靠性、符合性、可服务性等质量特征，这反映了人们价值观念的变化。

在20世纪后期，市场环境快速变化，消费者需求日趋主体化、个性化和多样化。强烈的市场竞争，使质量的定义发生了根本变化，从以生产标准变为以用户的满意度来度量质量，而产品的概念也从实物产品发展为产品与服务，质量的主体也扩展为过程、系统、管理、工作等。

（1）质量概念的认识。对质量概念的认识大体上经历了以下3个阶段：

1）符合性质量。符合性质量的概念很简单，就是符合产品的设计要求，达到产品的技术标准即可。符合性质量观的表述比较直观、具体，要么是，要么非。其不足之处是仅从生产者的立场出发，静态地反映产品的质量水平，而忽视了最重要的顾客的需求。

2）适用性质量。20世纪中叶，美国著名质量管理专家朱兰（Joseph M. Juran）提出适用性质量的概念。朱兰将质量定义为"一种适用性"，即设计质量、质量一致、可使用性和现场服务。其中设计质量涉及市场调查、产品概念及设计规范；质量一致包括技术、人力资源及管理；可使用性强调可靠性、维修性及物流支持；现场服务包括及时性、满意度及完整性。只有满足了这4个参数，才能体现适用性质量观的内涵。适用性质量概念的判断依据是顾客的要求。这一表述跳出了生产者的范围，把对质量的评判权交给了用户，具有动态意识，适应了时代发展的要求，实现了质量概念认识上的一个飞跃。

3）全面质量。20世纪90年代后期，部分专家先后提出"全面质量"的概念，并被人们逐渐认同。所谓全面质量，不仅指最终的产品，而且覆盖与产品相关的一切过程的质量，覆盖产品的整个寿命周期，包括了工作质量、服务质量、信息质量、过程质量、部门质量、人员质量、系统质量、公司质量、目标质量等。全面质量是一种以人为本的管理系统，其目的是以持续降低的成本，持续增加顾客满意度。

全面质量概念更集中地反映了现代经济生活中人们所追求的价值观。顾客对企业提供的产品是否满意体现了顾客的价值观；企业是否能提供顾客满意的产品则体现了企业的价值观，二者尽可能完美地统一起来便形成了费根堡姆（Armand V. Feigenbaum）提出的质量价值链。这种质量价值链将受益的相关方（即顾客、业主、员工、供方和社会）的利益联结在一起，这也是全面质量概念的实质与核心所在。传统的狭义质量与全面质量的比较见表 1-1。

狭义质量与全面质量的比较　　　　　　　　　　　表 1-1

要素	狭义质量	全面质量
对象	提供的产品（包括服务）	提供的产品及所有与产品有关的事物（附加服务）
目的	本组织受益	本组织及所有相关方受益
相关者	外部顾客	内部和外部顾客
包含的过程	与产品提供相关的过程	所有过程：制造、支持性过程、销售等
涉及人员	组织内与质量直接有关的人员	组织内所有人员
产业	制造业	制造、服务等各个行业
相关工作	组织内有关职能和部门	组织内所有职能和部门
培训	以质量部门的人员为主	组织内所有人员
质量评价标准	符合工厂规范、称号、标准	满足和超越顾客需求

（2）现代质量的理念

1）顾客满意。顾客是质量的鉴定者。顾客满意与否的信息对组织的发展十分重要，原因在于对该信息的理解有助于组织明确质量提高的方向。组织必须致力于创造顾客满意，满意的顾客会以忠诚、继续业务和积极推介等各种方式回报组织，组织的成功只能通过了解并满足顾客的要求来实现。从全面质量的角度考虑，公司所有的战略都是顾客驱动的。我们现在可以看到很多企业都在实施顾客满意战略。

2）适度质量。适度质量关注的是产品质量生产的经济性问题。随着资源不可再生性以及可持续发展理念的深入人心，企业与消费者对质量的要求由原来的尽可能完美发展到适度。过高的质量水平将造成不必要的浪费，而过低的质量水平则不能使消费者满意。如何运用经济学原理确定适度的质量水平，是一个值得思考的问题。

3）质量的时间性。时间性也是描述产品质量的一个维度。当自然环境与社会环境随着时间发生变化时，消费者的价值观、需求也必将随之改变。在当前能够满足顾客要求的产品，一段时间后可能被认为是不合格的产品。因此，质量具有一定的时间性。现代质量概念的发展已经证实了质量的这一性质。

1.1.2　工程项目质量及特点

工程项目质量简称工程质量，是指工程项目满足相关标准规定和合同约定要求的程度，包括其在安全、使用功能及在耐久性能、节能与环境保护等方面所有明示和隐含的固有特性。

工程项目作为一种特殊的产品，除具有一般产品共有的质量特性外，还具有特定的内涵。工程项目质量的特性主要表现在以下 7 个方面：

（1）适用性。适用性即功能，是指工程满足使用目的的各种性能。包括：理化性能，如：尺寸、规格、保温、隔声等物理性能，耐酸、耐碱、耐腐蚀等化学性能；结构性能，指地基基础牢固程度、结构的足够强度、刚度和稳定性；使用性能，如民用住宅工程要能使居住者安居，工业厂房要能满足生产活动需要，道路、桥梁、铁路、航道要能通达便捷等；外观性能，指建筑物的造型、布置、室内装饰效果等美观大方、协调等。

（2）耐久性。耐久性即寿命，是指工程在规定的条件下，满足规定功能要求使用的年限，也就是工程竣工后的合理使用寿命期。由于建筑物本身结构类型不同、质量要求不同、施工方法不同、使用性能不同的个性特点，目前国家对工程项目的合理使用寿命期还缺乏统一规定，仅在少数技术标准中，提出了明确要求。如民用建筑主体结构耐用年限分为四级（15～30 年，30～50 年，50～100 年，100 年以上），公路工程设计年限一般按等级控制在 10～20 年，城市道路工程设计年限，视不同道路构成和所用的材料，设计的使用年限也有所不同。

（3）安全性。安全性是指工程建成后在使用过程中保证结构安全、保证人身和环境免受危害的程度。工程项目产品的结构安全度、抗震、耐火及防火能力，人民防空的抗辐射、抗核污染、抗冲击波等能力是否能达到特定的要求，都是安全性的重要标志。工程交付使用之后，必须保证人身财产、工程整体都能免遭工程结构破坏及外来危害的伤害。工程组成部件，如阳台栏杆、楼梯扶手、电梯及各类设备等，也要保证使用者的安全。

（4）可靠性。可靠性是指工程在规定的时间和规定的条件下完成规定功能的能力。工程不仅要求在交工验收时要达到规定的指标，而且在一定的使用时期内要保持应有的正常功能。如工程上的防洪与抗震能力、隔水隔热、恒温恒湿措施，工业生产用的管道防"跑、冒、滴、漏"等，都属可靠性的质量范畴。

（5）经济性。经济性是指工程从规划、勘察、设计、施工到整个产品使用寿命周期内的成本和消耗的费用。工程经济性具体表现为设计成本、施工成本、使用成本三者之和，包括从征地、拆迁、勘察、设计、采购（材料、设备）、施工、配套设施等建设全过程的总投资和工程使用阶段的能耗、水耗、维护、保养乃至改建更新的使用维修费用。通过分析比较，判断工程是否符合经济性要求。

（6）节能性。节能性是指工程在设计与建造过程及使用过程中满足节能减排、降低能耗的标准和有关要求的程度。

（7）与环境的协调性。与环境的协调性是指工程与其周围生态环境协调，与所在地区经济环境协调以及与周围已建工程相协调，以适应可持续发展的要求。

上述 7 个方面的质量特性彼此之间是相互依存的。总体而言，适用、耐久、安全、可靠、经济、节能与环境适应性，都是必须达到的基本要求，缺一不可。但是对于不同门类不同专业的工程，如工业建筑、民用建筑、公共建筑、住宅建筑、道路建筑，可根据其所处的特定地域环境条件、技术经济条件的差异，有不同的侧重面。

1.1.3　工程项目质量影响因素

影响工程质量的因素很多，但归纳起来主要有 5 个方面，即人（Man）、材料（Material）、机械（Machine）、方法（Method）和环境（Environment），简称 4M1E。

1. 人员素质

人是生产经营活动的主体，也是工程项目建设的决策者、管理者、操作者，工程建设的规划、决策、勘察、设计、施工与竣工验收等全过程，都是通过人的工作来完成的。人员的素质，即人的文化水平、技术水平、决策能力、管理能力、组织能力、作业能力、控制能力、身体素质及职业道德等，都将直接和间接地对工程质量产生不同程度的影响。因此，建筑行业实行资质管理和各类专业从业人员持证上岗制度是保证人员素质的重要管理措施。

2. 工程材料

工程材料是指构成工程实体的各类建筑材料、构配件、半成品等，它是工程建设的物质条件，是工程质量的基础。工程材料选用是否合理、产品是否合格、材质是否经过检验、保管使用是否得当等，都将直接影响工程项目的结构刚度和强度，影响工程外表及观感，影响工程的使用功能，影响工程的使用安全。

3. 机械设备

机械设备可分为两类：一类是指组成工程实体及配套的工艺设备和各类机具，如电梯、泵机、通风设备等，它们构成了建筑设备安装工程或工业设备安装工程，形成完整的使用功能。另一类是指施工过程中使用的各类机具设备，包括大型垂直与横向运输设备、各类操作工具、各种施工安全设施、各类测量仪器和计量器具等，简称施工机具设备，它们是施工生产的手段。工程所用机具设备，其产品质量优劣直接影响工程使用功能质量，其类型是否符合工程施工特点、性能是否先进稳定、操作是否方便安全等，都将影响工程项目的质量。

4. 建造方法

建造方法是指工艺方法、操作方法和施工方案。在工程施工中，施工方案是否合理，施工工艺是否先进，施工操作是否正确，都将对工程质量产生重大的影响。采用新技术、新工艺、新方法，不断提高工艺技术水平，是保证工程质量稳定提高的重要因素。

5. 环境条件

环境条件是指对工程质量特性起重要作用的环境因素，包括工程的技术环境、作业环境、管理环境和周边环境。技术环境有工程地质、水文、气象等，作业环境有施工作业面大小、防护设施、通风照明和通信条件等，管理环境涉及工程实施的合同环境与管理关系的确定、组织体制及管理制度等，周边环境有工程邻近的地下管线、建（构）筑物等。环境条件往往对工程质量产生特定的影响。加强环境条件管理，辅以必要措施，是控制环境条件影响工程质量的重要保证。

1.1.4　工程建设各阶段对质量形成的影响

工程建设的不同阶段，对工程项目质量的形成产生影响，主要分为项目可行性研究阶段、项目决策阶段、工程勘察、设计阶段、工程施工阶段、工程竣工验收阶段 5 个阶段。这 5 个阶段对工程项目质量形成的影响如图 1-1 所示。

1. 项目可行性研究

项目可行性研究是在项目建议书和项目策划的基础上，运用经济学原理对投资项目的有关技术、经济、社会、环境及所有其他方面进行调查研究，对各种可能的拟建方案和建成投产后的经济效益、社会效益和环境效益等进行技术经济分析、预测和论证，确定项目建设的可行性，并在可行的情况下，通过多方案比较从中选择出最佳建设方案，作为项目决策和设计的依据。在此过程中，需要确定工程项目的质量要求，并与投资目标相协调。

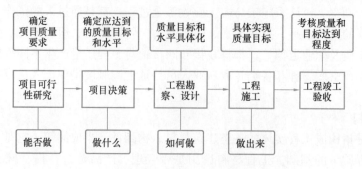

图 1-1　工程建设各阶段对质量形成的影响

因此，项目的可行性研究直接影响项目的决策质量和设计质量。

2. 项目决策

项目决策阶段是通过项目可行性研究和项目评估，对项目的建设方案作出决策，使项目的建设充分反映业主的意愿，并与地区环境相适应，做到投资、质量、进度三者协调统一。所以，项目决策阶段对工程质量的影响主要是确定工程项目应达到的质量目标和水平。

3. 工程勘察、设计

工程勘察包括工程测量、工程地质和水文地质勘察等内容。而工程设计是根据建设项目总体需求（包括已确定的质量目标和水平）和地质勘察报告，对工程的外形和内在的实体进行筹划、研究、构思、设计和描绘，形成设计说明书和图纸等相关文件，使得质量目标和水平具体化，为施工提供直接依据。工程设计质量是决定工程质量的关键环节。设计的严密性、合理性决定工程建设的成败，是工程项目的安全、适用、经济与环境保护等措施得以实现的保证。

4. 工程施工

工程施工是指按照设计图纸和相关文件的要求，通过测量、作业、检验等手段，在建设场地上将设计意图付诸实现，形成工程实体、建成最终产品的活动。任何优秀的设计成果，只有通过施工才能变为现实。因此工程施工活动决定了设计意图能否体现，直接关系到工程的安全可靠、使用功能的保证，以及外表观感能否体现建筑设计的艺术水平。在一定程度上，工程施工是形成实体质量的决定性环节。

5. 工程竣工验收

工程竣工验收就是对工程施工质量通过检查评定、试车运转，考核施工质量是否达到设计要求、是否符合决策阶段确定的质量目标和水平，并通过验收确保工程项目质量。所以工程竣工验收对质量的影响是保证最终产品的质量。

1.2　质量先驱的质量哲理

众多前辈对质量管理的发展都作出了巨大贡献，其中具有突出贡献的包括：戴明、朱兰、克劳士比以及费根堡姆、石川馨、田口玄一。他们改变了人们对质量的看法，对质量管理学科的发展产生了深远的影响。

1.2.1　现代质量管理之父——戴明

威廉·爱德华兹·戴明（William Edwards Deming）被誉为"现代质量管理之父"，因强调对质量改进系统的管理而著名。戴明曾在西部电气霍桑工厂工作，并在美国怀俄明大学和耶鲁大学接受了工程和数学物理教育，这使他有机会认识了休哈特，休哈特影响了戴明使用统计学来进行质量改进的思想。第二次世界大战期间，他曾与国防部的合同商一起工作，使用统计方法来找出军用产品中的系统质量问题。其理念便是由持续改进所需的统计学应用演变而来。

1. 戴明的基本质量观

（1）戴明的质量定义

与别的质量巨匠不同，戴明没有对质量下过一个精确的定义。他在晚年的著作中曾这样写道，"如果一种产品或服务对别人有所帮助，并且能够持续占有不错的市场份额，那么可以说它有质量。"

（2）减少变异

戴明强调通过减少生产和设计过程中的变异来改进产品和服务的质量。在他看来，不可预测的变异是影响产品质量的主要因素。统计技术是不可缺少的管理工具。减少变异可以使系统获得可预测的稳定产出。戴明曾演示过两个著名的实验——红珠实验与漏斗实验，借此来表明不能正确认识系统中的变异时可能导致的危害，以及由此而作出的错误决策。

（3）持续改进

"质量能够以最经济的手段制造出市场上最有用的产品。"戴明认为，质量的改进应该是一种持续的过程。通过质量的改进，可以提高生产效率，降低生产成本，进而以较低的价格和较高的质量获得顾客满意，从而保持市场份额，为社会提供更多的工作岗位。戴明提出的质量改进连锁反应如图1-2所示，他特别强调高层领导对质量改进有不可推卸的责任。

（4）PDCA 循环

戴明最早提出了 PDCA 循环的概念，所以又称其为"戴明环"（Deming Cycle）。PDCA 由计划（Plan）、执行（Do）、检查（Check）和处理（Action）四个单词的英文首字母所组成。PDCA 循环是全面质量管理的科学工作程序，在质量管理中，PDCA 循环得到了广泛的应用，并取得了很好的效果，因此有人称 PDCA 循环是质量管理的基本方法。

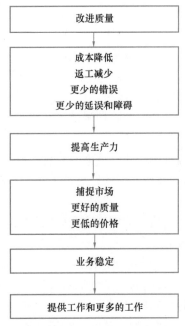

图 1-2　质量改进连锁反应图

2. 戴明的质量管理 14 点

（1）确立产品与服务改善的恒久目的。最高管理层必须从短期目标回到长远建设的正确方向。也就是把改进产品和服务作为恒久的目的，坚持经营，这需要在所有领域加以改革和创新。

（2）采纳新的哲学。绝对不容忍粗劣的原料、不良的操作、有瑕疵的产品和松散的服务。

（3）停止依靠大批量的检验来达到质量标准。检验只能证实而并不能减少次品的存在，等检验出次品再去处理则为时已晚，且成本高而效益低。理解检验的目的是改进流程并降低成本，质量不是来自检验而是源于过程的改进。

（4）结束单纯靠价格标签选择供应商的做法。在原材料、标准件和零部件的采购上不要只以价格高低来决定对象，要有一个全面的考虑。

（5）持续改进生产及服务系统。在每项活动中，必须减少浪费和提高质量，无论是采购、运输、工程、维修、销售、分销、会计、人事、顾客服务，还是生产制造。

（6）建立现代的岗位培训方法。培训必须是有计划的，且必须建立在可接受的工作标准上。必须使用统计方法来衡量培训工作是否奏效。

（7）建立并贯彻领导方法。督导人员必须让高层管理者知道需要改善的地方。知道之后，管理当局必须采取行动。领导并不是单纯地监督。

（8）驱走恐惧心理。所有同事必须有胆量去提出问题，或表达意见。消除恐惧，建立信任，营造创新的气氛。

（9）打破部门之间的围墙。每一部门都不应独善其身，而是需要发挥团队精神。跨部门的质量圈活动有助于改善设计、服务、质量。激发小组、团队及员工之间的合作努力。

（10）取消给员工制定的零缺陷和提高生产率的过度要求。和这些要求相关的指标、口号、图像、海报都必须清除，因为质量和生产率低下往往归咎于生产系统本身，这显然是在一般员工的控制范围之外，这些指标、口号、图像、海报只会导致员工反感。虽然无需为员工定下难以实现的要求，但公司本身却要有这样一个目标：永不间歇地改进。

（11）取消工作配额及数定额。定额把焦点放在数量而非质量上。计件工作制存在缺陷，因为它在一定程度上相当于鼓励员工制造次品。取消目标管理，代之以了解流程性能及如何加以改进。

（12）消除妨碍员工获得工作自豪感的因素。任何导致员工失去工作尊严的因素必须消除。

（13）建立严谨的教育及培训计划。由于质量和生产力的改善会导致部分工作岗位数目的改变，因此所有员工都要不断接受训练及再培训，包括基本统计技巧的运用，鼓励教育及员工的自我提高。

（14）为实现转变采取行动。创造一个能推动以上 13 项的管理组织，为实现转变采取行动。

3. 渊博知识体系

戴明的质量哲学随着戴明对质量认知的不断加深而发生变化。他将以上管理 14 点的潜在基础系统化，提出了"渊博知识体系"（Profound Knowledge System），包括 4 大部分，彼此相互关联：对于系统的认识、有关变异的知识、知识理论、心理学。

（1）系 统（Systems）

系统是指组织内部可以共同作用，从而促使组织实现目标的各项职能或活动的总和。一个系统必须有目标，没有目标就不构成系统。任何系统的所有元素必须共同作用，系统才会有效。系统也必须加以管理。系统各部分越相互依赖，就越需要彼此之间的沟通与合作，同时整体性的管理也更加重要。事实上，正是由于管理者未能了解各组成部分的依赖性，采用目标管理而造成了损失。戴明强调管理者的工作是达到系统的整体优化。虽然公司各部门都各有职责，但其产生的效果不是相加的，而是相互影响的。某一部门为达到本身的目标而独行其是，或许会影响到另一部门的成果。

（2）变异（Variation）

渊博知识体系的第二个组成部分是有关变异的知识。变异无处不在，生产系统中也是如此，它可能产生于生产过程的各个环节。消除生产过程中的变异，使其可以预测，获得稳定的产出，是戴明质量观的重要思想。变异可以分为两类：源自偶然性因素的变异和源自必然性因素的变异。第一类变异占总变异的 $80\%\sim90\%$，它们是系统的自然属性，虽然个别现象是随机的，但是总体表现具有统计规律性；第二类变异来源于系统的外部干扰，通过合适的统计工具，可以很容易地判断出来并加以消除。

仅受偶然性因素控制的系统通常处于稳定状态。管理者在尝试改善结果的时候，通常会犯两类错误，两者的成本都很高。这两种错误是：

错误 1：把源自偶然性因素产生的变异误认为源自必然性因素而作出反应。

错误 2：把源自必然性因素的变异误认为源自偶然性因素而没有作出反应。

过程或许处于统计控制状态下。如果在统计管制状态下，则未来可能的变异将可预测，成本、绩效、质量以及数量也都可以预测，这种情形称之为稳定状态。如果过程不稳定，则称为不稳定状态，绩效将无法预测。

（3）知识理论（Theory of Knowledge）

戴明强调任何认识都具有理论性，实践本身并不能产生理论。仅仅模仿成功的案例，而不借助理论真正地理解它，有可能会造成重大损失。任何理性的计划，无论多么简单，都会包含对状况、行为、人员绩效、程序、设备或原料的预测。理论引领我们作出预测。没有预测，经验与范例也不能教导我们什么。理性的预测有赖于理论，而预测可增进知识。企业取得持续不断的成功所运用的具体方法深深扎根于理论之中，管理者有责任学习并应用这些理论。

（4）心理学（Psychology）

心理学有助于我们了解他人，以及人与环境、顾客与供应商、管理者与属下和任何管理系统的互动。每个个体都不相同。身为一个管理者必须体察到这种差异，并且利用这种差异，让每个人的能力与性格倾向发挥到极致。然而这并非等于将人员排等级。

戴明的渊博知识体系中并没有过多的新东西。戴明的贡献在于将一些基本概念创造性地联系起来，他认识到这些不同概念之间的协调作用，并将它们发展成为一个完整的管理理论。

1.2.2　朱兰的质量三部曲

约瑟夫·朱兰（Joseph M. Juran）是世界著名的质量管理专家。他主张组织内部不同层次的员工使用不同的"语言"。高层管理者的语言是"钱"，以使质量问题引起人们的注意。工人的语言是"事情"。中层管理者应当会说这两种语言，起到上传下达的沟通作用。朱兰出版《朱兰质量管理手册》，被誉为当今世界质量管理科学的"圣经"，为奠定全面质量管理的理论基础作出了卓越的贡献。

1. 适用性质量

朱兰认为，质量的本质内涵是适用性，所谓适用性（Fitness for Use）是指使产品在使用期间能满足使用者的需求。朱兰提出质量不仅要满足明确的需求，也要满足潜在的需求。这一思想使质量管理范围从生产过程中的控制进一步扩大到产品开发和工艺设计阶段。

2. 质量三部曲

（1）质量计划。实现质量目标的准备程序。

（2）质量控制。对过程进行控制以保证质量目标的实现。

（3）质量改进。有助于发现更好的管理工作方式。

质量计划的制定应首先确定内部与外部的顾客，识别顾客需求，然后将顾客需求逐步转化为产品的技术特征、实现过程特征及过程控制特征；质量控制则包括选择控制对象、测量时间性能、发现差异并针对差异采取措施；质量改进包括论证改进需要、确定改进项目、组织项目小组、诊断问题原因、提供改进办法，证实其有效后采取控制手段使过程保持稳定。

质量三部曲为企业的质量问题的解决提供了方向。但是朱兰通过对很多公司的考察发现，在许多企业内，人们把精力过多地放在了质量控制环节，而质量计划和质量改进没有引起应有的重视。因此，朱兰呼吁，组织应该将注意力更多地放在质量计划和质量改进两个环节，尤其是质量改进环节。

3. 质量螺旋

朱兰提出，为了获得产品的适用性，需要进行一系列工作。也就是说，产品质量是在市场调查、开发、设计、计划、采购、生产、控制、检验、销售、服务、反馈等全过程中形成的，同时又在这个全过程的不断循环中螺旋式提高，所以也称为质量螺旋（Quality Loop）。由于每个环节具有相互依存性，因此对符合要求的全公司范围的质量管理需求巨大，高级管理层必须在其中起到积极的领导作用。

4. 80/20 原则

朱兰尖锐地提出质量责任的权重比例问题。他依据大量的实际调查和统计分析认为，企业产品或服务质量问题，追究其原因，只有 20% 来自基层操作人员，而 80% 是由于领导引起的。在 ISO 9000 中，与领导责任相关的要素所占的重要地位，在客观上证实了朱兰博士的 80/20 原则所反映的普遍规律。

1.2.3　零缺陷之父——克劳士比

菲利普·克劳士比（Philip Crosby）被普为"20 世纪伟大的管理思想家""零缺陷之父""一代质量宗师"。他提出"零缺陷"（Zero Defects）的口号：第一次就把事情做对。对待错误，即使是微不足道的差错，也绝不放过，一定要消除原因，避免再次出现。零缺陷要求人们把一次做对和次次做对作为工作质量的执行标准，而不是口号。要做到这一点，就要把工作重心放在预防上，在每个工作场所和每项工作任务中进行预防。克劳士比对质量的认识如下：

1. 质量管理的绝对性

（1）质量即符合要求。对于克劳士比来说，质量既存在又不存在。在他的质量学里没有不同的质量水平或质量等级，质量的定义就是符合要求。同时，质量必须清晰地表达，以帮助组织在可测量的目标的基础上，而不是在经验或个人观点的基础上采取行动。如果管理层想让员工第一次就把事情做对，就必须清楚地告诉员工事情是什么，并且通过领导、培训和营造一种合作的氛围来帮助员工达到这一目标。

（2）预防产生质量。检验并不能产生质量，检验只是在过程结束后，把坏的和不好的挑出来，而不是促进改进。预防发生在过程的设计阶段，包括沟通、计划、验证以及逐步消除出现不符合的时机。通过预防产生质量，要求资源的配置能保证工作正确地完成，而不是把资源浪费在问题的查找和补救上。

克劳士比认为，培训、纪律、榜样和领导具有预防作用。管理层必须下决心持续地致力于营造以预防为导向的工作环境。

（3）工作标准是零缺陷。工作标准必须是零缺陷，而不是"差不多"，"差不多"的质量态度在克劳士比方法中是不可容忍的。零缺陷的工作标准意味着任何时候都要满足工作过程的全部要求，它是一种个人承诺。

克劳士比强调，必须要改变管理层对质量的认知和态度。在管理者当中普遍存在着这样一个态度：错误是不可避免的，并且是企业日常经营活动的一部分，人们应该学会如何与它为伍。实际上，正是管理层的态度制造了绝大部分管理上的问题。质量改进过程的终极目标是零缺陷或"无缺陷"的产品和服务，即让质量成为习惯。零缺陷并不仅仅是一个激励士气的口号，而是一种工作态度和对预防的承诺。零缺陷工作态度是这样一种工作态度：对错误"不害怕、不接受、不放过"。零缺陷并不意味着产品必须是完美无缺的，而是指组织中的每个人都要有决心在第一次及每一次都符合要求，而且不接受不符合要求的东西。

（4）质量的衡量标准是"不符合要求的代价"。不符合要求的代价是浪费的代价，是不必要的代价。质量成本不仅包括那些明显的因素，比如返工和废品的损失，还包括诸如花时间处理投诉和担保等问题在内的管理成本。通过展示不符合项的货币价值，可以增加管理者对质量问题的注意，从而促使他们选择时机去进行质量改进，并且这些不符合要求引发的成本可以作为质量改进取得成效的见证。

这些基本原则将帮助管理层以质量改进为核心，更重要的是，帮助他们完成从克劳士比所称的"传统的智慧"（指认为质量提升必然伴随着成本的上升的观念）到"质量和成本并不互相影响"这一认知的转变。根据克劳士比的理论，当质量上升时，成本是降低的，因此，质量没有经济成本。

2. 质量改进的基本要素

克劳士比把问题看作是一种不符合要求的"细菌"，可以通过接种疫苗避免问题的产生。质量改进的基本要素由三个独特的管理行动组成—决心、教育和实施。当管理层了解到需要通过交流和赞赏以促进变革所需的管理行动时，决心就会表现出来。每位员工都应了解质量改进的必要性。教育提供给所有员工统一的质量语言，帮助他们理解自身在整个质量改进过程中所应扮演的角色，帮助他们掌握防止问题发生的基本知识。实施是通过发展计划、资源安排及支持环境共同构建一种质量改进哲学。在实施阶段，管理层必须通过榜样来领导．并提供持续的教育。

克劳士比认为，教育是任何一个组织在任何阶段都必不可少的过程，可用"6C"来表示，也可称为"变革管理的6个阶段"。

第一个 C 是领悟（Comprehension），它表明理解质量真谛的重要性。这种理解必须首先始于高层，然后逐渐扩展到员工。没有理解，质量改进将无从落地。

第二个 C 是承诺（Commitment），它也必须开始于高层，管理者制定出质量政策以显示自己的决心。

第三个 C 是能力（Competence），这个阶段的教育与培训计划对系统地执行质量改进过程是至关重要的。

第四个 C 是沟通（Communication），所有的努力都必须诉诸文字，成功的经验都要在组织内共享，以使公司的每一个人都能够完整地理解质量目标。

第五个 C 是改正（Correction），主要关注于预防问题与提升绩效。

第六个 C 是坚持（Continuance），它强调质量管理在组织中必须变成一种行为方式。坚持是基于这样一个事实，即第二次才把事情做对，既不快也不便宜。所以，质量必须融入所有的日常经营活动之中，通过质量改进过程管理，使质量成为一种习惯，成为人们的一种行为方式。

3. 质量认识的比较

尽管质量先驱们对质量的认识存在差异，但他们对质量的追求方向是一致的。对质量重要性的感知比任何人都更深刻，提倡对质量永无终止地改进，为现代质量理论作出了巨大的贡献。质量先驱对质量认识的比较见表 1-2。

质量先驱对质量认识的比较

表 1-2

认识 \ 人物	戴明	朱兰	克劳士比
质量概念	未定义	适用性质量	符合要求
如何改进企业质量水平	重大变革，急风暴雨	以最小的风险配合企业当前的战略业务计划，无须进行大的调整	
质量的控制者	大多数的缺陷是由工人控制之外的设计低劣的制造系统引起的，管理者要承担更大的责任		提倡"零缺陷"，全体人员都应做好本职工作
质量哲学	统计技术	行为理论	

1.2.4 其他质量管理专家

1. 费根堡姆

阿曼德·费根堡姆（Armand V. Feigenbaum）是全面质量控制的创始人，因在其著作《全面质量管理》中提出"全面质量管理"而出名。他主张用系统或者全面的方法管理质量，在质量管理过程中要求所有职能部门参与，而不局限于生产部门。这一观点要求在产品形成早期就关注质量，而不是在既成事实后再做质量的检验和控制。他的质量观可以在以下 3 个方面得以体现：

（1）质量第一。管理层应将注意力放在制定合适的计划上，而不是只对不合格项进行处理、纠正。管理者要对质量予以持续关注并作出努力。

（2）现代质量技术。由于传统的质量部门只能解决系统中 10%～20% 的问题，为了满足未来消费者的需求，从办公室人员到工程技术人员应协同一致地采用新的技术去改进系统。

（3）组织承诺。组织全体人员应得到持续的培训和激励，要鼓舞员工的士气和增强质量意识，并认识到组织的每一项工作都影响着组织的最终产品的质量。

2. 石川馨

石川馨（Ishikawa Kaoru）被誉为"质量控制圈"（Quality Control Circles）之父，是日本质量控制小组的奠基人之一。他对品质管理强调良好的数据收集及报告，并发展出石川馨图，用于描述产品流程。

（1）基本的质量思想

1）质量始于教育，终于教育。

2）了解顾客需求是质量改进的第一步。

3）当量监督检验不再是必需的生产环节时，质量才达到理想的状态。

4）治标更要治本。

5）质量控制是企业所有员工的责任，并贯穿于所有环节。

6）不要将目的与手段相混淆。

7）质量优先，关注长利润。

8）高层管理者应明白质量问题的产生并不都是下属的责任。

9）没有分布信息的数据是不可信的。

10）企业中95％的质量问题可以通过简单的分析工具加以解决。

11）质量圈。百川馨提出，在公司内部一个单独部门中由非监督人员和领导者组成团队，自发地去研究如何改进他们工作的有效性。

（2）石川馨图

石川馨图又叫因果图，也称为鱼刺图、特性要因图等。它是利用头脑风暴法，集思广益，寻找影响质量、时间、成本等问题的潜在因素，然后用图形来表示的一种十分有效的方法，揭示质量特性波动与潜在原因的关系。

（3）广义的质量概念

石川馨对质量的概念有许多重要的观点，他认为质量反映顾客的满意程度。顾客的需要和要求是变化的，因此质量的定义也是不断变化的，高质量就是满足顾客不断变化的期望。在谈到质量定义时，他认为，狭义的质量是指产品质量；广义的质量包含工作质量、服务质量、信息质量、过程质量、部门质量、人员质量、系统质量、公司质量、目标质量等。这个广义的质量概念就是全面质量的概念。

3. 田口玄一

田口玄一（Taguchi Genichi）提出了田口方法，其独特之处在于田口对质量的定义、质量损失函数（QLF）和稳健设计的概念。

（1）质量定义。他认为理想质量是用来确定产品或服务质量水平的一个参考点，它可表述为一个目标值。如果一个产品（或一项有形服务）在其设计的寿命期内被合理使用，能起到预期的功能且没有不良作用，则该产品就达到了理想质量。由于服务的产生和消费同时进行，使得理想质量是一个有关顾客感知和满意度的函数。田口根据服务要求未得到如满足所造成的社会损失来衡量服务质量。

（2）质量损失函数。田口认为任何与目标规格的差异都会导致社会损失，每项产品和服务都应该精确地达到它的预设值。

（3）稳健设计。稳健设计是指设计的产品和服务应该先天无缺陷且具有高质量。田口确立了一个实现稳健设计的三阶段过程，即概念设计、参数设计和容差设计。他提出"产品质量首先是设计出来的，其次才是制造出来的"。

1.2.5 应用质量理论的观点

1. 权变的观点

权变理论（Contingency Theory）认为，不存在任何一种企业经营理论或方案适用于所有情况，管理者应该采用针对主要环境变量的质量战略。例如，具有不同使命的公司可能采用不同的方式来服务顾客，有的可能将个性化服务融入与顾客的互动，有的则可能强调运用电子数据交换界面与顾客互动，同样是强调使顾客满意，由于采用不同的方法和策略，这中间就产生了差异。

以质量闻名的公司不仅仅采用一种质量哲学，而是采用各种方法中能帮助它们实现改进的那一部分，这称为权变观点。权变观点的关键在于对质量方法的理解，对企业实际情况的了解，以及这些方法在企业中的创新应用。因此，最佳的战略是在权变基础上将质量哲学和方法应用于企业。管理者需要对有关质量的问题作出正确决定，即考虑不同质量专家所提出的概念和方法，选出对自己有意义的那一部分。

2. 集成的观点

本章中列举的各种质量理论之间虽然存在诸多差异，但是集成的观点认为与其将重点放在差异上，倒不如从中找出共同的主题和信息。管理者可以尝试从中提炼出经常出现的质量主题，思考各质量观点的核心内容和独特观点，为企业改善绩效提供参考。

将戴明、朱兰、克劳士比、费根堡姆、石川馨和田口玄一曾经论述的变量进行整理，利用集成的思想来协调诸多质量理论之间的差异，质量改进内容的变量见表1-3。

质量改进内容的变量 表1-3

变量	戴明	朱兰	克劳士比	费根堡姆	石川馨	田口玄一
领导力	√	√	√	√	√	
信息分析	√	√				
战略规划		√	√	√		
员工改进	√	√	√	√	√	
产品和服务的质量保证	√	√	√	√		√
顾客在质量中所扮演的角色	√	√		√		
质量部门的角色	√	√		√		
环境特征和限制	√			√		
哲学驱动	√	√	√	√	√	√
质量突破		√				
基于项目/团队的改进		√	√		√	√

1.3 质 量 管 理

1.3.1 质量管理的发展过程

随着社会经济的发展，人们对质量要求逐渐提高，质量管理也不断地发展与完善。质量管理的发展大致可划分为两个时期。

1. 传统质量管理

（1）质量检验阶段

工业革命使得机器工业生产取代了手工作坊式生产，劳动者集中到一个工厂进行批量生产，进而产生了对正式的企业管理和质量检验技术的需要。由于生产规模的扩大以及职能的分解，独立的质量部门承担了质量控制职能来保证产品的正确生产。检验工作是这一阶段执行质量职能的主要内容。质量检验使用各种各样的检测设备和仪表，严格把关。进行百分之百的检验。大多数企业设置专职的检验部门和人员，因此，有人称之为"检验员的质量管理"。从 20 世纪初到 20 世纪 40 年代，质量管理一直处于这个阶段。

这种检验存在缺陷：其一，它属于事后检验，无法在生产过程中完全起到预防、控制作用，一旦发现废品，就是"既成事实"，一般很难补救。其二，它要求对成品进行百分之百的检验，这样做法有时在经济上并不合理（增加检验费用，延误交货期），有时从技术上考虑没有可行性（例如破坏性检验），在生产规模扩大和大批量生产的情况下，该缺陷尤为突出。

（2）统计质量控制阶段

20 世纪 40 年代初到 20 世纪 50 年代末，戴明等人提出抽样检验的概念，最早将数理统计技术应用到质量管理领域。企业运用数理统计方法从产品的质量波动中找出规律、采取措施消除产生波动的异常原因，使生产的各个环节处于正常状态，从而更经济地生产出品质优良的产品。利用数理统计原理预防生产出废品并检验产品质量的任务，由专职检验人员移交给专业的质量控制工程师，这标志着事后检验的观念转变为预测质量事故的发生并事先加以预防的观念。

但该阶段过分强调质量控制的统计方法，忽视组织管理工作，使得人们误认为"质量管理就是统计方法"，而专业的数理统计方法理论又比较深奥，因此质量工作成了"质量管理专家的事情"，人们对质量管理望而生畏。这在一定程度上限制了质量管理统计方法的普及推广。

（3）全面质量管理阶段

费根堡姆最早提出全面质量管理的概念，他出版的著作《全面质量管理》强调执行质量职能是公司全体人员的责任，应该使企业全体人员都具有质量意识和承担质量的责任。而戴明、朱兰等美国专家在日本掀起了一场质量革命，使得全面质量管理运动思想最先在日本蓬勃发展起来。20 世纪 80 年代以后，全面质量管理的思想逐步被世界各国所接受，并且各国在运用时各有所长。现今，全面质量管理思想仍然对企业发挥着巨大的作用。

不同质量管理专家对全面质量管理的概念有着不同的认识，费根堡姆在其《全面质量管理》一书中首先提出了全面质量管理的概念："全面质量管理是在最经济的水平上，在充分满足用户要求的条件下进行市场研究、设计、生产和服务，把企业各部门研制质量，维持质量和提高质量的活动融为一体的一种有效体系"。石川馨认为，全面质量管理是具有以下 7 种核心价值观的管理体系，它们分别是：以顾客为重、以员工为重、重视团队工作、重视安全、鼓励坦诚、要求全员参与、以过程为重。随着在实践中全面质量管理理论的丰富，全面质量管理的概念得到进一步的发展。

2. 21世纪的质量管理

随着新技术革命的兴起，人们解决质量问题的方法会更为完善、丰富，知识创新与管理创新必将促进质量迅速提高。传统的质量管理，包括全面质量管理等都是在相对稳定的市场环境下实施的，企业只要能够控制一部分市场就能使自身保持长久的竞争力。在信息化时代，产品生命周期短，企业及其所处的市场环境都处在不稳定状态之中，此时质量管理的重点不是维持，而是创新。

（1）质量管理的创新

1）从战略的层面关注质量。21世纪是质量的世纪，多变的环境使得质量因素的复杂性、质量问题的严重性及质量地位的重要性尤为突出。在稳定的市场环境中，未来往往是过去的线性延续。但是，当多变代替稳定时，必须用对未来的预测加以补充。

科学预测是企业战略决策的前提，在开放的营销体系中，顾客是企业功能的外延，企业不仅要满足顾客现实的需求，更重要的是预测其未来的需求。不仅如此，从基于信息不对称的货比三家的市场法则，到选择优秀的供方参与质量的开发，形成"共生共荣"的命运共同体，进而形成"供方—企业—顾客"的质量创新循环，也是企业质量战略的重要选择。

2）质量观念的创新。如今，企业的质量策划是围绕产品而不是围绕顾客，是围绕自己的产品让顾客满意而不是用顾客满意来塑造自己的产品。企业缺乏以产品铸就品牌、以品牌树立企业形象的视野。

顾客理念内部化已成为一种潮流。顾客是产品和服务的接受者，世界上卓越的公司，它们将内部顾客分为三类：职级顾客、职能顾客和过程顾客。顾客理念内部化，对于回归生产运作规律、构筑基于协调的企业文化有着重要的作用。

（2）质量管理的融合与回归

科学技术的发展向人们展示了自然组织更深层次的统一，管理出现交叉、渗透及融合的新趋势。科学技术的发展使得效率不一定产生于分工，而有可能产生于整合。由顾客主导的买方市场环境制约着企业的生存和发展，满足顾客的需求和期望，是企业各种职能管理的共同目标。管理是整合资源的动态活动，整合淡化了管理的职能边界，因此融合是必然的发展趋势。质量管理的发展已经展现出这种趋势，在推行ISO 9000质量管理体系的过程中，人们提出各种管理体系的整合，这些优秀的管理模式倡导的内容已经远远超出传统质量管理的范畴。以市场为指导的质量经营正在将质量管理从内涵至外延推向一个新的世界。

（3）质量管理的国际化

随着国际贸易的迅速扩大，产品和资本的流动日趋国际化，相伴而生的是国际产品质量保证和产品责任问题。许多国家和地方性组织相继发布一系列质量管理和质量保证标准，使得制定质量管理国际标准也就迫在眉睫。为此，国际标准化组织于1979年建立质量管理和质量保证技术委员会（TC176），负责制定质量管理的国际标准。1987年3月正式发布ISO 9000～9004质量管理和质量保证系列标准，该标准总结归纳了各先进国家的管理经验。标准发布后引起世界各国的关注，并得以贯彻。标准的适时更新（如2015年对ISO 9000标准的修订）适应了国际贸易发展的需要，满足了质量方面对国际标准化的需求。

随着消费个性化趋势的增强，生产的随意性以及社会利益的冲突日益显现，法律法规的作用必须予以强化，技术法规、标准以及合格评定程序等的国际化，对企业以及整个市场行为的规范、制约和引导作用将会越来越大。

1.3.2　全面质量管理

1. 全面质量管理的内涵

全面质量管理（Total Quality Management，TQM）是指一个组织以质量为中心，以全员参与为基础，通过让顾客满意和本组织所有成员及社会受益实现长期成功。ISO 9000 族标准在许多方面反映了 TQM 的思想，可以把它看作 TQM 的一部分。

理解要点如下：

（1）有时把全面质量管理称为公司范围内的质量管理、全面质量控制等。

（2）全面质量管理是对一个组织进行管理的途径，除了这种途径，还可以有其他途径。

（3）全面质量管理是一个体系或途径，其目的在于：最经济地生产顾客满意的产品，通过让顾客满意和本组织所有成员及社会受益，实现企业持续发展。所谓全面质量，除了产品质量，还包括过程质量、体系质量；除了包括固有质量特性，还包括赋予质量特性等。

（4）全面质量管理的基本特点是：以全面质量为中心，以全员（指组织中包括最高管理者在内的所有成员）参加为基础，通过对质量环的全过程进行管理，即"三全管理"，使顾客及其他相关方满意。

（5）全面质量管理取得成功的关键，是组织的最高管理者强有力和持续的领导，以及全员教育和培训。

全面质量管理的内涵见表 1-4。

全面质量管理的内涵　　　　　　　　　　　　　　　　　　　　　表 1-4

涵盖范围	所有活动（包括服务与行政）
错误的处理	预防错误发生
责任归属	每一成员均对质量负责
利益来源	持续改进各种工作质量，建立质量管理体系，减少工作错误与浪费
对顾客的看法	对内在和对外在的顾客均强调整体输出过程的顺利
质量改进	长时间的，顾客导向，组织学习
问题解决的重心	工作团队满足顾客要求并且解决顾客的问题
考核	重视与改善有关的事实，以事实为依据的绩效考评
员工的特性	将员工视为管理的内部顾客
组织文化	集体努力，跨部门合作，鼓励授权，顾客满意，追求质量
沟通方式	下行、平行、上行、多向沟通
意见表达与参与方式	正规程序、质量控制（QC）小组、态度调查
工作设计	质量、顾客、革新、控制幅度、工作范围、授权
培训项目	技能知识、跨部门业务、诊断与解决问题的相关知识等
绩效评估	团队目标，由顾客、平级部门以及领导三者共同考核，强调质量与服务
薪资制度	以团队为基础发放工资与奖金以及给予表扬
卫生医疗与工作安全	安全问题、安全计划、保健计划、员工互助
考评升迁与职业生涯发展	由同部门员工考评，以团体表现决定升迁，不同部门的水平式职业生涯途径

2. 全面质量管理的基本要素

不同行业所采用的全面质量管理方法是存在差异的，但它们都具有共同的基本要素：以顾客为导向；授权与团队合作；持续改进与学习；以事实为管理依据；领导与战略策划；供应商的质量保证；强调"源头质量"（Quality at the Source）概念。

（1）以顾客为导向

全面质量管理的核心是满足顾客的需求。为了取得长期经济效益，企业管理必须始于识别顾客的质量要求，终于顾客对他手中产品的满意。在如今的经济活动中，任何一个组织都不能离开它的顾客而存在。全面质量管理中的顾客分为外部和内部两种，他们都是企业关注的对象。外部顾客是企业产品或服务输出的接受者，是企业的生命线，企业开展的各项活动都要以他们为中心。内部顾客是一种相对的概念，企业生产和服务过程一般是由各种流程和工序组成的，下一道工序就是上一道工序的顾客。企业如果能树立"为下道工序服务的思想"，使每一道工序都坚持高标准，那么企业的产品质量目标就能更加顺利地实现。内部顾客满意是外部顾客满意的基础。企业只有满足或超越内外部顾客的需求，才能获得生存下去的动力和源泉。

（2）授权与团队合作

全面质量管理要求企业全体员工参与质量改进的运动。既然整个企业的工作以顾客为导向，那么离顾客更近的员工必然受到更多的重视。执行者对工作最了解、最熟悉，只有他们才真正知道如何去改进这项工作的质量。为了对顾客需求作出更迅速的响应，要给予他们更多的决策权。同时，为了保证员工有能力作出决策，需要对员进行必要的培训，使他们具备足够的技能。只有当管理者相信他们的员工能够为企业的质量改进作出贡献时，员工才会真正努力去提高质量。那些一方面要求员工提高工作质量，一方面却不给下属授权和培训机会的管理者，采取的是叶公好龙的做法。

创造合适的组织结构是实现全员参与的重要手段。一个普遍的做法就是组织跨职能的工作团队。企业部门之间目标分割、各自为政，可能会导致不同部门的员工努力方向不同，不利于整个企业目标的实现。一个跨职能的工作团队可以在团队内部形成一个整体目标，有效地避免个体利益掩盖整体利益的现象，并且可以利用成员的不同知识背景，更加迅速、准确地解决问题。

（3）持续改进与学习

持续改进是全面质量管理的核心思想，统计技术和计算机技术的应用正是为了做好持续改进工作，持续改进每一项工作的质量，是全面质量管理的目标。顾客需求的迅速变化，促使企业必须持续改进才能持续获得顾客的支持。另外，激烈的市场竞争中企业经营如逆水行舟，不进则退，这要求企业以顾客需求为导向，不断改进产品或服务质量。这也注定了企业各项工作的质量改进是一个没有终点的持续过程。为了实现产品质量的持续改进，需要制定必要的质量战略及计划，认真实施，及时评估。

学习是指通过实践和结果间的关联来了解成功的原因，并引导出新的目标和方法。一个完善的学习循环过程有四个阶段：计划、执行计划、评价进展、根据评价结果修正计划，可以看出，学习过程其实也是一种持续改进。

（4）以事实为管理依据

有效决策建立在数据和信息分析的基础上。为了防止决策失误，必须以事实为管理依据。要广泛收集数据和信息，并用科学的方法处理和分析，不能"凭经验，靠运气"。为了确保数据和信息的充分性，应该建立企业内外部的信息系统；为了确保数据和信息的真实性，除了保证采集过程的可靠性之外，还应该建立"有据可依，有证可查"的可追溯体系。坚持以事实为基础进行决策，克服"情况不明决心大，心中没数点子多"的不良决策习惯。实事求是的作风是全面质量管理的基本要求之一。

（5）领导与战略策划

领导在质量管理中至关重要，朱兰的80/20原则就说明了这一点。领导者是企业质量方针的制定者和质量任务的分配者，承担着质量改进的主要责任。领导者要将组织的宗旨、方向和内部环境统一起来，并创造一个能使员工充分参与的环境，带领全体员工共同实现组织的质量目标，原则上，总经理应作为全面质量管理工作的"总设计师"，组织的所有员工和资源都应参与全面质量管理。

（6）供应商的质量保证

施工单位必须建立并实行质量保证制度，努力实现质量改进，以确保其施工过程能够高质及时地完成。应提倡与施工单位建立一种长期的友好伙伴关系，这是一种有价值的重要投资。通过这种方式，可促使他们交付高质量的建筑产品。

（7）强调"源头质量"概念

强调"源头质量"概念是让每一位员工对自己的工作负责，这体现了"第一次就做对"的理念。

企业寄希望于员工能够制造出满足质量标准的产品，同时能够发现并纠正差错，实际上，每个员工都是自己工作的质量检查员。当员工所完成的工作的成果传递到整个流程的下一道工序（内部用户），或者作为整个流程的最后一步传递到最终顾客时，员工要保证其工作满足质量标准。

全面质量管理还需要企业从战略层面对质量活动进行界定和规划，这也是对领导作用的一种强化。战略策划为质量活动的开展提供内部政策保证和控制策略、改进策略。如果相关的战略策划能力和企业的使命、价值观一样得到全面的贯彻，它就能为组织成员指明统一、清晰的方向，从而实现组织的质量目标。实际上，全面质量管理反映了人们对质量的一种全新看法，它是公司的文化，为真正从全面质量管理中得到好处，必须改变公司的文化氛围。贯彻全面质量管理的公司和坚持传统质量管理的公司之间的差异见表1-5。

贯彻全面质量管理的公司和坚持传统质量管理的公司的比较　　　　　　表 1-5

项目	传统质量管理	全面质量管理
总使命	使投资得到最大回报	达到或超过用户的期望
目标	强调短期效益	在长期效益和短期效益之间求得平衡
管理	不常公开，有时与目标不一致	公开，鼓励员工参与，与目标一致
管理者的作用	发布命令，强制推行	指导，消除障碍，建立信任
用户需求	并非至高无上，可能不清晰	至高无上，强调识别和理解的重要性
问题	责备，处罚	识别并解决
问题的解决	不系统，个人行为	系统，团队精神
改进	时断时续	持续不断
供应商	抵触	合作伙伴
工作	狭窄，过于专业化，个人努力	广泛，更全面，更看重发挥团队作用
定位	产品取向	流程取向

3. 实施全面质量管理的障碍和误区

不同公司实施全面质量管理取得的成效是大不相同的。有些公司取得显著的成效，有些公司虽经各种努力却收效甚微，原因在于实施全面质量管理的过程，而不是这种管理方法本身。综合文献研究成果，总结以下实施全面质量管理的障碍：

（1）缺少在全公司范围内对质量概念的理解。不能共同努力，各自为政，对成功标准的理解不同。

（2）缺乏改进规划，成功的机会少。不能强调改进规划的战略意义。

（3）不能以顾客为关注点，增加顾客不满的概率。

（4）公司内部缺少交流，存在矛盾、浪费并导致混乱。

（5）授权不足，不相信了解问题本身的员工能解决所遇到的问题，官僚作风严重，推诿扯皮。

（6）急功近利，认识不到提高质量水平的长期性和持续性。

（7）过于看重改善产品质量所产生的费用。

（8）表面文章多，实际操作少，结果是劳民伤财。

（9）激励不够，管理者不能激发员工提高质量的热情。

（10）不愿花时间实施质量改进计划，增加工作以增加额外的资源为代价。

（11）领导的作用不够。

以上诸条无论对想要实施全面质量管理的公司，还是在实施过程中遇到问题的公司都是一个警示。

全面质量管理被推崇为企业重新获得竞争地位的一种手段，重新获得竞争地位是企业一直努力追求的目标。但是，如果不纠正某些错误的做法，全面质量管理就不会成功。全面质量管理在实施中主要存在以下误区：

（1）盲目追求全面质量管理。尽管可能会有需优先解决的问题（例如，对竞争对手的行动作出快速反应），但过于热心的全面质量管理支持者可能会把注意力集中在质量问题上。

（2）未能以有效的方式把全面质量管理与公司的战略联系在一起。

（3）在作出与质量有关的决策时没有考虑市场作用。例如，顾客期望可能过度满足，与质量保证和质量改进有关的成本远远超过从中获得的直接或间接利益。

（4）没能在实施全面质量管理之前制定缜密的计划，导致失败以及毫无意义的结果。

（5）当需要突破性改进时，组织却追求持续改进。

1.4 工程项目质量管理制度和责任体系

1.4.1 工程项目质量管理制度

1. 工程质量监督制度

工程质量监督管理，是指主管部门依据有关法律法规和工程建设强制性标准，对工程实体质量和工程建设、勘察、设计、施工、监理单位和质量检测等单位的工程质量行为实施监督。具体工作可由县级以上地方人民政府建设主管部门委托所属的工程质量监督机构实施。

根据《建设工程质量管理条例》，县级以上地方人民政府建设行政主管部门对本行政区域内的工程项目质量实施监督管理。县级以上地方人民政府交通、水利等有关部门在各自的职责范围内，负责对本行政区域内的专业工程项目质量的监督管理。

工程项目质量监督管理，可以由建设行政主管部门或者其他有关部门委托的工程项目质量监督机构具体实施。从事房屋建筑工程和市政基础设施工程质量监督的机构，必须按照国家有关规定经国务院建设行政主管部门或者省、自治区、直辖市人民政府建设行政主管部门考核；从事专业工程项目质量监督的机构，必须按照国家有关规定经国务院有关部门或者省、自治区、直辖市人民政府有关部门考核。经考核合格后，方可实施质量监督。

建设单位应当自工程项目竣工验收合格之日起 15 日内，将工程项目竣工验收报告和规划、公安消防、环保等部门出具的认可文件或者准许使用文件报建设行政主管部门或者其他有关部门备案。建设行政主管部门或者其他有关部门发现建设单位在竣工验收过程中有违反国家有关工程项目质量管理规定行为的，责令停止使用，重新组织竣工验收。

工程质量监督管理包括下列内容：

（1）执行法律法规和工程建设强制性标准的情况；

（2）抽查涉及工程主体结构安全和主要使用功能的工程实体质量；

（3）抽查工程质量责任主体（建设、勘察、设计、施工和监理单位）和质量检测等单位的工程质量行为；

（4）抽查主要建筑材料、建筑构配件的质量；

（5）对工程竣工验收进行监督；

（6）组织或者参与工程质量事故的调查处理；

（7）定期对本地区工程质量状况进行统计分析；

（8）依法对违法违规行为实施处罚。

2. 施工图设计文件审查制度

根据 2018 年 12 月修改的《房屋建筑和市政基础设施工程施工图设计文件审查管理办法》，国家实施施工图设计文件审查制度，是指施工图审查机构按照有关法律、法规，对施工图设计文件涉及公共利益、公众安全和工程建设强制性标准的内容进行的审查。施工图设计文件审查应当坚持先勘察、后设计的原则。施工因未经审查合格的，不得使用。从事房屋建筑工程、市政基础设施工程施工、监理等活动，以及实施对房屋建筑和市政基础设施工程质量安全监督管理，应当以审查合格的施工图设计文件为依据。

3. 建筑工程施工许可制度

根据 2019 年 4 月修订的《中华人民共和国建筑法》（简称《建筑法》），建筑工程开工前，建设单位应当按照国家有关规定向工程所在地县级以上人民政府建设行政主管部门申请领取施工许可证；但是，国务院建设行政主管部门确定的限额以下的小型工程除外。按照国务院规定的权限和程序批准开工报告的建筑工程，不再领取施工许可证。

建设行政主管部门应当自收到申请之日起 7 日内，对符合条件的申请颁发施工许可证。建设单位应当自领取施工许可证之日起 3 个月内开工。因故不能按期开工的，应当向发证机关申请延期；延期以两次为限，每次不超过 3 个月。既不开工又不申请延期或者超过延期时限的，施工许可证自行废止。建筑工程恢复施工时，应当向发证机关报告；中止施工满 1 年的工程恢复施工前，建设单位应当报发证机关核验施工许可证等。

4. 工程质量检测制度

工程项目质量检测，是指工程质量检测机构接受委托，依据国家有关法律、法规和工程建设强制性标准，对涉及结构安全项目的抽样检测和对进入施工现场的建筑材料、构配件的见证取样检测。根据《建设工程质量检测管理办法》（住房和城乡建设部令第 24 号修正），国务院建设主管部门负责对全国质量检测活动实施监督管理，并负责制定工程质量检测机构资质标准。省、自治区、直辖市人民政府建设主管部门负责对本行政区域内的质量检测活动实施监督管理，并负责工程质量检测机构的资质审批。市、县人民政府建设主管部门负责对本行政区域内的质量检测活动实施监督管理。

5. 工程竣工验收与备案制度

根据《建设工程质量管理条例》，建设单位收到工程项目竣工报告后，应当组织设计、施工、工程监理等有关单位进行竣工验收。工程项目竣工验收应当具备下列条件：

（1）完成工程项目设计和合同约定的各项内容；

（2）有完整的技术档案和施工管理资料；

（3）有工程使用的主要建筑材料、建筑构配件和设备的进场试验报告；

（4）有勘察、设计、施工、工程监理等单位分别签署的质量合格文件；

（5）有施工单位签署的工程保修书。

根据 2009 年修正的《房屋建筑和市政基础设施工程竣工验收备案管理办法》（建设部令第 78 号），建设单位应当自工程竣工验收合格之日起 15 日内，依照本办法规定，向工程所在地的县级以上地方人民政府建设主管部门备案。备案机关收到建设单位报送的竣工验收备案文件、验证文件齐全后，应当在工程竣工验收备案表上签署文件收讫。工程竣工验收备案表一式二份，一份由建设单位保存，一份留备案机关存档。备案机关发现建设单位在竣工验收过程中有违反国家有关工程项目质量管理规定行为的，应当在收讫竣工验收备案文件 15 日内，责令停止使用，重新组织竣工验收。备案机关决定重新组织竣工验收并责令停止使用的工程，建设单位在备案之前已投入使用或者建设单位擅自继续使用造成使用人损失的，由建设单位依法承担赔偿责任。

6. 工程质量保修制度

根据《建设工程质量管理条例》，工程项目实行质量保修制度。工程项目承包单位在向建设单位提交工程竣工验收报告时，应当向建设单位出具质量保修书。质量保修书当明确工程项目的保修范围、保修期限和保修责任等。

房屋建筑工程质量保修，是指对房屋建筑工程（包括新建、扩建、改建、装修工程）竣工验收后在保修期限内出现的质量缺陷予以修复。所称质量缺陷，是指房屋建筑工程的质量不符合工程建设强制性标准以及合同的约定。房屋建筑工程在保修范围和保修期限内出现质量缺陷，施工单位应当履行保修义务。建设单位和施工单位应当在工程质量保修书中约定保修范围、保修期限和保修责任等，双方约定的保修范围、保修期限必须符合国家有关规定。

房屋建筑工程保修期从工程竣工验收合格之日起计算。房屋建筑工程在保修期限内出现质量缺陷，建设单位或者房屋建筑所有人应当向施工单位发出保修通知。施工单位接到保修通知后，应当到现场核查情况，在保修书约定的时间内予以保修。发生涉及结构安全或者严重影响使用功能的紧急抢修事故，施工单位接到保修通知后，应当立即到达现场抢修。发生涉及结构安全的质量缺陷，建设单位或者房屋建筑所有人应当立即向当地建设行政主管部门报告，采取安全防范措施；由原设计单位或者具有相应资质等级的设计单位提出保修方案，施工单位实施保修，原工程质量监督机构负责监督。保修完成后，由建设单位或者房屋建筑所有人组织验收。涉及结构安全的，应当报当地建设行政主管部门备案。施工单位不按工程质量保修书约定保修的，建设单位可以另行委托其他单位保修，由原施工单位承担相应责任。

保修费用由质量缺陷的责任方承担。在保修期内，因房屋建筑工程质量缺陷造成房屋所有人、使用人或者第三方人身、财产损害的，房屋所有人、使用人或者第三方可以向建设单位提出赔偿要求。建设单位向造成房屋建筑工程质量缺陷的责任方追偿。因保修不及时造成新的人身、财产损害，由造成拖延的责任方承担赔偿责任。房地产开发企业售出的商品房保修，还应当执行《城市房地产开发经营管理条例》和其他有关规定。

1.4.2　工程项目参建各方的质量责任

在工程项目建设中，与工程相关的建设、勘察、设计、施工、监理、检测等单位依法对工程质量负责。根据《建筑法》《建设工程质量管理条例》《建设工程勘察设计管理条例》及相关部门规章，建设、勘察、设计、施工、监理、检测等单位应分别履行以下质量责任和义务。

1. 建设单位的质量责任和义务

根据《建设工程质量管理条例》，建设单位的质量责任和义务是：

（1）应当将工程发包给具有相应资质等级的单位，不得将工程项目肢解发包。建设单位不得将工程发包给个人或不具有相应资质等级的单位；不得将一个单位工程的施工分解成若干部分发包给不同的施工总承包或专业承包单位；不得将施工合同范围内的单位工程或分部分项工程又另行发包；不得违反合同约定，通过各种形式要求承包单位选择指定的分包单位。

（2）应当依法对工程建设项目的勘察、设计、施工、监理以及与工程建设有关的重要设备、材料等的采购进行招标。

（3）必须向工程项目的勘察、设计、施工、工程监理等单位提供与工程项目有关的原始资料。原始资料必须真实、准确、齐全。

（4）工程项目发包时，不得迫使承包方以低于成本的价格竞标，不得任意压缩合理工期。不得明示或者暗示设计单位或者施工单位违反工程建设强制性标准，降低工程项目质量。建设单位在组织发包时应当提出合理的造价和工期要求。确需压缩工期的，应当组织专家予以论证，并采取保证工程项目质量安全的相应措施，支付相应的费用。

（5）施工图设计文件未经审查批准的，不得使用。施工图设计文件审查的具体办法，由国务院建设行政主管部门、国务院其他有关部门制定。

详见《建设工程质量管理条例》（2019 年修正）。

2. 勘察单位的质量责任和义务

根据《建设工程质量管理条例》和《建设工程勘察设计管理条例》，勘察单位的质量责任和义务是：

（1）应当依法取得相应等级的资质证书，并在其资质等级许可的范围内承揽工程。禁止超越其资质等级许可的范围或者以其他勘察单位的名义承揽工程。禁止允许其他单位或者个人以本单位的名义承揽工程。不得转包或者违法分包所承揽的工程。

（2）必须按照工程建设强制性标准进行勘察，并对其勘察的质量负责。应当依据有关法律法规、工程建设强制性标准和勘察合同（包括勘察任务委托书），组织编写勘察纲要，就相关要求向勘察人员交底，组织开展工程勘察工作。承担项目的勘察人员符合相应的注册执业资格要求，具备相应的专业技术能力，观测员、记录员、机长等现场作业人员符合专业培训要求。

应当对原始取样、记录的真实性和准确性负责，组织人员及时整理、核对原始记录，检验有关现场和试验人员在记录上的签字，对原始记录、测试报告、土工试验成果等各项作业资料验收签字。

（3）提供的地质、测量、水文等勘察成果必须真实、准确。应当对勘察成果的真实性和准确性负责，保证勘察文件符合国家规定的深度要求，在勘察文件上签字盖章。

（4）应当对勘察后期服务工作负责。组织相关勘察人员及时解决工程设计和施工中与勘察工作有关的问题；组织参与施工验槽；组织勘察人员参加工程竣工验收，验收合格后在相关验收文件上签字，对城市轨道交通工程，还应参加单位工程、项目工程验收并在验收文书上签字；组织勘察人员参与相关工程质量安全事故分析，并对因勘察原因造成的质量安全事故，提出与勘察工作有关的技术处理措施。

3. 设计单位的质量责任和义务

根据《建设工程质量管理条例》和《建设工程勘察设计管理条例》，设计单位的质量责任和义务是：

（1）应当依法取得相应等级的资质证书，并在其资质等级许可的范围内承揽工程。禁止超越其资质等级许可的范围或者以其他设计单位的名义承揽工程。禁止允许其他单位或者个人以本单位的名义承揽工程。不得转包或者违法分包所承揽的工程。

（2）必须按照工程建设强制性标准进行设计，并对其设计的质量负责。注册建筑师、注册结构工程师等注册执业人员应当在设计文件上签字，对设计文件负责。应当依据有关法律法规、项目批准文件、城乡规划、设计合同（包括设计任务书）组织开展工程设计工作。

（3）应当根据勘察成果文件进行工程项目设计。设计文件应当符合国家规定的设计深度要求，注明工程合理使用年限。

（4）在设计文件中选用的建筑材料、建筑构配件和设备，应当注明规格、型号、性能等技术指标，其质量要求必须符合国家规定的标准。除有特殊要求的建筑材料、专用设备、工艺生产线等外，不得指定生产厂、供应商。

（5）应当就审查合格的施工图设计文件向施工单位作出详细说明。应当在施工前就审查合格的施工图设计文件，组织设计人员向施工及监理单位作出详细说明；组织设计人员解决施工中出现的设计问题。不得在违反强制性标准或不满足设计要求的变更文件上签字。应当组织设计人员参加建筑工程竣工验收，验收合格后在相关验收文件上签字。

（6）应当参与工程项目质量事故分析，并对因设计造成的质量事故，提出相应的技术处理方案。

4. 施工单位的质量责任和义务

根据《建设工程质量管理条例》，施工单位的质量责任和义务是：

（1）应当依法取得相应等级的资质证书，并在其资质等级许可的范围内承揽工程。禁止超越本单位资质等级许可的业务范围或者以其他施工单位的名义承揽工程。禁止允许其他单位或者个人以本单位的名义承揽工程。不得转包或者违法分包工程。

（2）对工程项目的施工质量负责。应当建立质量责任制，确定工程项目的项目经理、技术负责人和施工管理负责人。工程项目实行总承包的，总承包单位应当对全部工程项目质量负责；工程项目勘察、设计、施工、设备采购的一项或者多项实行总承包的，总承包单位应当对其承包的工程项目或者采购的设备的质量负责。

（3）总承包单位依法将工程项目分包给其他单位的，分包单位应当按照分包合同的约定对其分包工程的质量向总承包单位负责，总承包单位与分包单位对分包工程的质量承担连带责任。

（4）必须按照工程设计图纸和施工技术标准施工，不得擅自修改工程设计，不得偷工减料。在施工过程中发现设计文件和图纸有差错的，应当及时提出意见和建议。

（5）必须按照工程设计要求、施工技术标准和合同约定，对建筑材料、建筑构配件、设备和商品混凝土进行检验，检验应当有书面记录和专人签字；未经检验或者检验不合格的，不得使用。

详见《建设工程质量管理条例》（2019 年修正）。

5. 工程监理单位的质量责任和义务

根据《建设工程质量管理条例》，工程监理单位的质量责任和义务是：

（1）应当依法取得相应等级的资质证书，并在其资质等级许可的范围内承担工程监理业务。禁止超越本单位资质等级许可的范围或者以其他工程监理单位的名义承担工程监理业务。禁止允许其他单位或者个人以本单位的名义承担工程监理业务。不得转让工程监理业务。

（2）与被监理工程的施工承包单位以及建筑材料、建筑构配件和设备供应单位有隶属关系或者其他利害关系的，不得承担该工程项目的监理业务。

（3）应当依照法律、法规以及有关技术标准、设计文件和工程项目承包合同，代表建设单位对施工质量实施监理，并对施工质量承担监理责任。

（4）应当选派具备相应资格的总监理工程师和监理工程师进驻施工现场。未经监理工程师签字，建筑材料、建筑构配件和设备不得在工程上使用或者安装，施工单位不得进行下一道工序的施工。未经总监理工程师签字，建设单位不拨付工程款，不进行竣工验收。

（5）监理工程师应当按照工程监理规范的要求，采取旁站、巡视和平行检验等形式，对工程项目实施监理。

6. 工程质量检测单位的质量责任和义务

根据《建设工程质量检测管理办法》，任何单位和个人不得涂改、倒卖、出租、出借或者以其他形式非法转让工程项目质量检测资质证书。工程项目质量检测业务，由建设单位委托具有相应资质的检测机构进行检测。委托方与被委托方应当签订书面合同。检测结果利害关系人对检测结果发生争议的，由双方共同认可的检测机构复检，复检结果由提出复检的一方报当地建设主管部门备案。工程质量检测单位应履行下列质量责任和义务：

（1）质量检测试样的取样应当严格执行有关工程建设标准和国家有关规定，在建设单位或者工程监理单位监督下现场取样。提供质量检测试样的单位和个人，应当对试样的真实性负责。

（2）完成检测业务后，应当及时出具检测报告，检测报告经检测人员签字、检测机构法定代表人或者其授权的签字人签署，并加盖检测机构公章或者检测专用章后方可生效。检测报告经建设单位或者工程监理单位确认后，由施工单位归档。

（3）任何单位和个人不得明示或者暗示检测机构出具虚假检测报告，不得篡改或者伪造检测报告。

（4）不得转包检测业务。检测人员不得同时受聘于两个或者两个以上的检测机构。检测机构和检测人员不得推荐或者监制建筑材料、构配件和设备。检测机构不得与行政机关，法律、法规授权的具有管理公共事务职能的组织以及所检测工程项目相关的设计单位、施工单位、监理单位有隶属关系或者其他利害关系。

（5）应当对其检测数据和检测报告的真实性和准确性负责。违反法律、法规和工程建设强制性标准，给他人造成损失的，应当依法承担相应的赔偿责任。

详见《建设工程质量检测管理办法》。

7. 部品部件生产单位的质量责任和义务

（1）部品部件生产单位应对生产的部品部件质量负责。加强生产过程质量控制。根据有关标准、施工图设计文件、预制构件加工图等，编制生产方案，生产方案需经部品部件生产单位技术负责人审批；严格按照相关程序对部品部件的各工序质量进行检查，完成各项质量保证资料。

（2）加强部品部件的质量管理，建立部品部件全过程可追溯的质量管理制度。严格落实标准规范、施工图结构设计说明以及预制构件加工图设计中的运输要求，有效防止部品部件在运输过程中的损坏。

8. 预制构件生产单位的质量责任和义务

（1）预制构件生产单位根据审查合格的施工图设计文件进行预制构件加工图设计，具体包括：预制构件模板图、配筋图、夹心外墙板拉接件布置图、水电预留预埋布置图、施工预留预埋布置图等。现场预制构件加工详图应与原设计图纸保持一致，并经原设计单位复核确认并审查，不得随意更改。如有变动，由原设计单位出具变更。在编制预制构件生产方案时，考虑预制构件生产工艺、模具、生产计划、技术质量控制措施、成品保护措施、检测验收、堆放及运输、质量常见问题防治等内容，并综合考虑建设（监理）、施工单位关于质量和进度等方面要求，经企业技术负责人审批后实施。

（2）在预制构件生产前，应当就构件生产制作过程关键工序、关键部位的施工工艺向工人进行技术交底；预制构件生产过程中，应当对隐蔽工程和每一检验批按相关规范进行验收并形成纸质及影像记录；预制构件施工安装前，应就关键工序、关键部位的安装注意事项向施工单位进行技术交底。

（3）建立健全预制构件制作质量检验制度。预制构件的原材料质量及配件应按照国家现行有关标准、设计文件及合同约定进行进厂检验。不具备试验能力的检验项目，应委托第三方检测机构进行试验。需第三方检测机构进行试验时，应配合有关部门对本企业所用的材料进行抽检抽测。建立构件成品质量出厂检验和编码标识制度。应在构件显著位置进行唯一性信息化标识，并提供构件出厂合格证和使用说明书。

（4）加强预制构件制作过程质量控制。预制构件钢筋安装应符合设计和规范要求，钢筋半灌浆套筒接头应严格按照要求进行丝头加工和接头连接，夹心保温外墙板用拉接件数量和布置方式应符合设计要求，混凝土浇筑前应对钢筋、半灌浆套筒接头和拉接件进行隐蔽验收，形成隐蔽验收记录并留存影像资料。制定预制构件成品存放、运输中成品保护措施。配合项目所在地建设行政主管部门对工程质量事故、问题的调查处理。

课后案例

暮云特大桥连续梁的"全面质量管理"

国家重点工程长株潭城际铁路将长沙、株洲、湘潭三市群体连为一体，实现半小时经济圈，市民可以像乘"公交车"一样的出行快速便捷。暮云特大桥全长 1.1km，桥梁体为单箱单室斜腹板、变高度、变截面结构，采用三角形挂篮悬臂作业，是全线控制工期的"咽喉"工程。在项目经理的领导下，克服了停工缓建、资金紧张、设计标准不确定等一系列困难，他们超前谋划、精心部署、优化施工设计方案、倒排工期、细化目标、合理配置资源，实现了连续梁按期合龙的目标。

方案先行，优化施工组织，以业主为导向。编制切实可行的施工专项方案，并严格按照业主要求，进行了第三方方案论证及挂篮安全可靠性专家评审，做好方案预控工作。主动与高等院校合作，引入具备相应资质的线形监控单位，在施工中对连续梁的线形和预应力的控制进行全过程监控，有效保证了连续梁的线形流畅美观。同时严格按照设计要求，进行管道摩阻试验，及时与设计单位沟通，调整预应力张拉值，保证了桥梁施工质量及受力安全。加强管理，强化过程控制。

成立"连续梁施工青年突击队"，加强团队合作。通过开展各项劳动竞赛活动，从优化施工方案、技术革新、保障物资材料供应等方面，实现全体参建人员团结一致、不畏艰难、圆满完成各项施工生产任务。实施"人、机、料、法、环"全面质量管理，落实责任，充分发挥人的主观能动性，抓源头、抓过程、抓细节，科学组织，整合资源，全面推进施工生产。

贯彻"安全第一、预防为主、综合治理"的管理方针，对现场全体参建人员进行安全知识、专业技术培训、考核和交底工作等多种形式的安全培训教育，有效提高员工队伍素质。此外，严抓原材料进场关，合理优化高性能混凝土配合比，做到混凝土实体安全经济，严格各类材料的型式检验工作，有效确保了工程实体质量。

暮云特大桥连续梁为标准化建设示范点，安全管理人员各负其责，全面推进现场标准化管理。在铁道部质监站、中国铁建总公司等各级领导的检查过程中，得到一致好评。

【案例思考】

1. 分析暮云特大桥连续梁的"全面质量管理"实施过程。

2. 分析该工程施工过程中应用了哪些质量管理理念？

D 公司的"质量三部曲"

质量是一个组织能否成长以及获得竞争力的主要影响因素。D 公司作为国内优质的建筑建材系统服务商，从诞生之日起，就把质量工作摆在了首要战略位置，采用"质量三部曲"的理念把质量作为生存与发展的第一要务，并融入企业发展的骨子里。

生产和提供满足人民日益增长的美好生活需要的高质量产品和服务，是 D 公司的根本追求。在服务方面，D 公司以"服务百姓、拒绝渗漏"为宗旨，"优越、优享、优质"为标准，展开基检测量，解决方案制定、施工、项目监理、闭水实验、验收、回访等 12 个步骤的全流程服务，D 公司积极走进社区，开展专业讲座，让用户认识防水、重视防水、树立防水意识，摆脱因防水不到位带来的困扰。

设置严格的质量控制流程。构建科技研发、追溯管理、智能生产与施工、五级检验、售后服务"五位一体"的全面质量管理系统，从原材料进厂到成品出厂经 5 级检验，层层把关，确保出厂产品合格。同时，D 公司注重以标准控制质量，全国十余家工厂质量控制被统一在一个标准之中。原材料、中间品、成品全部有内控，涉及 1000 多项内控标准，所有工厂产品质量一致。

建立质量监督管理及改进机制。为保障产品质量管理的客观性和公正性，D 公司拥有通过 CNAS 和 CMA 双重认证的检测公司，并成立了独立于研发、生产部门的产品质量监督管理团队，将研发、生产、检测"三权分立"，令三个环节互相配合与监督。严格按照"科技领先、精细作业、持续改进、顾客满意"的质量方针，制定《质量管理考核办法》《质量手册》《程序文件》等相关管理制度和操作规程，根据《质量管理考核办法》等相关制度对防水材料厂、各车间和有关部门进行质量控制和考核，每年对体系覆盖的部门进行内审和管理评审，对质量管理体系存在的问题及时进行整改，不断改进产品的质量和施工服务的质量。

长期坚持以顾客为中心的持续创新。引进国内外优秀技术组建国际化的研发团队，获批成立特种功能防水材料国家重点实验室，同时在国家认定企业技术中心、博士后工作站、院士专家工作站等研发平台基础上，又以开发差异化产品为目标在美国费城建立了全球卓越研究中心，实施美国研究、中国开发的技术发展战略。D 公司研发筹备了多年的智能装备"虹人"系列，集控制、行走、轨迹校正、卷材及地面加热、压实摊铺于一体，通过控制器对各部件实现智能控制，在提高施工效率的同时，助推防水施工质量的提升。

很多企业都想成为基业长青的百年企业，但是如果不能做好质量，一切只不过是过眼云烟。D 公司始终把"为人类为社会创造持久安全的环境"作为企业使命，不忘初心，持续改进，提升产品质量、服务质量，成为受世界尊敬的中国名片。

【案例思考】

1. 分析 D 公司的质量管理过程。

2. 分析 D 公司的持续创新是哪一质量哲理的体现？

 复习思考题

1. 简述质量概念及其发展。观察并思考当前企业、消费者、政府对质量的看法分别是什么？叙述你自己对质量的定义。

2. 工程项目质量的特点及影响因素是什么？

3. 什么是戴明环？选择一些与你有关的活动，用戴明环为改进这个活动设计一个

计划。

4. 考虑如何将戴明的质量管理 14 点应用到你熟悉的一个组织中，你认为其中的哪些要点会与组织现行的运作思想产生较大的冲突？

5. 朱兰的质量三部曲包括哪些内容？

6. 总结克劳士比的质量哲学。它与戴明、朱兰的哲学有何不同？

7. 什么是质量管理？质量管理有哪些基本原理？

8. 质量管理经历了哪几个发展阶段？每个阶段都有什么特点？

9. 全面质量管理的基本要素是什么？实施全面质量管理存在哪些障碍和误区？

10. 工程项目参建各方的质量责任包括哪些？

第2章 质量管理体系及卓越绩效管理

建设高质量战"疫"防线

12天建成天津应急医院、6天建成北京应急口罩厂、10天10夜建成西安应急医院、16天建成徐州应急医院、14天建成宿州集中隔离点……在战"疫"危急时刻,Z公司作为中国建设领域首家荣获中国质量奖的企业,充分发挥标杆引领作用,火速集结驰援6座城市,完成7项抗疫应急工程建设任务,不惧风险、不讲条件,以中国质量奖的品质和先锋速度,赢得社会各界认可。

Z公司是2021年世界500强第13位、世界最大投资建设集团——Z集团旗下最具核心竞争力的世界一流企业。2016年Z公司凭借首创的5.5精品工程生产线,荣获中国政府质量最高荣誉——中国质量奖,成为中国建设领域荣获该奖的首家企业,以专业、服务、品格"三重境界"代言"中国品质"。作为"中国品质"的代言人,Z公司始终将"向世界展示中国质量最新发展水平、树立中国工程良好形象"作为责任与使命,提出所有工程的品质必须高于行业中等水平,即最差的工程也要达到行业中等水平以上,首创"5.5精品工程生产线",以PDCAS循环管理方法打造独特的质量管理模式,即"目标管理→精品策划→过程控制→阶段考核→持续改进"5个步骤和人力资源、劳务、物资、科技、安全5个平台。

"5.5精品工程生产线"涵盖了工程建设的各个环节,Z公司西南公司作为Z公司在祖国西南地区的子企业,所有工程和每一项工作都按照该模式严格执行,成效显著。业内权威人士也表示,Z公司的"5.5精品工程生产线"准确把握了建筑施工行业的特色,以目标管理、PDCAS等质量管理理论为基础,把工程建设过程看成"生产线",总结并发展出独具特色的工程质量管理办法,强调过程质量控制,注重质量关键点检测、发现问题及时改进。优质的质量管理模式必然能够引领企业快速发展。

"在防疫复工的关键时刻,Z公司作为中国建设领域首家荣获中国质量奖的企业,充分发挥标杆引领作用,积极响应市场监管总局组织开展的'勇于担当 提升质量 坚决打赢疫情防控阻击战'的倡议活动,以高质量的工程、产品和服务,一手保障疫情防控、一手抓好复工复产。"随着新冠肺炎疫情在全球蔓延,Z公司境外机构和海外项目,受到不同程度的影响。Z公司以海外项目疫情防控为主,创造性、针对性地采取制作五国语言版项目疫情防控工作要求、派驻工作组配合支持一线抗疫、采购和捐赠防疫物资、统筹推进疫情防控和生产经营等措施,确保境外机构和项目"零疫情",保障海外员工的生命安全和身体健康,助力打赢疫情防控全球阻击战。

不管是工程建设,还是战"疫"复产,Z公司都向世界展示了中国质量最新发展水平、中国工程的良好形象,是建筑行业的标杆。

学习要点

1. ISO 9000 族标准的构成及主要理念；
2. 质量审核的概念、分类及过程；
3. 质量认证的概念及分类；
4. 质量管理体系的建立与运行；
5. 卓越质量管理模式。

2.1　ISO 9000 质量管理标准简介

2.1.1　ISO 9000 族标准的产生和发展

1. ISO 9000 族标准的产生

第二次世界大战期间，在战争中使用的武器要求性能良好，政府在采购军品时，对产品特性提出要求的同时，还对供应商提出了质量保证的要求，世界军事工业从而得到迅猛的发展。20 世纪 50 年代，美国发布了《质量大纲要求》MIL-Q-9858A，成为世界上最早的有关质量保证方面的标准。而后，美国国防部制定和发布了一系列针对生产武器和承包商评定的质量保证标准。20 世纪 70 年代初，借鉴军用质量保证标准的成功经验，美国标准化协会（ANSI）和美国机械工程师协会（ASME）分别发布了一系列有关原子能发电和压力容器生产方面的质量保证标准。

美国军品生产方面的质量保证活动的成功经验，在世界范围内产生了很大的影响。工业发达国家，如英国、美国、法国和加拿大等国在 20 世纪 70 年代末先后制定和发布了用于民品生产的质量管理和质量保证标准。随着世界各国经济的相互合作和交流，对供方质量体系的审核已逐渐成为国际贸易和国际合作的需求。世界各国先后发布了关于质量管理体系及审核的标准。但各国实施的标准不一致，给国际贸易带来了障碍，质量管理和质量保证的国际化成为当时世界各国的迫切需要。

随着经济地区化、集团化、全球化的发展，市场竞争日趋激烈，顾客对质量的期望越来越高。各个组织为了竞争和保持良好的经济效益，设法提高自身的竞争能力以适应市场竞争的需要。为了成功地领导和运作一个组织，需要引入一种系统的透明的方式进行管理，针对所有顾客和相关方的需求，建立、实施并持续改进管理体系的业绩，从而使组织获得成功。

顾客要求产品具有满足其需求和期望的特性，这些需求和期望应在产品规范中加以表述。如果提供产品的组织其质量管理体系不完善，那么规范本身就不能保证产品始终满足顾客的需要。因此，对这方面的关注导致了质量管理体系标准的产生，并把它作为对技术规范中有关产品要求的补充。

国际标准化组织（ISO）于 1979 年成立了质量管理和质保证技术委员会，负责制定质量管理和质量保证标准。1986 年，ISO 发布了第一个质量管理体系标准：《质量管理和质量保证——术语》ISO 8402，1987 年发布《质量管理和质量保证标准——选择和使用指南》ISO 9000、《质量体系——设计、开发、生产、安装和服务的质量保证模式》ISO 9001、《质量体系——生产、安装和服务的质量保证模式》ISO 9002、《质量体系——最终检验和试验的质量保证模式》ISO 9003、《质量管理和质量体系要素——指南》ISO 9004 共 6 项标准，统称为 ISO 9000 系列标准。

ISO 9000 系列标准的颁布，使各国的质量管理和质量保证活动统一在这一基础之上。标准总结了工业发达国家先进企业的质量管理的实践经验，统一了质量管理和质量保证有关的术语和概念，并对推动组织的质量管理、实现组织的质量目标、消除贸易壁垒、提高产品质量和顾客满意程度等产生积极影响，得到了世界各国的普遍关注和广泛采用。

2. ISO 9000 族标准的发展

为了使 1987 版的 ISO 9000 系列标准更加协调和完善，质量管理和质量保证技术委员会（ISO/TC 176）于 1990 年决定对标准进行修订，提出了《90 年代国际质量标准的实施策略》（国际通称《2000 年展望》），其目标是："要让全世界都接受和使用 ISO 9000 族标准；为提高组织的运作能力提供有效的方法；增进国际贸易，促进全球的繁荣和发展；使任何机构和个人可以有信心从世界各地得到任何期望的产品以及将自己的产品顺利销售到世界各地。"

按照《2000 年展望》提出的目标，标准分两阶段修改：第一阶段修改称为"有限修改"，即 1994 版 ISO 9000 族标准。第二阶段修改是在总体结构和技术内容上作较大的全面修改，即 2000 版 ISO 9000 族标准。其主要任务是：识别并理解质量保证及质量管理领域中顾客的需求，制定有效反映顾客期望的标准；支持这些标准的实施，并促进对实施效果的评价。

第一阶段的修改主要是对质量保证要求（ISO 9001，ISO 9002，ISO 9003）和质量管理指南（ISO 9004）的技术内容作局部修改，总体结构和思路不变。通过 ISO 9000-1 与 ISO 8402 两项标准，引入了一些新的概念和定义，为第二阶段修改提供了过渡的理论基础。1994 年，ISO/TC 176 完成了对标准第一阶段的修订工作，发布了 1994 版的 ISO 8402，ISO 9000-1，ISO 9001，ISO 9002，ISO 9003 和 ISO 9004-1 六项国际标准，到 1999 年底已陆续发布了 22 项标准和两份技术报告。

ISO/TC 176 完成了标准的第一阶段修订后，立即进入了第二阶段的修订工作。1996 年，在广泛征求世界各国标准使用者的意见、了解顾客对标准修订的要求并比较修订方案后，ISO/TC 176 相继提出了《2000 版 ISO 9001 标准结构和内容的设计规范》和《ISO 9001 修订草案》，作为对 1994 版标准修订的依据。2000 年 12 月 15 日，ISO/TC 176 正式发布了新版本 ISO 9000 族标准，统称为 2000 版 ISO 9000 族标准。该标准的修订充分考虑了 1987 版和 1994 版标准以及现有其他管理体系标准的使用经验，因此，它将使质量管理体系更加适合组织的需要，更适应组织开展其商业活动的需要。

接下来，相关组织又对 ISO 9000 族标准进行了多次修改：2002 年 ISO 19011：2002 标准；2005 年 ISO 9000：2005 标准；2008 年 ISO 9001：2008 标准；2009 年 ISO 9004：2009 标准；2011 年 ISO 19011：2011 标准；2015 年 ISO 9000：2015 标准；2015 年 ISO 9001：2015 标准等。ISO/TC 176 通过对 ISO 9000 族标准的不断修改与补充，使其得到进一步完善，并且扩大了 ISO 9000 族标准的适用范围，增强了其实用性。

综上所述，ISO 9000 族标准的产生和发展绝非偶然，它既是当代科学、技术、社会与经济发展的必然产物，又是质量管理的理论和实践相结合的成果。ISO 9000 族标准的产生和发展不仅顺应了发展国际经济贸易与交流合作的需要，还对规范市场行为、促进企业加强质量管理、提高产品质量、增强市场竞争力产生了积极效果，特别是在我国市场经济体制建立过程中和经济增长方式转变中将发挥越来越大的作用。

2.1.2　ISO 9000 族标准的构成与特点

1. ISO 9000 族标准的构成

ISO 9000 族标准是指"由 ISO/TC176（国际标准化组织/质量管理和质量保证技术委员会）制定的一系列关于质量管理的正式国际标准、技术规范、技术报告、手册和网络文件的统称"。ISO 9000 族质量管理体系标准的构成见表 2-1。

ISO 9000 族标准文件结构　　　　　　　　　　　　　　　表 2-1

标准构成	标准编号	标准名称
核心标准	ISO 9000	《质量管理体系——基础和术语》
	ISO 9001	《质量管理体系——要求》
	ISO 9004	《追求组织的持续成功——质量管理方法》
	ISO 19011	《管理体系审核指南》
其他标准	ISO 10012	《测量管理体系——测量过程和测量的设备要求》
技术报告	ISO/TR 10006	《质量管理——项目管理指南》
	ISO/TR 10007	《质量管理——技术状态管理指南》
	ISO/TR 10013	《质量管理体系文件指南》
	ISO/TR 10014	《质量管理——实现财务和经济效益的指南》
	ISO/TR 10015	《质量管理——培训指南》
	ISO/TR 10017	《ISO 9001：2000 的统计技术指南》
小册子	—	《质量管理原则》
	—	《选择和使用指南》
	—	《小型组织实施指南》

2. ISO 9000 族标准的特点

ISO 9000 族标准的目的是证实组织具有满足顾客需求的能力，并提高组织的总体绩效。ISO 9000 族标准特点如下：

（1）坚守质量管理原则。质量管理原则是质量管理实践经验和理论的总结，体现了质量管理的一般性规律。它包含了思想方法、工作方法、领导作风和处理内外关系的正确态度，涉及系统论、控制论、信息论、科学决策、统计技术和"参与"理论，较好地体现了现代科学管理的理念。

（2）区分体系要求与产品和服务要求，使标准更具通用性。明确区分质量管理体系要求与产品和服务要求，使得质量管理体系要求可适用于各种类型、不同规模和提供不同产品和服务的组织。组织能够更好地满足质量管理体系要求，组织可以根据自身的实际情况，选择采用质量管理体系的部分要求。同时，也可以根据组织及产品和服务的情况，确定某一要求的适用程度，使标准更具通用性。

（3）标准给出了组织运行质量管理体系应满足的最基本要求，但并未规定如何满足这些要求的方法、途径和措施。不同的组织有着独一无二的环境，每个组织的质量管理体系都是唯一的。理解组织的环境，即确定了影响组织的宗旨、目标和可持续性的各种因素。

因此，不同质量管理体系的结构不需要统一，形成的文件不需要与标准的条款结构一致，组织使用的术语不需要与标准特定术语一致。

（4）采用"以过程为基础的质量管理体系模式"。强调质量管理体系是由相互关联和相互作用的过程构成的一个系统，特别关注过程之间的联系及相互作用，标准内容的逻辑性更强，相关性更好。

（5）采用 PDCA 循环与基于风险的思维相结合的过程方法。PDCA 循环即策划、实施、检查、处置。它使组织能够得到充分的资源和管理，确定改进机会并采取行动。基于风险的思维使组织能够确定各种不利因素，采取预防措施，降低不利影响，更好地抓住出现的机遇。

（6）关注输出、实现预期结果和绩效。"输出"，即为"过程的结果"。"预期结果"，即为客户看待组织的产品和服务是否持续一致合格。"绩效"，即为"可测量的结果"。由于使用基于风险的思维，因而一定程度上减少了规定性要求，并以基于绩效的要求替代。在过程、成文信息和组织职责方面的要求比较灵活，更加关注输出、实现预期结果及绩效。

2.1.3 ISO 9000 族标准的主要理念

1. 七项质量管理原则

（1）以顾客为关注焦点。组织依存于顾客，因此，组织应当关注和理解顾客当前和未来的需求，满足顾客要求并争取超过顾客期望。任何一个组织都应该把争取顾客，使顾客满意作为首要工作来抓，依此安排所有的活动。超越顾客的期望，将给组织带来更大的效益。

（2）领导作用。各层领导建立统一的宗旨和方向，并且创造全员参与的条件，以实现公司的质量目标。统一的宗旨和方向，以及全员参与，能够使公司将战略、方针、过程和资源保持一致，更好地实现其目标。

（3）全员参与。整个公司内各级人员的胜任、授权和参与，是提高公司创造和提供价值能力的必要条件。为高效管理公司，各级人员得到尊重并参与其中是极其重要的。通过授权、提高和表彰能力，促进在实现公司质量目标过程中的全员参与。

（4）过程方法。过程是指一组将输入转化为输出的相互关联或相互作用的活动。系统地识别和管理组织所应用的过程，特别是这些过程之间的相互作用，称为过程方法。当活动被作为相互联系的功能连贯过程系统进行管理时，可更有效和高效地得到预期的结果。质量管理体系是由相互关联的过程所组成。理解体系是如何产生结果的，能够使公司尽可能完善体系和绩效。

（5）改进。改进对于公司保持当前的绩效水平，对其内、外部条件的变化作出反应并创造新的机会都是非常必要的。为了改进组织的整体业绩，组织应不断改进其产品质量，提高质量管理体系及过程的有效性和效率，以满足顾客和其他相关方日益增长和不断变化的需要与期望。改进的关键是改进的循环和改进的持续，一个改进过程（PDCA 循环）的结束往往是另一个新的改进过程的开始。

（6）循证决策。决策是一个复杂的过程，并且总是包含一些不确定因素。它经常涉及多种类型和来源的输入及其解释，而这些解释很有可能是主观的。理解因果关系和潜在的非预期后果极为重要。分析事实、证据和数据可增强决策的客观性，使决策者更有把握。

（7）关系管理。为了持续成功，公司需要管理与相关方的关系。相关方影响公司的绩效，当公司管理与所有相关方的关系能够尽可能地发挥其在公司绩效方面的作用时，持续成功更有可能实现。

2. 质量管理体系基础

（1）质量管理体系的理论说明。质量管理体系能够帮助组织增强顾客满意。顾客的需求和期望是不断变化的，质量管理体系鼓励组织分析顾客要求，规定相关过程并使其持续受控，以提供顾客能接受的产品。质量管理体系能提供持续改进的框架，以增加顾客和其他相关方满意的机会。质量管理体系还就组织能够提供持续满足要求的产品，向组织及其顾客提供信任。

（2）质量管理体系要求与产品要求。质量管理体系要求适用于所有行业或经济领域，不论其提供何种类别的产品。标准本身并不规定产品要求。产品要求可由顾客规定，或由组织通过预测顾客的要求规定，或由法规规定。在某些情况下，产品和有关过程的要求可包含在技术规范、产品标准、过程标准、合同协议和法规要求中。

（3）质量管理体系方法。质量管理体系方法是管理的系统方法这一原则的具体体现。建立和实施质量管理体系的方法包括以下步骤：确定顾客和其他相关方的需求和期望；建立组织的质量方针和质量目标；确定实现质量目标必需的过程和职责；确定和提供实现质量目标必需的资源；规定测量每个过程的有效性和效率的方法；应用这些测量方法确定每个过程的有效性和效率；确定防止不合格并消除产生原因的措施；建立和应用持续改进质量管理体系的过程。上述方法也适用于保持和改进现有的质量管理体系。

（4）过程的方法。ISO 9000 族标准鼓励采用过程方法管理组织。图 2-1 所示是标准所表述的以过程为基础的质量管理体系模式。建立质量管理体系首先应识别体系的 4 个主要过程，包括管理职责，资源管理，产品实现，测量、分析和改进。然后对各个过程的输入、输出和活动实行控制。在向组织提供输入方面，相关方起到了重要作用，如图 2-1 所示。监控相关满意度需要评价有关相关方感受的信息，这种信息可以表明其需求和期望得到满足的程度。运用过程的方法来为持续改进这一目标服务。

（5）质量方针和质量目标。建立质量方针和质量目标为组织提供了关注的焦点。两者

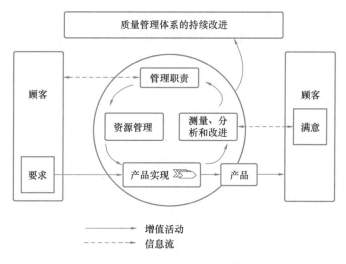

图 2-1　以过程为基础的质量管理体系模式

确定了预期的结果，并帮助组织利用其资源达到这些结果。质量方针为建立和评审质量目标提供了框架。质量目标需要与质量方针和持续改进的承诺相一致，其实现是可测量的。质量目标的实现对产品质量、运行有效性和财务业绩都有积极影响，因此对相关方的满意和信任也会产生积极影响。

（6）最高管理者在质量管理体系中的作用。最高管理者通过其领导作用及各种措施可以创造一个员工充分参与的环境，在这种环境中真正体现全员参与的原则，充分发挥他们的主动性，使质量管理体系能够有效运行。最高管理者可以运用质量管理原则作为发挥以下作用的基础：制定并保持组织的质量方针和质量目标；通过增强员工的意识、积极性和参与程度，在整个组织内促进质量方针和质量目标的实现；确保整个组织关注顾客要求；确保实施适宜的过程以满足顾客和其他相关方要求，并实现质量目标；确保建立、实施和保持一个有效的质量管理体系，以实现这些质量目标；确保获得必要资源；定期评审质量管理体系；决定有关质量方针和质量目标的措施；决定改进质量管理体系的措施。

（7）文件。文件能够沟通意图、统一行动，其使用有助于：满足顾客要求和实现质量改进；提供适宜的培训；具有重复性和可追溯性；提供客观证据；评价质量管理体系的有效性和持续适宜性。文件的形成本身并不是目的，通过形成文件的质量管理体系使体系中的过程得到有效的控制，从而成为一项增值活动。

每个组织确定其所需文件的多少和详略程度及使用的媒体。这取决于下列因素：组织的类型和规模、过程的复杂性和相互作用、产品的复杂性、顾客要求、适用的法规要求、经证实的人员能力以及满足质量管理体系要求所需证实的程度。

（8）质量管理体系评价。为保证质量管理体系的有效性、充分性和适宜性，应对其进行全面、客观的评价。

1）质量管理体系过程的评价。评价质量管理体系时，应对每一个被评价的过程提出如下 4 个基本问题：过程是否被识别并适当规定？职责是否分配？程序是否得到实施和保持？在实现所要求的结果方面，过程是否有效？综合上述问题的答案可以确定评价结果。质量管理体系评价，如质量管理体系审核和质量管理体系评审以及自我评定，在涉及的范围上可以有所不同，并可包括许多活动。

2）质量管理体系审核。审核用于确定符合质量管理体系要求的程度。审核发现用于评定质量管理体系的有效性和识别改进的机会。第一方审核用于内部目的，由组织自己或以组织的名义进行，可作为组织声明自身合格的基础。第二方审核由组织的顾客或由其他人以顾客的名义进行。第三方审核由外部独立的组织进行。这类组织通常是经认可的，提供符合要求的认证或注册。

3）质量管理体系评审。最高管理者的任务之一是就质量方针和质量目标，有规则地、系统地评审质量管理体系的适宜性、充分性、有效性和效率。这种评审包括考虑修改质量方针和质量目标的需求以响应相关方需求和期望的变化，以及确定采取措施的需求。审核报告与其他信息源一同用于质量管理体系的评审。

4）自我评定。组织的自我评定是一种参照质量管理体系或优秀模式对组织的活动和结果所进行的全面和系统的评审，参加国家和区域质量奖是一种广泛承认和使用的方式。自我评定可提供一种对组织业绩和质量管理体系成熟程度的总的看法。它还有助于识别组织中需要改进的领域并确定优先开展的事项。

（9）持续改进。持续改进质量管理体系的目的在于增加顾客和其他相关方满意的机会，改进包括下述活动：分析和评价现状，以识别改进区域；确定改进目标；寻找可能的解决办法，以实现这些目标；评价这些解决办法并作出选择；实施选定的解决办法；测量、验证、分析和评价实施的结果，以确定这些目标已经实现；正式采纳更改。必要时，对结果应进行评审，以确定进一步改进的机会。从这种意义上说，改进是一种持续的活动。顾客和其他相关方的反馈以及质量管理体系的审核和评审，均能用于识别改进的机会。持续改进也是七项质量管理原则之一。

（10）统计技术的作用。应用统计技术可帮助组织了解变异，从而有助于组织解决问题并提高有效性和效率。这些技术也有助于更好地利用可获得的数据进行决策。在许多活动的状态和结果中，甚至是在明显的稳定条件下，均可观察到变异。这种变异可通过产品和过程可测量的特性观察到，并且在产品的整个生命周期（从市场调研到顾客服务和最终处置）的各个阶段，均可看到其存在。统计技术有助于对这类变异进行测量、描述、分析、解释和建立模型，甚至在数据相对有限的情况下也可实现。这种数据的统计分析能对更好地理解变异的性质、程度和原因提供帮助，从而有助于解决，甚至防止由变异引起的问题，并促进持续改进。

（11）质量管理体系与其他管理体系的关注点。质量管理体系是组织的管理体系的一部分，它致力于使与质量目标有关的结果适当地满足相关方的需求、期望和要求。组织的质量目标与其他目标，如增长、资金、利润、环境及职业卫生与安全等目标相辅相成。一个组织的管理体系的各个部分，连同质量管理体系可以合成一个整体，从而形成使用共有要素的单一的管理体系。这将有利于策划、资源配置、确定互补的目标并评价组织的整体有效性。组织的管理体系可以对照其要求进行评价，如果需要审核可分开进行也可合并进行。

（12）质量管理体系与优秀模式之间的关系。ISO 9000 族标准和组织优秀模式提出的质量管理体系方法依据共同的原则。它们两者均：使组织能够识别它的强项和弱项；包含对照通用模式进行评价的规定；为持续改进提供基础；包含外部承认的规定。它们主要差别在于应用范围不同：ISO 9000 族标准提出了质量管理体系要求和业绩改进指南，质量管理体系评价可确定这些要求是否得到满足；优秀模式包含能够对组织业绩进行比较评价的准则，并适用于组织的全部活动和所有相关方，优秀模式评定准则提供了一个组织与其他组织的业绩相比较的基础。

2.2　质量审核与质量认证

2.2.1　质量审核的概念

质量审核（Quality Audit）是指为获得审核证据并对其进行客观的评价，以确定满足审核准则的程度所进行的系统的并形成独立文件的过程。

从定义中可以看出，审核的目的是评定受审核方满足要求或准则的程度，审核的方法是获取证据并对其进行客观评价。在审核过程中要遵循独立性、客观性和系统方法三个核心原则。审核准则是一组方针和程序或要求，用作与审核证据比较的依据。质量手册、程序文件、质量方针、目标、政策、承诺以及适用于组织的法律、法规和其他要求等都是重要的审核准则。审核证据是与审核准则有关的并且能够证实的记录、事实陈述或其他信息。审核证据可以是定性的，也可以是定量的。比如，审核员在审核范围内查阅的文件、记录，在审核现场观察到的现象，或测量与实验的结果。

2.2.2 质量审核的分类

1. 审核对象分类法

质量审核根据审核对象的不同，可以划分为产品质量审核、过程（工序）质量审核、质量管理体系审核与多管理体系结合审核。

（1）产品质量审核

产品质量审核是指为了确定产品质量的符合性和适用性，对最终产品的质量进行单独评价。评价的标准以适用性为主，从用户的角度来检查和评价产品质量。审核依据是"产品质量审核评价指导书"，用产品缺陷的多少和严重程度来评价产品。

产品质量审核的重点是成品，也包括外购、外协件、自制零部件。审核的范围包括：质量上存在薄弱环节的产品；性能、质量要求高的产品；制造工艺复杂的产品；最终检验难度大或容易漏检的产品；顾客反映质量问题较多的产品。产品质量审核通过抽取经过验收的产品，对比现在生产的产品和过去生产的产品的质量水平，分析产品质量的发展趋势。

（2）过程（工序）质量审核

独立地对过程进行质量审核，以评价质量控制计划的可行性、可信性与可靠性。对过程（工序）进行质量审核可以从输入、资源、活动、输出入手，涉及人员、设备、材料、方法、环境、时间、信息及成本八个要素。

过程质量审核的内容是针对过程能力而言的，对组织在策划中过程能力的预期要求进行可行性、可信性和可靠性的评价。能力是指组织、体系或过程实现产品并使其满足要求的本领；过程的能力就是指过程满足要求的本领。过程质量审核应当抓住主要过程，抓住对组织的产品质量有关键影响的过程。但是由于各行各业的过量审核、过程性质不同，对过程能力的要求也不同，所以每个组织应该根据自身的实际情况策划过程预期的要求，将其作为过程质量审核的依据。

（3）质量管理体系审核

独立地对一个组织的质量管理体系进行审核。质量管理体系审核应覆盖组织的所有部门和过程，围绕产品质量形成的全过程进行，通过对质量管理体系中的各个部门、各个过程的审核，综合质量管理体系的适宜性与有效性。

（4）多管理体系结合审核

当质量管理体系与环境管理体系或其他管理体系一起接受审核时，称为多管理体系结合审核。

2. 审核方分类法

按审核方不同，可以将质量审核分为第一方审核、第二方审核、第三方审核。其中第一方审核为内部审核，第二方、第三方审核为外部审核。

（1）第一方审核

这是组织对其自身的产品、过程或质量管理体系进行的审核，又称为内部审核。审核员通常是本组织的，也可聘请外部人员。通过审核，综合评价组织自身的质量活动及其结果，并对审核中发现的不合格项采取纠正和改进的措施。

（2）第二方审核

这是由顾客对供方开展的审核，属于外部审核。审核的标准通常由顾客根据自身的需要提出，审核的结果通常作为顾客购买的决策依据。第二方审核时应先考虑采购产品对最终产品质量或使用的影响程度，然后确定审核方式与范围，同时还要考虑到技术与生产能力、价格、交货及时性和服务等因素。其审核方式主要有：采购产品质量管理体系审核、采购产品质量审核、采购过程质量审核和采购产品特殊要求审核等。

（3）第三方审核

第三方是相对于第一方（组织）与第二方（顾客）而言的，是独立于第一方和第二方的一方，与两者既无行政上的隶属关系，也无经济上的利益关系。第三方审核是由具有一定资格并经一定程序认可的审核机构派出审核人员对组织的管理体系进行审核。第三方审核是有偿服务，审核机构按商定的标准对受审核方的产品或质量管理体系进行审核。审核结果若符合标准要求，受审核方将可获得合格认证并登记注册，表明其产品或管理体系在审核有效期内具有审核范围规定的能力。

三种审核方审核的区别见表 2-2。

三种审核方审核的区别　　　　　　　　　　　　　　表 2-2

项目	第一方审核	第二方审核	第三方审核
审核类型	内部审核	顾客对供方的审核	独立的第三方对组织的审核
执行者	组织内部或聘请外部审核人员	顾客自己或委托他人代表顾客	第三方认证机构派出审核员
审核目的	推动内部改进	选择、评定或控制供方	认证注册
审核依据	适用的法律、法规和标准，顾客指定的标准，组织质量管理体系文件，顾客投诉	顾客指定的产品标准和质量管理体系标准适用的法律	组织适用的法律、法规和标准，组织质量管理体系文件，顾客投诉以及 ISO 9001：2015 等
审核范围	可扩大到所有的内部	限于顾客关心的标准和要求	限于申请的产品及其相关的质量管理体系
审核时间	时间灵活、充裕	审核时间较少	审核时间短，按计划执行

3. 审核范围分类法

按照审核的范围，可以将质量审核分为全部审核、部分审核与跟踪审核。

（1）全部审核。在进行质量审核的过程中，只要覆盖了组织产品质量形成的各个过程、各个方面，不管是由第一方、第二方还是第三方开展的审核，都属于全部审核。

（2）部分审核。对组织的质量管理体系过程进行有选择的审核。

（3）跟踪审核。跟踪审核是审核活动的一部分，也是一种部分审核。它是对受审核部门采取的纠正措施进行评审，并对实施效果进行判断和记录的一系列审核活动的总称。

综上，质量审核按不同的审核标准进行分类，包括审核对象分类法、审核方分类法和审核范围分类法，如图 2-2 所示。

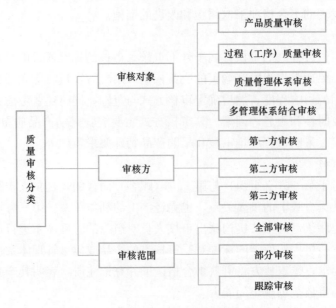

图 2-2　质量审核分类

2.2.3　质量审核的过程

1. 审核方案

审核方案（Audit Programme）是针对特定时间段所策划并具有特定目的的一组（一次或多次）审核。准备进行质量审核的组织首先要制定一个有效的审核方案，并对其进行管理。制定审核方案的目的是策划审核的类型和次数，识别并提供实施审核必需的资源。对于审核方案的管理可以应用 PDCA 模式。

2. 审核的一般流程

通常内审的质量管理体系审核由组织按年度计划自行安排，第二方审核由组织的相关方以顾客的名义向组织提出，第三方审核由委托方向认证机构提出。审核的一般流程，如图 2-3 所示。

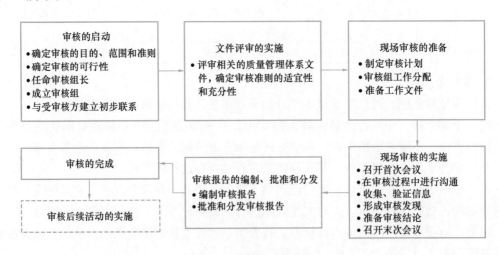

图 2-3　审核的一般流程

（1）审核的启动

此阶段确定审核的目的、范围和准则，确定审核的可行性，任命审核组组长，成立审核组。另外，外部审核还要与受审核方建立初步联系。被任命的审核组组长应具备审核必需的知识与技能，其主要职责是：与审核委托方确定审核的范围和准则，组建审核组，负责文件初审，制定审核计划，分配审核任务，主持审核工作，控制审核过程，协调审核过程中遇到的异常问题，组织审核组讨论确定不符合项和审核结论，编写并提交审核报告，组织跟踪认证等。审核组的构成和规模取决于受审核方的组织结构和规模，以及受审核方的产品和过程的复杂程度等。审核组中应有具备相关专业审核资格的成员或技术专家。

（2）文件评审的实施

此阶段审核组审阅组织的质量管理体系文件，如质量手册、6 个必需的程序文件（文件控制程序、记录控制程序、内部审核程序、不合格的控制程序、纠正措施程序、预防措施程序）和其他文件的清单等。通过文件评审可以确定审核准则的适宜性和充分性。

（3）现场审核的准备

此阶段审核组制定审核计划，审核组组长下达审核任务，审核员编制检查表。现场审核前，审核组组长必须将审核计划发给受审核方和审核组，分配给每个组员具体的任务，包括受审核过程、职能、活动和场所。审核组成员在接受任务后，要准备好必要的工作文件，以备现场审核用作参考和记录。

（4）现场审核的实施

此阶段审核组召开首次会议，在审核过程中进行沟通，然后通过现场审核收集和验证各种信息，形成审核发现，准备审核结论，最后召开末次会议。

（5）审核报告的编制、批准和分发

审核报告是审核的总结，是在对审核发现进行统计分析的基础上，对受审核方质量管理体系有效性总体评价的正式文件，其编制和内容由审核组组长负责，经批准后发放给有关方。

（6）审核后续活动的实施

审核后续活动主要包括纠正措施、预防措施等改进活动的验证和评审。该过程通常视为审核的一部分。审核组在审核中发现不符合项并得到责任部门的确认后，应向受审核方提出采取纠正措施的要求，并且负责对纠正措施的实施情况与效果进行验证。

2.2.4　质量认证的概念

1. 质量认证的概念

质量认证（Quality Certification）也称为合格认证（Conformity Certification），ISO/IEC 指南 2《关于标准化与相关活动的一般术语及其定义》中对认证的定义是：第三方依据程序对产品、过程或服务符合规定的要求给予书面保证（合格证书）。这定义的含义是：认证的对象是产品、过程或服务，包括产品质量认证和质量管理体系认证；认证的依据是标准规定的要求；认证的证明方式是书面保证，包括合格证书和认证标志；认证是权威、公正且独立的第三方从事的活动。通常把产品的供方称作"第一方"；顾客称为"第二方"；"第三方"是独立于第一方和第二方的一方，它与其他两方不应存在行政上的隶属关系和经济上的利害关系。

2. 认证和认可的区别与联系

认证与认可均属于合格评定的范畴。认可是指由权威机构（指法律或特定政府机构依法授权的机构）对有能力执行特定任务的机构或个人给予正式承认的程序。认可的对象是实施认证、检验和检查的机构或人员。认证与认可不仅在目的和作用上不同，在机构上也有区别。认证机构为所有具备能力的机构，大多数国家认证机构之间存在竞争关系；认可机构应为权威机构或授权机构，一般为政府机构本身或政府指定代表政府的机构，认可机构具有唯一性。为保证认可结果的一致性和认可制度实施的国家权威性，认可机构不宜引入竞争机制。

2.2.5 质量认证的分类

1. 根据认证对象划分

（1）产品质量认证

产品质量认证是指依据产品标准和相应技术要求，经认证机构确认并通过颁发认证证书和认证标志来证明某产品符合相应标准和技术要求的活动。产品质量认证可以分为安全认证和合格认证，安全认证是指根据安全标准进行的认证或只对商品标准中有关安全的项目进行的认证。它是对商品在生产、储运、使用过程中是否具备保证人身安全与避免环境遭受危害等基本性能的认证，属于强制性认证。合格认证是依据商品标准的要求，对商品的全部性能进行的综合性质量认证，一般属于自愿性认证。

（2）质量管理体系认证

质量管理体系认证是指根据国际标准化组织颁布的 ISO 9001 族质量管理体系国际标准，由认证机构对企业的质量管理体系进行审核，以颁发认证书的形式证明企业的质量管理体系和质量保证能力将符合相应要求，授予合格证书并予以注册的全部活动。该认证是通过第三方（认证机构）审核来实现的，是一种自愿行为。

产品质量认证与质量管理体系认证的区别是由各自的特点决定的，其比较见表 2-3。

产品质量认证与质量管理体系认证主要特点的比较　　　　表 2-3

项目	产品质量认证	质量管理体系认证
目的	证明供方的特定产品符合规定的标准要求	证明供方的质量管理体系有能力确保其产品满足规定的要求
对象	特定产品	企业的质量管理体系
认证的标准	产品指定的标准要求；与产品有关的质量管理体系符合指定的质量管理体系标准要求；特定产品的补充要求	ISO 9000 族标准要求和必要的补充要求
认证标准的适用性	根据地区、产品等的不同，认证的标准不尽相同。即使同一产品，各国认证的标准也不一样	统一按照 ISO 9000 族标准进行
性质	自愿性、强制性	自愿性
证实的方式	按特定标准对产品实施检验和质量体系审核	质量管理体系审核
证明的方式	产品质量认证证书、认证标志。标志可用于产品的包装和表面上，但证书不可	质量管理体系认证证书、注册并公布。可使用证书和注册标志做宣传，但不能用在产品的包装和表面上

2. 根据认证自愿与否划分

根据认证自愿与否，可以将质量认证分为强制性认证与自愿性认证。

（1）强制性认证

强制性认证是为了保护广大消费者的人身健康和安全、环境安全、国家安全，依照法律法规实施的一种产品评价制度。它要求产品必须符合国家标准和相关技术规范。凡列入强制性产品认证目录的产品，如果没有获得指定认证机构颁发的认证证书，没有按规定加施认证标志，一律不得出厂、销售、进口或者在其他经营活动中使用。

（2）自愿性认证

当产品未列入强制性产品认证目录时，组织可以申请产品自愿性认证。对于强制性认证制度管理范围之外的产品或产品技术要求，按照国家统一推行和机构自主开展相结合的方式，结合市场需求，推动自愿性产品认证制度的开展。企业可根据需要自愿向认证机构提出认证申请。

强制性认证与自愿性认证的程序基本相同，但具有不同的性质和特点，其比较见表 2-4。

强制性认证与自愿性认证的比较　　　　　　　　　　　　　表 2-4

项目	强制性认证	自愿性认证
对象	涉及人身健康和安全、环境安全、国家安全的产品	非安全性的产品
目的	证明产品安全并合格	证明产品合格
标准	国家标准化法发布的强制性标志	国家标准化法发布的国家标准与行业标准
法律依据	按国家法律、法规或联合规章所作的强制性规定	按国家产品质量法和认证认可条例的规定
证明方式	法律、法规或联合规章所指定的安全认证标志	认证机构颁发的认证书、认证标志
制约	未获得认证证书、未施加认证标志的产品，一律不得出厂、销售、进口或者在其他经营活动中使用	即使产品未获得认证，也可以销售、进口或使用

2.3　质量管理体系

2.3.1　质量管理体系文件构成

质量管理体系文件至少应包括下述 5 个层次的文件：形成文件的质量方针和质量目标；质量手册；标准所要求的形成文件的程序和记录；组织为确保其过程的有效策划、运行和控制所需的文件和记录；标准所要求的质量记录。此外，根据需要，质量管理体系文件还可包括（但不要求）组织结构图、过程图/流程图、作业指导书、生产计划、内部沟通的文件、批准的供方清单、质量计划、检验和试验计划、规范、表格、外来文件。

1. 质量手册

组织应编制和保持质量手册，质量手册包括：质量管理体系的范围，包括任何删减的细节与合理性；为质量管理体系所编制的形成文件的程序或对这些程序的引用；质量管理体系过程之间相互作用的表述。

2. 程序文件

程序是为进行某项活动或过程所规定的途径，每一个形成文件的程序即书面程序，应说明 5W1H，在编制书面程序的过程中，应坚持"谁干谁写"的原则，咨询专家只能指导而不能包办代替。只有这样，程序文件才具有较强的可操作性。标准要求组织对下列 6 项活动要有形成文件的程序：文件控制、记录控制、内部审核、不合格品的控制、纠正措施、预防措施。

3. 记录

标准所要求的记录包括：管理评审；教育、培训、技能和经验；实现过程及其产品满足要求的依据；与产品要求有关的设计和开发输入；设计和开发评审的结果以及必要的措施；设计和开发验证的结果以及必要的措施；设计和开发确认的结果以及必要的措施；设计和开发更改评审的结果以及必要的措施；设计和开发更改的记录；供方评价结果以及根据评价采取的必要措施；在输出的结果不能被随后的监视和测量所证实的情况下，组织应证实对过程的确认；当有可追溯性要求时，组织应当对产品进行唯一性标志的确认；丢失、损坏或被发现不适宜使用的顾客财产；当无国际或国家测量标准时用以检定或校准测量设备的依据；当测量设备被发现不符合要求时，对以往的测量结果的确认；测量设备校准和验证的结果；内部审核结果；指明授权放行产品的人员；产品符合性状况以及随后所采取的措施，包括所获得的让步；纠正措施的结果；预防措施的结果。

记录是阐明所取得的结果或提供所完成活动的证据的文件。为了符合要求，提供质量管理体系运行的证据，组织应建立和保持记录，并对记录进行控制。记录控制程序应对记录的控制作出规定，包括记录的标识、储存、保护、检索、保存期限和处置。记录应保持清晰，易于识别和检索。

2.3.2　质量管理体系的建立

面对激烈的市场竞争，工程监理单位要生存和发展，必须着眼于通过建立质量管理体系，提高组织整体素质和管理水平；着眼于实物质量的切实提高达到顾客满意；着眼于建立组织的自我完善机制，不断地实现质量改进。正确处理质量管理与组织其他各管理的关系；着眼于质量管理体系的思路和方法。推动组织各项管理的科学化。贯彻 ISO 9000 标准是工程监理单位提升管理水平、提高市场竞争力的一项捷径。贯彻 ISO 9001 标准和认证的过程可分为五个基本阶段：策划与准备、质量管理体系总体设计、编写质量管理体系文件、体系运行与改进、质量管理体系认证，如图 2-4 所示。

质量管理体系的建立包括：策划与准备、质量管理体系总体设计、编写质量管理体系文件。

1. 策划与准备

质量管理体系的策划是建立和实施质量管理体系的前期工作，在策划质量管理体系时应综合考虑工程监理单位的具体管理状况，以达到提高企业管理水平、提高监理服务质量、增强企业信誉度和提高市场竞争能力的目的。其主要工作包括：贯标决策，统一思想；教育培训，统一认识；成立班子，明确任务；编制工作计划，环境与风险评价。

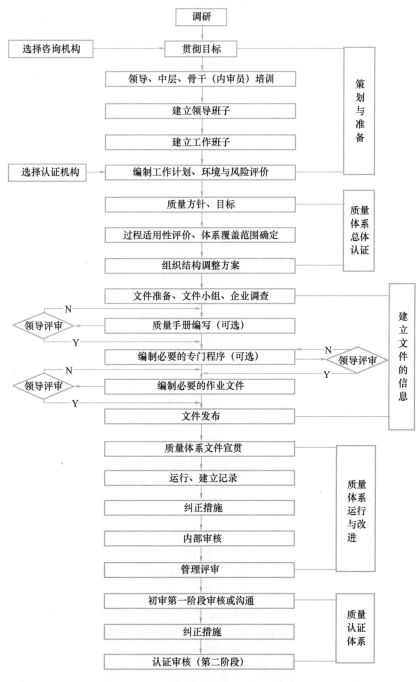

图 2-4 贯彻 ISO 9001 标准和认证的过程图

（1）贯标决策，统一思想

建立与实施质量管理体系是实行科学管理、完善组织结构、提高管理能力的需要，工程监理单位应严格依据质量标准体系建立和强化质量管理的监督制约机制、自我完善机制，保证组织活动或过程科学、规范地运作，从而提高工程监理单位服务质量，更好地满足客户需求。此项工作中，领导层的认识与投入是质量管理体系建立与实施的关键。因此，最高管理者要统一各管理层的思想认识，确定质量方针和质量管理体系目标。

（2）教育培训，统一认识

质量管理体系建立和完善的过程，是始于教育、终于教育的过程，也是提高认识和统一认识的过程，应按照 ISO 标准的要求，对监理单位的决策层、管理层和执行层分别进行培训。

（3）成立班子，明确任务

质量管理体系的建立与落实涉及工程监理单位所有领导、管理职能部门、现场项目监理机构和每位员工。为确保监理单位质量管理体系建立和实施，应成立领导班子和工作班子。

（4）编制工作计划，环境与风险评价

工作班子和责任落实后，根据时间进度目标制定建立、实施质量管理体系的具体工作计划。工作计划的制定应目标明确，即要完成什么任务，要解决哪些主要问题，要达到什么目的，要规定完成任务的时间表、主要负责人和参与人员、职责分工及相互协作关系等。此外还应注意根据 ISO 9000 标准的要求对工程监理单位现状进行调查分析和作出诊断，并对环境与风险作出评价，确定管理体系对各个过程和子过程中应开展的质量活动，明确现有的工作流程和管理方法与标准要求有哪些差距。

2. 质量管理体系总体设计

质量管理体系总体设计是按 ISO 9000 族标准在建立质量管理体系之初对组织所进行的统筹规划、系统分析、整体设计，并提出设计方案的过程。质量管理体系总体设计的内容为：领导决策，统一认识；组织落实，成立机构；教育培训，制定计划，以及质量管理体系策划。

（1）领导决策，统一认识。建立和实施质量管理体系的关键是组织领导要高度重视，将其纳入领导的议事日程，在教育培训的基础上进行正确的决策，并亲自参与。

（2）组织落实，成立机构。首先，最高管理者要任命一名管理者代表，负责建立、实施和改进公司质量管理体系。然后，根据组织的规模，建立不同形式、不同层次的贯标机构。

（3）教育培训，制定计划。除了对领导层的培训外，还必须对贯标骨干及全体员工分层次进行教育培训。

（4）质量管理体系策划。质量管理体系策划是组织最高管理者的职责，通过策划确定质量管理体系的适宜性、充分性和完善性，以保证体系运行结果有效。质量管理体系策划的具体工作内容为：识别产品、识别顾客，并确定与产品有关的要求；制定质量方针和目标；识别并确定过程；确定为确保过程有效运行和控制所需的准则和方法；确定质量管理体系范围；合理配备资源等。

3. 编写质量管理体系文件

质量管理体系的实施和运行是通过建立和贯彻质量管理体系的文件来实现的。质量管理体系文件要求为规范全体员工的质量行为提出一致性标准，是监理单位质量管理工作的纲领性文件，是衡量和评价监理单位质量管理水平的依据，同时也是提供第二方或第三方评定监理单位满足业主要求和法律法规要求能力的依据。编制适合自身特点并具有可操作性的质量管理体系文件是监理单位质量管理体系建立过程的中心任务。

（1）质量管理体系文件的编制原则

监理单位组织编制质量管理体系文件时应遵循以下原则：

1）符合性。质量管理体系文件应符合监理单位的质量方针和目标，符合质量管理体系的要求。这两个符合性，也是质量管理体系认证的基本要求。

2）确定性。在描述任何质量活动过程时，必须使其具有确定性。即何时、何地、由谁、依据什么文件、怎么做以及应保留什么记录等必须加以明确规定，排除人为的随意性。只有这样才能保证过程的一致性，才能保障产品质量的稳定性。

3）相容性。各种与质量管理体系有关的文件之间应保持良好的相容性，即不仅要协调不一致不产生矛盾，而且要各自为实现总目标承担好相应的任务，从质量策划开始就应当考虑保持文件的相容性。

4）可操作性。质量管理体系文件必须符合监理单位的客观实际，具有可操作性，这是体系文件得以有效贯彻实施的重要前提。因此，应该做到编写人员深入实际进行调查研究，使用人员及时反馈使用中存在的问题，力求尽快改进和完善，确保体系文件可以操作且行之有效。

5）系统性。质量管理体系应是一个由组织结构、程序、过程和资源构成的有机的整体，而在体系文件编写的过程中，由于要素及部门人员的分工不同，侧重点不同及其局限性，保持全局的系统性较为困难。因此，监理单位应该站在系统高度，着重搞清每个程序在体系中的作用，其输入、输出与其他程序之间的界面和接口，并施以有效的反馈控制，此外，体系文件之间的支撑关系必须清晰，质量管理体系程序要支撑质量手册，即对质量手册提出的各种管理要求都有交代，有控制的安排。作业文件也应如此支撑质量管理体系程序。

6）独立性。关于质量管理体系评价方面，应贯彻独立性原则，使体系评价人员独立于被评价的活动（即只能评价已无责任和利益关联的活动）。只有这样，才能保证评价的客观性、真实性和公正性。同时，监理单位在设计验证、确认、质量审核、检验等活动中贯彻独立性原则也是必要的。

（2）文件准备和企业调查

质量管理体系是文件化的管理体系，应通过文件确定体系各方面的要求。将质量管理体系文件化是质量管理体系标准的基本要求，无论是出于认证需要还是出于管理需要，监理单位要贯彻实施质量管理体系标准，就必须编制质量管理体系文件。在编制质量管理体系文件前，应对监理单位的情况进行调查摸底。需调查的问题主要有：

1）现行机构设置及管理职责方面存在的问题（如职能、职责、相互关系、衔接等方面有何交叉、扯皮现象）。

2）清理监理单位管理文件，提出有哪些文件与 ISO 9001 标准要求不符合，应予废除或修订；需要补充哪些短缺文件。

3）现有质量记录表式、报告或其他证据，有哪些可以废除或继续使用，哪些需修改，哪些需按标准要求增补。

4）按标准对于质量管理体系各过程的要求，查明现有质量活动的开展情况，搞清与标准要求的质量活动相比，哪些还有差距，哪些尚未开展。

5）资源状况是否适应质量目标和 ISO 9000 标准要求，还短缺什么资源。根据上述摸底情况，编制或修改质量管理体系文件，一般形成三个层次文件的信息：第一层次文件的信息为质量手册；第二层次文件的信息为程序文件；第三层次文件的信息为作业文件。

1）质量手册。质量手册是监理单位内部质量管理的纲领性文件和行动准则，应阐明监理单位的质量方针和质量目标，并描述其质量管理体系的文件，它对质量管理体系作出了系统、具体而又纲领性的阐述。

2）程序文件。质量手册的支持性文件，是实施质量管理体系要素的描述，它对所需要的各个职能部门的活动规定了所需要的方法，在质量手册和作业文件间起承上启下的作用。

3）作业文件。程序文件的支持性文件，是对具体的作业活动给出的指示性文件。

（3）编写质量手册

监理单位可根据的管理需求，确定是否编制质量手册。质量手册可按照"编写要做的，做到所写的"的原则进行编写。

（4）编制必要的专门程序

监理单位可根据的管理需求，确定是否编制程序文件，其内容与数量由监理单位根据管理要求自行决定。基于监理产品的特殊性，从满足监理工作需要和提高质量管理水平的角度出发，监理单位应编制控制质量管理体系要求的过程和活动的文件，例如：文件控制程序，质量记录控制程序，不合格品控制程序，内部审核控制程序，纠正措施控制程序和预防措施控制程序等。

（5）编制必要的作业文件

作业文件是指导监理工作开展的技术性文件，应按照国家与行业有关工程监理的法律法规、规范标准和质量手册"产品实现"章节中有关监理服务的策划与控制内容进行编制。作业文件的内容应以有关监理服务的策划与控制内容为基础，再进行进一步的细化、补充和衔接。

质量记录是产品满足质量要求的程度和监理单位质量管理体系中各项质量活动结果的客观反映。监理单位在编写程序文件的过程中，应同时编制质量管理体系贯彻实施所需的各种质量记录表格。包括：一类是与质量管理体系有关的记录，如合同评审记录、内部审核记录、培训记录、文件控制记录等；另一类是与监理服务"产品"有关的质量记录，如监理旁站记录、材料设备验收记录、纠正预防措施记录、不合格品处理记录等。

（6）文件发布

目前多数监理单位按常规采取质量手册和程序文件总体一并发布实施的方法，若时间从容，则按部就班地贯标，便于监理单位集中宣贯，是一种可行的选择。若市场需求任务紧迫，则以采用按需求的轻重缓急顺序来组织文件的编写和发布，成熟一批，发布实施一批，这样做可以在质量管理体系文件最终建立起之前，部分体系文件和作业指导书开始试运行，有利于及时作出调整，并对体系文件的先进性和适宜性及早作出检验判断，可赢得更充裕的整改时间。

2.3.3　质量管理体系的运行

质量管理体系运行之前，需要编制质量管理体系文件，之后体系将进入试运行阶段。试运行的目的是考察质量管理体系文件的有效性和协调性，并对暴露的问题采取纠正和改进措施，以达到进一步完善质量管理体系的目的。

1. 质量管理体系文件的发布和宣讲

质量管理体系文件经批准后，应由组织的最高管理者发布，并通过一定的形式宣布质量管理体系投入运行和新的质量管理体系文件生效。在此阶段，教育培训应该先行。

2. 组织协调

质量管理体系是借助其组织结构的组织与协调来运行的。组织与协调工作的主要任务是组织实施质量管理体系文件，协调各项质量活动，排除运行中的各种问题，使质量管理体系正常运行。

3. 质量监控

质量管理体系在运行过程中，各项活动及其结果不可避免地会发生偏离标准的现象，因此必须实施质量监控。质量监控的主要任务是对产品、过程、体系进行连续监视、验证和控制，发现偏离质量标准或技术标准的问题，及时反馈，以便采取纠正措施，使各项质量活动和产品质量均能符合规定的要求。

4. 信息管理

在质量管理体系运行中，质量信息反馈系统对异常信息进行反馈和处理，实行动态控制，使各项质量活动和产品质量处于受控状态。信息管理与质量监控和组织协调工作是密切相关的。异常信息经常来自质量监控，信息处理要依靠组织协调工作。三者的有机结合，是质量管理体系有效运行的保证。

2.3.4　质量管理体系的认证

1. 质量管理体系认证的含义

体系认证是证明企业的管理体系符合某一管理体系标准。企业必须经过体系认证机构的确认，并颁发体系认证证书或办理管理体系注册。认证具有如下特征：

（1）体系认证的对象是某一组织的质量保证体系。

（2）实施体系认证的基本依据等同采用国际通用质量保证标准的国家标准。

（3）鉴定某一组织管理体系是否可以认证的基本方法是管理体系审核，认证机构必是与供需双方既无行政隶属关系，又无经济利害关系的第三方，才能保证审核的科学性、公正性与权威性。

（4）证明某一组织质量管理体系注册资格的方式是颁发体系认证证书。

（5）组织取得管理体系注册资格后认证机构会通过名录或公告、公报的形式向社会公名称、地址、法人代表及注册的管理体系标准。

2. 质量管理体系认证的程序

（1）认证申请与受理。受审核方根据自愿原则决定是否申请认证、选择认证机构。受审核方与认证机构在达成意见一致后，签订认证合同。

（2）质量体系文件审核。认证机构需审核质量体系文件的充分性、可操作性和对认证标准的符合性，并了解受审核方的质量管理体系情况，以便制定审核计划。

（3）预访问。审核组组长到受审核方的现场进行初步审查，提出一些非正式的修改意见。此步骤非必要步骤，也可不进行。

（4）审核准备。对于认证机构，需要完成的准备工作包括：组织审核组、编制审核计划、准备审核文件。对于受审核方，需通知各受审核部门负责人等被审核人员准备接受审核，确定接待方案。

（5）现场审核。首先召开首次会议，作为审核的开端，这是必须召开的一次重要会议。进入现场审核阶段，按照审核计划进行逐项审核。现场审核以末次会议作为结束，目的是向受审核方说明审核结论，宣读审核报告。审核结论通常有三种：推荐注册、不推荐注册、纠正措施实施有效后推荐注册，多数情况下结论是第三种情况。

（6）监督审核。监督审核是对受审核方的质量管理体系的保持情况进行检查评价的活动。质量体系认证证书的有效期通常为三年，在此期间监督审核以抽查方式进行，一般是半年或一年进行一次。

2.4　卓越质量管理模式

2.4.1　美国波多里奇国家质量奖

1. 美国波多里奇国家质量奖（波多里奇质量奖）概述

波多里奇质量奖评选对象主要包括以下4类：制造企业或其子公司、服务企业或其子公司、小企业、教育和医疗卫生机构。它经过三个阶段的评审，对所选出的优秀企业进行实地考核，选出最优秀的企业，由最高评审人员联名向美国商务部长推荐，作为美国国家质量奖的候选企业。在评审过程中，对于那些落选企业也都给出评审报告，反馈给企业。波多里奇质量奖评选的目的是促进各组织将改进业绩作为提高竞争力的一个重要途径，使达到优秀业绩组织的成功经验得以广泛推广并由此取得效益。波多里奇质量奖每年评选2～3名获奖企业，经过20余年的实施，它已成为美国质量管理界的最高荣誉，对美国和世界质量管理活动都起到了巨大的推动作用。

2. 波多里奇质量奖的评奖标准和核心

波多里奇质量奖的评审标准，即卓越绩效准则在推动美国组织达到世界级质量水平的过程中扮演了重要角色，它不仅被美国各地而且被世界很多国家所采纳。这套标准可以作为组织自我评价的基础，通过致力于两大目标即不断提升客户价值和全面提高组织业绩，来增强组织的竞争力。

评审项目有7项，分别是领导，战略规划，以顾客为关注焦点，测量、分析和知识管理，以员工为本，过程管理与结果（其中，以顾客为关注焦点、以员工为本、结果这三项，在教育组织类别的奖项评比中表述为关注学生和投资人以及市场、关注全体教员和职员、组织绩效；在健康卫生组织类别的奖项评比中表述为关注病人和其他客户以及市场、关注全体职员、组织绩效）。波多里奇质量奖的评审标准每年都会作一些细节上的修订，而为延续准则在前瞻性和稳定性两个方面的平衡，美国波多里奇国家质量奖项目委员会确定从2009年开始，每两年对准则进行一次修订。2015—2016年度版标准的各项目和条款的分值设置情况见表2-5。可以明显发现其中分值比重最大的是结果，这也体现了波多里奇质量奖所提倡的"追求卓越"（Quest for Excellence）的质量经营理念。

2015—2016 年度波多里奇质量奖评审项目和条款　　　　表 2-5

项目	条款	分值	合计
领导	高层领导	70	120
	治理和社会责任	50	
战略	战略制定	45	85
	战略实施	40	
顾客	顾客的声音	40	85
	顾客契合	45	
测量、分析和知识管理	组织绩效的测量、分析和改进	45	90
	知识管理、信息和信息技术	45	
员工	员工环境	40	85
	员工契合	45	
运营	工作过程	45	85
	运营有效性	40	
结果	产品和过程结果	120	450
	以顾客为关注焦点的结果	80	
	以员工为本的结果	80	
	领导和治理结果	80	
	财务和市场结果	90	
总分数			1000

　　整套波多里奇质量奖的评审标准是一个完整的框架结构，其各评审项目相互关联和集成。它是一个系统的视图，如图 2-5 所示。由上至下排列着三类基本要素：组织概况、系统业务和系统基础。组织概况全面描述了组织业务，其中环境、工作关系和面临的竞争挑战构成了整个业绩管理系统框架的指南。居中的系统业务包括 6 个评审项目。1 领导、2 战略规划、3 以顾客为关注焦点构成了"领导作用"三角关系，认为领导是组织的主要驱动力，在制定目标、价值观、系统时具有重大作用。5 以员工为本、6 过程管理、7 结果构成了"绩效表现"三角关系，结果也即绩效是企业最主要的目标之一，也是质量管理的重

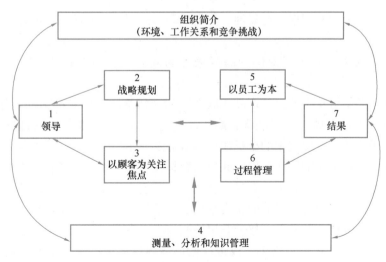

图 2-5　波多里奇卓越绩效标准框架

要组成部分。水平粗箭头连接了这两个三角关系，确保了组织的成功。由于箭头是双向的，表明在一个有效的业绩管理系统中反馈的重要性。4 测量、分析和知识管理作为系统基础，制定了基于事实和知识驱动来有效管理组织的标准。

波多里奇质量奖的核心价值观和其相关的概念贯穿在标准的各项要求之中，其内容充分体现了现代质量经营的理论和方法，是组织追求卓越、取得成功的经验总结。它主要体现在：领导的远见卓识；顾客推动；组织和个人的学习；尊重员工和合作伙伴；灵敏性；关注未来；创新的管理；基于事实的管理；社会责任；重在结果及创造价值；系统的观点。

2.4.2 日本戴明质量奖

1. 日本戴明质量奖概述

日本戴明质量奖于 1951 年由日本科技联盟设立，每年用来奖励在质量控制和提高生产率方面作出最大贡献的公司和个人。该奖以美国已故统计专家、质量控制技术先驱戴明博士的姓氏命名。它分为三个类别：戴明个人奖、戴明应用奖和工厂质量控制奖。其中戴明应用奖授予私营或国有小企业、大企业的部门，并于 1984 年向海外公司开放。每个年度对获奖企业的数量并没有限制。日本戴明质量奖的评审并非要求符合戴明奖委员会提出的质量管理模式，而是由企业认识自己的现状，制定目标，评审整个组织进行改进、变革的结果及其过程，以及将来的有效性。评审委员会设定符合该企业实际状况的课题，并致力于评审其是否采取了与企业实际状况相符的措施，将来通过这些措施是否可实现更高的目标。无疑，评审由作为第三方的评审委员会进行，根据企业对全面质量管理所采取的措施、运营的状况以及所获得的成效等作出综合判断。从这个意义上来讲，其中蕴涵了发展的动因。

2. 日本戴明质量奖的全面质量管理概念

日本戴明质量奖认为，全面质量管理是为了能够及时地以适当的价值提供顾客满意的质量产品或服务，有效地运营企业的所有部门，为实现企业目的作出贡献的系统活动。对此理解包括以下方面：

（1）顾客。顾客不仅是买主，还包括使用者、利用者、消费者、受益者等利益相关人。

（2）质量。质量指有用性、可靠性、安全性等。需要考虑对第三者或社会、环境及后代的影响等。

（3）产品或服务。向顾客提供产品或服务的同时，还提供系统、软件、能源、信息等。

（4）提供。提供指从生产出"产品或服务"到交付给顾客为止的活动，即除了调查、研究、策划、开发、设计、生产准备、购买、制造、施工、检验、接受订货、运输、销售、营业等，还包括顾客使用中的维护或售后服务及使用后的废弃或再生等活动。

（5）有效地运营企业的所有部门。此项内容指在适当的组织、经营管理的基础上，以质量保证体系为中心，综合成本、数量、交货期、环境、安全等各个管理体系，以尽可能少的经营资源，迅速实现企业目的的所有部门、所有阶层的员工共同推进的工作。为此，需要在尊重人的价值观的基础上，培养掌握核心技术、有活力的人；通过适当地运用统计方法，根据事实对 PDCA 进行管理、改进；通过适当地运用科学方法或有效、灵活地运用信息技术，重新构筑经营系统。

（6）企业目的。企业目的指通过长期、持续地实现顾客满意，确保企业长期利益，包括使员工满意的同时，谋求社会、交易对象、股东等与企业相关者的利益。

（7）系统活动。系统活动指为了实现企业的使命，在明确中长期战略及适当的质量战略和方针的基础上，在具有强烈使命感的最高经营层领导下制定的一系列有组织的活动。

3. 日本戴明质量奖评价项目及对应标准

（1）经营目标、战略的制定与高层影响力见表 2-6。

经营目标、战略的制定与高层影响力　　　　　　　　　　表 2-6

评价项目	分值	合格标准
Ⅰ 制定积极的以顾客为指向的经营目标、战略	100 分	70 分以上
Ⅱ 高层的作用及其发挥		

（2）TQM 的恰当应用与实施见表 2-7。

TQM 的恰当应用与实施　　　　　　　　　　表 2-7

评价项目	分值	合格标准
Ⅲ 实现经营目标、战略而恰当应用、实施 TQM	100 分	
1. 经营目标、战略的组织性展开	15 分	
2. 把握顾客、社会需求和基于技术、商业模式创新创造新的价值	15 分	
3. 产品、服务以及（或）业务的质量管理与改善	15 分	
4. 贯穿整个供应链，按照质量、数量、交期、成本、安全、环境等进行分类管理的管理体系的完善与运用	15 分	70 分以上
5. 信息的收集、分析与知识的积累、应用	15 分	
6. 人员、组织的能力开发与活性化	15 分	
7. 在组织社会责任方面的努力	10 分	

（3）TQM 实施效果见表 2-8。

TQM 实施效果　　　　　　　　　　表 2-8

评价项目	分值	合格标准
Ⅳ 通过应用与实施 TQM，在经营目标、战略方面取得的效果	100 分	70 分以上
Ⅴ 特色活动与组织能力的获得		

2.4.3　欧洲质量奖

1. 欧洲质量奖概述

1988 年，欧洲 14 家大公司发起成立了欧洲质量管理基金会（EFQM）。EFQM 的巨大作用在于：强调质量管理在所有活动中的重要性，把促成开发质量改进作为企业达成卓越的基础，从而增强欧洲企业的效率和效果。1992 年，欧洲质量管理基金会设立了欧洲质量奖。

欧洲质量奖是欧洲最具声望和影响力的用来表彰优秀企业的奖项，代表着 EFQM 表彰优秀企业的最高荣誉。该奖项一共设有 4 个等级，分别是欧洲质量优胜奖、欧洲质量金奖、欧洲质量决赛奖和欧洲质量优秀表现奖。申请欧洲质量奖的组织可以分为四类：大企业、公司运营部门、公共组织和中小型企业。前三类欧洲质量奖的申请者遵循以下几项通用原则：

（1）雇员不少于 250 人。

（2）申请者至少有 50％的活动在欧洲进行。

（3）前三年内申请者没有获得欧洲质量奖。

（4）同年同一母公司，其独立运营分部申请者不得超过三家。

申请者首先根据模式进行自我评估，然后以文件形式将结果提交给 EFQM，一组有经验的评审员再对申请进行评分。质量奖评判委员会由欧洲各行业领导者，包括以前获奖者的代表和欧盟委员会、EPQM 以及欧洲质量管理组织的代表组成。他们首先确定评审小组将对哪一家申请者进行现场访问。现场访问之后，基于评审小组的最终报告，评判委员会选择确定提名奖获得者、质量奖获得者和质量最佳奖获得者。在每一类别质量奖中，质量最佳奖获得者均选自质量奖获得者中最好的。获奖者都将参加声望很高的欧洲质量论坛。媒体将对此做广泛大量的报道，在整个欧洲它们都将得到认可，成为其他组织的典范。欧洲质量论坛会后的一年中，将举行一系列会议，请获奖者与其他组织分享它们的经验及达到优秀的历程。

2. 欧洲质量奖的企业卓越观念

欧洲质量奖的企业卓越观念体现在：结果导向；以顾客为中心；领导和坚定的目标；过程和事实管理；人员开发和参与；不断学习，创新改进；发展伙伴关系；公共责任。EFQM 卓越经营模式作为评价欧洲质量奖申请者的框架模型而产生，它已成为欧洲范围内应用最为广泛的组织框架。

EFQM 卓越经营模式是一种非说明性的框架模型，它认可实现卓越经营的多种方法。在这一前提下，必须强调以下基本概念：

（1）结果导向。卓越取决于兼顾并满足所有利益相关方的需要（包括员工、顾客、供应商、社会以及企业的所有者）。

（2）以顾客为中心。卓越是指创造被认可的顾客价值。顾客是产品和服务的最终裁决者，使顾客忠诚、留住顾客以及获得市场份额都是通过清楚识别顾客目前和潜在的需求而得到最优化。

（3）领导力和坚定的目标。组织中的领导行为创造了清晰一致的组织目标，也创造了使组织及其员工取得卓越的环境。

（4）过程和事实的管理。当组织内部的所有活动被理解并系统地加以管理时，当有关现行运营和有计划的改进等的决策是通过使用可靠信息作出时，组织运行就越有效。

（5）人员开发和参与。组织中员工的潜能通过价值分享、相互信任和授权的文化氛围，即鼓励员工参与得以充分释放。

（6）不断学习、创新改进。当组织在不断学习、创新和改进的文化氛围中进行管理和分享信息时，其绩效最优。

（7）发展伙伴关系。当组织与其伙伴有互惠关系，建立信任、分享信息并保持一致时，其工作最有效。

（8）公共责任。当采用的道德手段超出社会的期望和要求时，组织及员工的长期利益会得到最好的保护。

3. 欧洲质量奖的构成

框架模型中 9 项内容是组织达到卓越的评审标准，如图 2-6 所示。其中有 5 项是手段，有 4 项是结果，即与绩效、顾客、员工和社会有关的优秀结果通过领导者驱动方针和战略、员工、合作伙伴资源和过程得以实现。手段标准指明了组织做什么，而结果标准揭示了企业组织能够获得什么。结果因为手段而产生，同时结果的反馈进一步改进了手段。图中的箭头则强调了模型的动态性，表明创新和学习能够改进手段，进而改进结果。

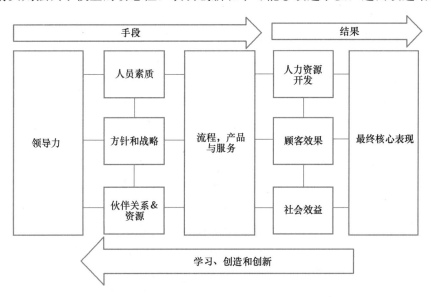

图 2-6   EFQM 卓越经营模式图

（1）手段标准的内容。需要描述的手段标准内容包括：

1）采用的方法。使用什么方法和过程来说明标准，其理论基础是什么，如何把它们和方针、战略以及模型的其他标准联系起来。

2）方法在组织垂直面上的所有层次和水平面上的所有领域展开的程度。展开是系统的，并且提供方法展开程度的信息。

3）评审和复审方法及方法展开的步骤。需要强调所采用的测量手段、所需的学习方法以及改进所采取的步骤。

（2）结果标准的内容。结果标准的内容提供的信息应当包括：

1）组织用于衡量结果的参数，以及历史期间各参数的统计趋势。趋势应强调组织的目标和实际绩效，条件允许还可以包括竞争对手或类似组织的绩效以及业内标杆型组织的绩效。

2）说明参数取舍的理论依据，这些参数如何覆盖了组织的各项活动。

3）对于采用的参数，要提供说明其重要性的依据。

2.4.4   中国国家质量奖

1. 全国质量奖概述

全国质量奖（China Quality Award），原名"全国质量管理奖"，由中国质量协会于

2001 年创办，2006 年起更名为"全国质量奖"。它是由中国质量协会依据《卓越绩效评价准则》国家标准，对于实施卓越绩效管理并在质量经营和社会责任等方面都取得卓越成绩的组织进行评价的一项与国际接轨的重大奖项。

全国质量奖包括组织奖、项目奖（卓越项目奖）、个人奖（中国杰出质量人）三大类。其中，组织奖设置了大中型企业、服务业、小企业、特殊行业四个奖项。申报组织必须是中华人民共和国境内合法注册与生产经营的组织。评审程序包括以下几个步骤：企业申报、资格审查、资料审查、现场评审、综合评价、公示和审定。

2. 全国质量奖的核心价值观及卓越绩效评价准则

全国质量奖的核心价值观及其相关的概念是实现组织卓越的经营绩效所必须具有的意识。它贯穿在标准的各项要求之中，归纳为 11 条：领导者作用；以顾客为导向追求卓越；培养学习型组织和个人；建立组织内部与外部的合作伙伴；快速反应和灵活性；关注未来，追求持续稳定发展；管理创新；基于事实的管理；社会责任与公民义务；重在结果及创造价值；系统的观点。

全国质量奖是在借鉴美国的国家质量奖标准"波多里奇卓越绩效评价准则"的基础上，充分考虑我国质量管理的实践之后建立起来的，以企业文化、经营战略、绩效结果和社会责任等综合实力为衡量标准，是卓越绩效模式的框架。卓越绩效模式以经营结果为导向，以强化组织的顾客满足意识和创新活动为关注焦点，追求卓越的绩效治理。根据《卓越绩效评价准则实施指南》，卓越绩效评价准则的内容分值分布见表 2-9。

卓越绩效评价准则评分项分值表　　　　　　表 2-9

项目	条款	分值	合计
领导	高层领导的作用	50	110
领导	组织治理	30	110
领导	社会责任	30	110
战略	战略制定	40	90
战略	战略部署	50	90
顾客与市场	顾客和市场的了解	40	90
顾客与市场	顾客关系与顾客满意	50	90
资源	人力资源	60	130
资源	财务资源	15	130
资源	信息和知识资源	20	130
资源	技术资源	15	130
资源	基础设施	10	130
资源	相关方关系	10	130
过程管理	过程的识别与设计	50	100
过程管理	过程的实施与改进	50	100
测量、分析和评价	测量、分析和评价	40	80
测量、分析和评价	改进与创新	40	80

续表

项目	条款	分值	合计
结果	产品和服务结果	80	400
	顾客与市场结果	80	
	财务结果	80	
	资源结果	60	
	过程有效性结果	50	
	领导方面的结果	50	
总分数			1000

在《卓越绩效评价准则实施指南》的附录 A 部分，提出了卓越绩效评价准则的框架图，如图 2-7 所示。该框架图以美国波多里奇国家质量奖评审标准结构图为蓝本，并参照 EFQM 卓越经营模式图的思想进行了创造性地改进，形象而生动地表达出卓越绩效评价准则的七个类目之间的逻辑关系。

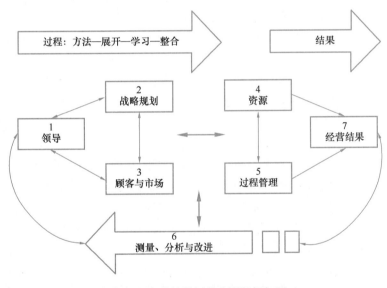

图 2-7　卓越绩效评价准则的框架图

3. 中国质量奖

为推进质量发展，建设质量强国，中央在 2012 年批准设立中国质量奖。中国质量奖是国家在质量领域的最高政府性荣誉，授予在中华人民共和国境内质量领先、技术创新、品牌优秀、效益突出的组织和对促进质量发展作出突出贡献的个人，项目周期为两年，下设质量奖和提名奖，质量奖名额每次不超过 10 个组织和个人，提名奖名额每次不超过 90 个。照中央部署，国家市场监督管理总局积极组织中国质量奖评选表彰工作。

中国质量奖评审规则根据《中华人民共和国产品质量法》和《质量发展纲要（2011—2020 年）》规定制定。中国质量奖的推荐、评审和授奖，遵循公开、公平、公正的原则，实行科学的评审制度，不收取任何费用，不受任何组织或者个人的非法干预。按照评审规则，国家市场监督管理总局会同国务院有关部门成立中国质量奖评审表彰委员会（以下简称评审表彰委员会），负责中国质量奖的宏观管理和指导。中国质量奖评选程序包括自愿申报、审核推荐、审查受理、材料评审、陈述答辩、现场评审、审议投票、表彰授奖 8 个环节，并依次开展。评审对象包括中华人民共和国境内合法注册的法人组织，包括一、二、三产业中从事生产、服务、研究、设计、教育、医疗等工作的各类组织以及中华人民共和国公民。

2.4.5 质量管理奖的比较

在以上介绍的美国波多里奇国家质量奖、日本戴明质量奖和欧洲质量奖等质量管理奖中，历史最悠久的是日本戴明质量奖，影响最大的是美国波多里奇国家质量奖，不少国家的质量管理奖都或多或少地沿用或参考了美国波多里奇国家质量奖的结构和评分方法。比如，我国的全国质量奖也等同采用了美国波多里奇国家质量奖的结构和评分方法。

对比我国全国质量奖所依据的卓越绩效评价准则和美国波多里奇国家质量奖评审标准可以看出这两个奖项的异同：

（1）标准的结构框架相同。都分为 7 个部分，评分总分为 1000 分。

（2）每部分的结构和内容不尽相同。例如，在卓越绩效评价准则中第四个类目"资源"，与相应的美国波多里奇国家质量奖评审标准第五部分"以员工为本"相比，不仅强调了人力资源的作用，还增加了诸如财务资源、基础设施、信息、技术以及相关方关系等其他资源项目。

（3）各评分项的分值分布也不尽相同。考虑到评分标准对企业质量经营的引导作用，根据我国企业质量管理的现状，我国全国质量奖对一些条款的分数进行了调整，例如，对"过程管理"类目调高了分值，反映出我国质量管理实践中过程控制能力不足的现状，进而强调过程管理的重要性。

各国质量管理奖的共同特点是：在全面质量管理的基础上，逐步加入了卓越经营的因素。欧洲质量奖很大程度上参照了美国波多里奇国家质量奖的结构和具体评价方式，更注重员工满意、对社会的影响和经营成果。欧洲质量奖在指导全面质量管理方面更注重原则性指导，其评审标准将全面质量管理的核心概念扩展到组织的一般工作的许多方面。日本戴明质量奖从其评奖标准看，更多地关注全面质量管理本身，注重统计技术的应用，注重产品从策划、设计、制造到售后服务全过程的质量管理，以及这些过程中质量管理方法的创新和有效应用。美国波多里奇国家质量奖和欧洲质量奖体现了重视结果的价值取向，日本戴明质量奖则更加重视过程。

2.5　其他管理体系简介

2.5.1　ISO 14000 环境管理体系标准概况

1. ISO 14000 目的、对象和适用范围

ISO 14000 系列标准的用户是全球商业、工业、政府、非营利性组织和其他用户，其目的是用来约束组织的环境行为，达到持续改善的目的。

2. ISO 14000 管理体系要素

环境方针；环境因素；法律与其他要求；目标和指标；环境管理方案；机构和职责；培训、意识与能力；信息交流；环境管理体系文件；文件管理；运行控制；应急准备和响

应；监测；不符合、纠正与预防措施；记录；环境管理体系审核；管理评审。

3. ISO 14000 特点

（1）ISO 14000 环境管理体系标准是为促进全球环境质量的改善而制定的。它是通过一套环境管理的框架文件来加强组织（公司、企业）的环境意识、管理能力和保障措施，从而达到改善环境质量的目的。

（2）ISO 14000 环境管理体系标准是组织（公司、企业）自愿采用的标准，是组织（公司、企业）的自觉行为。在我国是采取第三方独立认证来验证组织（公司、企业）对环境因素的管理是否达到改善环境绩效的目的，满足相关方要求的同时，满足社会对环境保护的要求。

2.5.2　OHSMS 18000 职业健康安全管理体系标准概况

1. OHSMS 18000 目的、对象和适用范围

该标准为各类组织提供了结构化的运行机制，帮助组织改善安全生产管理，推动职业健康安全和持续改进。

2. OHSMS 18000 管理体系要素

危害源辨识、风险评价和控制计划；法律法规及其他要求；职业安全卫生管理方案；运行控制；应急准备和响应。

3. OHSMS 18000 特点

（1）OHSMS 18000 职业健康安全管理体系标准与 ISO 9000 标准遵循着共同的管理体系原则，一些管理体系要素的要求与 ISO 9000 标准较为相似，组织可选择与 ISO 9000、ISO 14000 相符的管理体系作为实施 OHSMS 的基础，各体系要素不必独立于现行的管理要求，可进行必要的修正与调整，以适合本标准的要求。

（2）OHSMS 18000 职业健康安全管理体系标准没有建立职业健康安全行为标准，仅提供了系统地建立并管理行为承诺的方法。它们关心的是如何实现目标，而不注重目标应该是什么。标准把建立职业健康安全行为标准的工作留给了组织自己，而仅要求组织在建立时必须遵守国家的法律法规和其他要求。

（3）OHSMS 18000 职业健康安全管理体系标准突出强调了预防为主和持续改进的要求。在职业健康安全管理的各个环节中改善工作条件，消除事故隐患，控制职业危害，保护劳动者的安全与健康，将安全第一、预防为主的思想和方法贯穿职业健康安全管理体系的建立、运行和改进中。

2.5.3　ISO 50430 质量管理体系标准

1. ISO 50430 目的、对象和适用范围

ISO 50430：2017 全称《工程建设施工企业质量管理规范》GB/T 50430—2017，是住房和城乡建设部为了加强工程建设施工企业的质量管理工作，规范施工企业从工程投标、施工合同的签订、施工现场勘测、施工图纸设计、编制施工相关作业指导书、人机料进场、施工过程管理及施工过程检验、内部竣工验收、竣工交付验收、档案移交人员离场、保修服务等一系列流程而起草标准，其目的就是通过推动施工企业全面实施 ISO 50430：2017。

2. ISO 50430 管理体系要素

基本规定；组织机构和职责；人力资源管理；投标及合同管理；施工机具与设施管

理；建筑材料、构配件和设备管理；分包管理；工程项目质量管理；工程质量检查与验收；质量管理检查、分析、评价与改进。

3. ISO 50430 特点

（1）ISO 50430 质量管理体系标准基本思想与 ISO 9000 系列标准保持一致，在内容上全面涵盖了 ISO 9001 标准的要求。在条文结构安排上充分体现了施工企业管理活动特点，突出了过程方法和 PDCA 思想。结合施工行业管理特点，在 ISO 9001 标准基础上又提出了诸多进一步要求。本土化、行业化特点突出，语言简洁明了，便于企业贯彻实施。

（2）ISO 50430 质量管理体系标准与我国施工行业现行管理模式保持一致，施工企业在贯彻时不仅不会增加负担，反而因减少了由于企业对 ISO 9000 标准的误解产生的形式化操作，而减轻负担。紧密结合当前我国已发布的建设管理各项法律法规的要求，以便通过该规范的实施推动工程建设管理法制化的进程。

（3）ISO 50430 质量管理体系标准的编制不是从狭义的"质量"角度出发、仅局限于工程（产品）质量的控制，而是从与工程质量有关的所有质量行为的角度即"大质量"的概念出发，全面覆盖企业所有质量管理活动。该标准是对施工企业质量管理的基本要求，并不是企业质量管理的最高水平。

课后案例

纳米贝项目的质量管理体系

纳米贝地处非洲安哥拉的西南部，濒临大西洋，但受诸多原因的影响，这里遍地沙漠，淡水资源缺乏，人烟稀少。T 公司为积极响应国家"走出去"的战略方针，进一步开拓海外市场，承接纳米贝新城项目的建设工作。该项目施工过程中克服热带沙漠气候恶劣、淡水资源缺乏、地下岩石处理困难等施工难题，被安哥拉总统称赞为"荒漠中的明珠"。该项目成绩的取得与 T 公司纳米贝项目的科学管理体系紧密相连。

在策划与准备阶段，建立领导班子，形成科学严密的管理体系。从项目经理到总工、从副经理到副总工、从工程部长到工程部人员再到劳务公司质量管理人员，各负其责、层层掌控、严格把关、加强监督，总工为项目整体质量负责人，实现工程质量的过程管理。

制定一系列质量管理制度。为适应海外工程施工需要，保障工程质量，项目部班子成员结合本项目工程体量大、单体多、场区大、平面交叉施工多、场站多、图纸审批延后、变更定样多等特点，经过反复研究、讨论，制订出了一系列质量管理方面的制度，包括搅拌站及水稳拌合站系列管理制度、制砖厂系列管理制度等；此外，还制订了工程部管理制度、质量管理奖惩制度、"三检"制度、样板先行制度、方案、交底优化制度、现场质量追溯制度，科学的项目管理极大地保障了施工质量。

开展质量巡检工作，实时监控施工过程。项目部采取定期和不定期的方式开展质量巡检工作，对过程质量进行监督、提醒、纠偏。项目部多次邀请设计、质量监控人员进行质量巡检，同时根据人员分工情况经常性地出现在施工现场对生产质量进行突击检查。检查的内容包括项目的质量管理体系、场站管理、检测试验管理、施工资料管理等内容。针对发现的新情况、新问题，项目部会让各劳务分部在限期内进行整改，并采取集中培训、细心讲解、耐心答疑等形式进行有针对性的指导，以提高质量管理人员的业务水平。

组织质量创优活动。项目部自成立以来就积极参与境外"鲁班奖"和北京市"长城杯"的评选活动，并在各劳务分部之间开展质量竞赛评优树先活动，对活动胜出者给予重奖。在全体员工的努力下，项目部连续两年被评为质量优秀单位，这是非常罕见的。

纳米贝项目部始终牢记"诚信、创新永恒，精品、人品同在"的企业价值观，秉承"造福一方大众，建设美好未来"的发展使命，以诚信、创新赢得了总公司的信赖。

【案例思考】

1. 分析纳米贝项目质量管理体系的建立过程。

2. 为纳米贝项目质量管理体系有效实施提出保障措施。

R 建设集团的卓越绩效管理模式

当国家启动"全国质量管理奖"之后，一向站在时代前列的 R 建设集团领导立即作出了"争创全国质量管理奖"的决策，率先在行业内引入卓越绩效管理模式。在随后的几年里，R 建设集团依靠卓越绩效管理模式与自身管理模式的嫁接，塑造了企业组织生命力，各项管理工作逐步进入了一个由物到人、由静态到动态、由结果到过程的新境界，经济效益、劳动生产率等各项经济指标始终位于中国建筑业前列。

闭环管理、动态维护，成就制胜发展战略。在引入卓越绩效管理模式之后，R 建设集团决策者逐渐意识到，光有好的战略和执行力还不够，还必须具有强大的战略改进力。为此，他们引入 PDCA 循环理念（PDCA 分别代表计划、实施、检查、处理），强调战略规划的动态控制和持续改进，闭环式的战略管理确保战略优势运行，并逐步健全闭环式战略管理流程，成立战略规划项目组，收集各方信息并充分利用分析工具，确定发展方案并最终确定发展战略，在部署战略中实行动态维护、过程监控，通过对执行过程中横向和纵向的对比分析，查找自身不足，持续改进，提升企业战略的调控力。

优化流程、强化管控，实现过程管理升级。没有卓越的过程，卓越的结果是得不到保障的，也不会长久。R 建设集团突破以往建筑企业只关注施工生产和服务的传统管理思维模式，用纵向视角把产品价值和服务实现过程的各个环节用完善的管理体系来保证，通过对两个过程中的流程、环节实施规范化管理、关键点控制，达到"规范管理、快速复制"的效果，使企业生产经营在高效、健康的状态下运转。

绩效优先、全员考核，提升核心竞争优势。R 建设集团在引入卓越绩效管理模式后，企业核心竞争力不断增强。然而，R 建设集团的决策者并未止步，而是把制度建设延伸到发展人的更高层次上，着眼于提高整个企业的管理水平和调动员工个人的主动性、积极性，实现企业发展与人的发展同步推进。建立有效的激励约束机制，通过"目标管理、绩效考核和激励控制"三个环节，使绩效管理成为撬动员工积极性、进取精神的杠杆，从而实现企业最佳绩效。R 建设集团确定发展战略目标之后，将绩效目标层层分解，从集团高层、集团总部、二级公司、项目部 4 个层面推进绩效考核，并逐级传递落实到各单位、部门和个人。

【案例思考】

1. 结合材料分析 R 建设集团的"卓越绩效管理模式"。

2.R建设集团的管理是否存在不足？结合实际进行分析。

 复习思考题

1. ISO 9000 族标准由哪几部分构成？

2. ISO 9000 族标准的主要理念是什么？

3. 什么是质量审核？对质量审核进行分类，并比较各种类型间的区别。

4. 简述进行质量审核的一般步骤。

5. 通过 ISO 9000 认证就能证明企业的产品质量有保证了吗？为什么？

6. 质量体系认证和产品认证的联系和区别是什么？

7. 试述编制质量管理体系文件应遵循的原则及内容。

8. 质量管理体系的运行包括哪些方面？

9. 质量管理体系认证的程序有哪些？

10. 比较美国波多里奇国家质量奖、日本戴明质量奖、欧洲质量奖以及我国全国质量奖的异同。

第3章　工程项目设计阶段质量管理

引导案例

"藏韵红山"——北京藏医院二期工程项目设计

中国藏学研究中心北京藏医院（暨北京民族医院）始建于 1992 年，由中国藏学研究中心和西藏自治区山南地区行署联合创建，是我国唯一一家以藏医为特色、多民族医为一体，藏、中、西医相结合的国家级民族医院。医院占地面积 22.5 亩，总建筑面积 1.2 万 m²，集医疗、科研、教学为一体。藏医科室有国家重点专科藏药浴科和藏医心脑血管科、藏医糖尿病科、藏医肝胆病科、藏医胃肠科等特色专科。建院以来共接诊国内外患者数百万人次，为多位国内外政要提供医疗保健服务。医院在藏医文献研究、临床研究、藏医药研究、藏医医技医法抢救与整理方面成果显著。

医院作为有特殊社会意义的一种建筑，在设计上需要满足其特殊的功能要求。而北京藏医院是我国唯一一家以藏医为特色的医院，因此在功能设计上不仅要满足医用功能，而且还需要突显藏医特色。这就为藏医院的设计提出了挑战。

北京藏医院新建二期工程流线设计中充分考虑藏医院原有一期建筑流线安排，通过梳理院内各种复杂的流线，严格划分洁污分流，对可能成为传染源的流线严格控制，尽量短捷，保证院区环境安全，力求使其互不干扰。本着"医患分流、洁污分流、人车人流"的原则设计流线。

北京藏医院新建二期工程是一幢地下 3 层，地上 19 层的一类高层建筑，应甲方设计要求，该建筑物在功能分区设计上应由藏药展示、体检中心、民族医疗、国际医疗中心、标准病房、疗养病房及科研办公等部分组成。为突显医院特色做了如下设计：一层接待大厅通高三层设计，并设置了藏药精品陈列；三层为藏医院特色疗法诊区，同时在三层靠近主要交通部分，设置空中连廊与一期建筑联系，使一、二期建筑在交通及使用上更为便捷；五层设置了藏医文化交流中心，作为藏医最主要的宣传、继承与交流的窗口，500m² 的多功能厅与 300m² 的民族医院宣传厅，为藏医以及其他民族医学提供了很好的展示平台。

通过功能的合理配置、流线的合理安排，形成与一期建筑的完美结合。设计以布达拉宫为原型，对其进行深入分析，汲取布达拉宫高原建筑巍峨雄浑的气势，以及藏医的神秘色彩，引入"藏韵红山"概念，来凸显藏医院的气韵。

学习要点

1. 设计及工程项目设计的定义；
2. 工程项目设计的过程；
3. 工程项目初步设计质量管理；

4. 工程项目施工图设计质量管理；

5. 工程项目设计质量控制技术。

3.1 工程项目设计质量概述

产品，是指"一组将输入转化为输出、相互关联或相互作用的活动的结果"，即过程的结果。现代经济领域中，市场经济运行的实质就是产品在企业与顾客之间、研制与消费之间的循环。产品作为过程的结果和需求的实现，关联着上游企业如何开发和生产、下游顾客如何选购和消费，因此，产品的本质涵盖开发、生产、应用等全周期环节。而"建筑产品"这一特殊的产品，也具有这一系列特征。

在王受之教授的《世界现代设计史》一书中，"设计"一词是这样描述的："设计"一词既是名词，又是动词，既指应用艺术范畴的活动，也指工程技术范畴的活动。动词的"设计"是指产品、结构、系统的构思过程，名词的"设计"，则是指具有结论的计划或者执行这个计划的形式和程序。

产品设计，是指将预定的目标通过人们创造性思维，经过一系列规划、分析和决策产生文字、数据、图形等信息的载体，然后通过实践转化为某项工程或通过制造形成产品，以满足要求并取得满意的社会与经济效益。产品设计从本质上说是将创新构思转化实现有竞争力的产品的过程。

产品经过质量设计过程，便形成设计质量。设计质量控制就是按规定程序和规范，控制和协调各阶段的设计工作，以保证产品的设计质量，及时地以最少的耗费完成设计工作，以保证设计的结果符合人类社会的需要为目的，对设计的整个技术运作过程进行分析、处理、判断、决策和修正的管理行为。因此，设计质量控制就是对设计过程的工作质量进行控制。对这个设计过程应怎样开展，怎样控制这个设计过程的质量是质量管理的关键活动之一，直接影响产品的质量。

产品质量无论是对于一个企业还是对于个人无疑都是十分重要的。人们常说质量就是生命，此话一点不假。对于一个企业来说，如果产品质量不好，顾客从此不再购买此产品，则企业将无法生存。对于消费者个人来说，如果买来的产品质量不好，不但浪费了金钱，还必须花大力气去交涉和维修，费时费力。然而，企业加强质量管理为什么要从设计开发开始呢？

据统计，产品寿命周期成本的 80％以上是由产品设计决定的。所谓产品寿命周期成本，是指产品在整个寿命周期内（包括设计、制造、使用和维护以及处置）所花的所有费用。产品寿命周期成本的 80％以上在产品设计开发过程中就已经决定了。因此，在产品设计开发阶段致力于降低寿命周期成本具有决定性意义。产品成本的 70％～80％取决于产品的设计，因此在产品设计过程中降低成本具有决定性的意义。

设计决定了新产品的质量，大部分构成产品竞争力的要素，都是在产品的设计阶段确定的。产品的功能只可能由设计决定，产品的质量虽然主要取决于设计和制造两个方面的因素，但产品最终能否满足用户要求关键取决于产品设计阶段。设计活动是影响产品质量的一项重要活动，没有质量优良的设计，是制造不出质量优良的产品的，新产品的设计质量控制是现代质量管理的核心。

3.1.1　设计定义及过程

1. 设计的定义

在 ISO 9001：2015 版标准中，对设计的定义为"将对客体的要求转化为对其更详细的要求的一组过程。"

工程项目设计是建筑产品生命周期的前端环节，是与建筑产品设计有关的所有技术活动和管理活动，由特定组织为了某一需求，利用各种资源、工具和方法进行的创造性活动。

工程项目设计阶段的特点：

（1）设计阶段是确定工程价值的主要阶段。

一项工程预计资金投放量的多少要取决于设计的结果。可以说，项目投资规划基本上可以在设计阶段完成，剩余的工作可以在其后阶段加以补充和完善。

（2）设计阶段是影响投资程度的关键阶段。

建设工程项目各个阶段中，对投资程度影响最大的是方案设计阶段，初步设计阶段次之，施工图设计阶段影响已明显降低，到了施工阶段最多也不过 10％左右。

（3）设计阶段为制定项目控制性进度计划提供了基础条件。

实施有效的进度控制，不仅需要确定项目进度的总目标，还需要明确各级分目标。在设计阶段完全可以制订出完整的项目进度目标规划和控制性进度计划，为施工阶段的进度控制做好准备。

（4）设计工作的特殊性和设计阶段工作的多样性要求加强进度控制。

应当紧紧把握住设计工作的特点，认真做好计划、控制和协调工作，在保障项目的安全可靠性、适用性和经济性的前提下，力求实现设计计划工期的要求。

（5）设计质量对项目总体质量具有决定性影响。

工程项目实体质量的安全可靠性在很大程度上取决于设计的质量。在那些重大的工程质量事故中，由于设计错误引起的倒塌事故占有不小的比例。

2. 工程项目设计的过程

基于工程项目的全寿命周期，可将其划分为立项、可行性研究阶段，设计阶段，招标投标阶段，施工阶段，竣工验收阶段，运营维护阶段，终结阶段。本章侧重点在设计阶段，具体来讲，工程项目设计过程一般包括 3 个阶段，即方案设计、初步设计和施工图设计。

（1）方案设计

方案设计是指在工程项目实施之前，根据项目要求和所给定的条件确立的项目设计主题、项目构成、内容和形式的过程。建筑方案设计工作是建筑设计的最初阶段，为初步设计、施工图设计奠定了基础，是具有创造性的一个最关键的环节。

（2）初步设计

初步设计是最终成果的前身，相当于一幅图的草图，一般在没有最终定稿之前的设计都统称为初步设计。

（3）施工图设计

施工图设计是工程设计的一个阶段，这一阶段工作主要是关于施工图的设计及制作，以及通过设计好的图纸，把设计者的意图和全部设计结果表达出来，作为施工制作的依据，它是设计和施工工作开展的桥梁。

3.1.2 工程项目设计质量与工程质量

设计质量（Design Quality）是指所设计的产品是否能够满足顾客需求、是否易于制造和维护、经济性是否合理、对生态环境是否造成危害、风险是否最小等。在工程项目设计的过程中，对设计的质量进行有效的管理、控制，对产品的质量起着关键的作用。

工程质量，指产品适合一定用途，能够满足国家建设和人民生活所具备的质量特性，即产品的有用性。工程质量是各个主体工作的综合反映，工程质量的好坏取决于各主体工作质量水平高低。

国际标准化组织（ISO）指出了产品质量包含以下 4 个方面：

（1）与确定产品需要有关的质量——市场调研质量。市场调研质量是产品质量的出发点，是企业进行市场研究和产品销售两个质量管理职能环节共同构成的营销职能的首要任务。通过市场调研和售后用户的反馈意见，确定市场对产品质量的需求和期望，以便设计出市场需要的产品。

（2）与产品设计有关的质量——设计质量。设计质量，是设计阶段所体现的质量，也就是产品设计符合，上述各项质量特性要求的程度，它最终通过图纸和技术文件的质量体现出来。设计质量是设计过程中对产品功能及加工制造过程中所考虑的质量，如产品的适用性、可靠性、互换性、可装配程度、加工制造难度和使用中的可维修性等。产品的设计决定产品的质量水平和先天性质量，决定产品满足用户适用性需求的程度，同时也决定企业的经济效益和企业的生存发展。

（3）与产品设计的符合性有关的质量——制造质量。制造质量是制造过程中操作工人、技术装备原材料、工艺方法以及环境条件等要素的综合产物，它是在制造过程中制造出符合产品设计图样和技术文件要求的程度，是按设计要求制造产品时实际达到的实物质量，也就是制造过程和结果符合产品设计质量的程度。制造质量易受到生产手段（包括产品工艺方法、加工设备、工装、检测仪表和试验设备等）和制造人员素质的影响。

（4）与产品保障有关的质量——顾客质量。顾客质量是指向用户在产品生命周期范围内，按需要提供的售后保障服务，它涉及产品的使用质量和服务质量。

根据 ISO 指出的产品质量的 4 个方面，可以看出设计质量是产品质量的一部分，但也是最关键、最核心的部分，它直接决定了产品质量，同样地，工程项目设计质量也直接决定了工程质量。工程项目作为一种特殊的产品形式，在满足一般意义上的质量设计要求外，也要满足其特定的设计规范。如《民用建筑设计统一标准》GB 50352—2019、《建筑设计防火规范（2018 年版）》GB 50016—2014 等。

设计是针对具体产品的一项独立的工作，具有继承性和创新性。任何新产品的设计都产生新的质量问题，产品设计阶段是产生这些问题的主要阶段，没有对产品的设计质量进行有效地控制，等于舍本逐末，就做不到产品质量的全面管理，产品质量也就无法从根本上得到提高。

1. 工程项目初步设计质量管理

（1）初步设计深度要求

初步设计的深度应满足下列基本要求：

1）通过多方案比较：在充分论证经济效益、社会效益、环境效益的基础上，择优推荐设计方案。项目单项工程齐全,有详尽的主要工程量清单,工程量误差应在允许范围以内。

2)主要设备和材料明细表,要满足订货要求。

3)项目总概算应控制在可行性研究报告估算投资额的±10%以内。

4)满足施工图设计的要求。

5)满足土地征用、工程总承包招标、建设准备和生产准备等工作的要求。

6)满足经核准的可行性研究报告所确定的主要设计原则和方案。

(2)技术设计深度要求

技术设计是根据已批准的初步设计,对设计中比较复杂的项目、遗留问题或特殊需要,通过更详细的设计和计算,进一步研究、论证和明确其可靠性和合理性,准确地决定各主要技术问题。设计深度和范围,基本上与初步设计一致。技术设计是初步设计的补充和深化,一般不再进行报批,由建设单位直接组织审查、审批。

(3)工程初步设计质量管理的主要工作内容

1)设计单位选择

设计单位可以通过招标投标、设计方案竞赛、建设单位直接委托等方式选择和委托。设计招标是用竞争机制优选设计方案和设计单位。采用公开招标方式的,招标人应当按国家规定发布招标公告;采用邀请招标方式的,招标人应当向三个以上设计单位发出招标邀请书。设计招标的目的是选择最适合项目需要的设计单位,设计单位的社会信誉、所选派的主要设计人员的能力和业绩等是主要的考察内容。

2)起草设计任务书

设计任务书是设计依据之一,是建设单位意图的体现。起草设计任务书的过程,是各方就项目的功能、标准、区域划分、特殊要求等涉及项目的具体事宜不断沟通和深化交流,最终达成一致并形成文字资料的过程,这对于建设单位意图的把握非常重要,可以互相启发,互相提醒,使设计工作少走弯路。

3)起草设计合同

项目的设计质量目标主要通过项目描述和设计合同反映,项目设计描述和设计合同应综合起来,确立设计的内容、深度、依据和质量标准,设计质量目标要尽量避免出现语义模糊和矛盾。设计合同应重点注意写明设计进度要求、主要设计人员、优化设计要求、限额设计要求、施工现场配合以及专业深化设计配合等内容。

4)质量管理的组织

①协助建设单位组织对新材料、新工艺、新技术、新设备工程应用的专项技术论证与调研。

②协助建设单位组织专家对设计成果进行评审。

组织有关专家或机构进行工程设计评审,目的是控制设计成果质量、优化工程设计、提高效益。设计成果评审包括设计方案评审、初步设计评审等。

③协助建设单位向政府有关部门报审有关工程设计文件,并应根据审批意见督促设计单位完善设计成果。

5)设计成果审查

审查设计单位提交的设计成果,设计成果包括设计方案和初步设计,并提出评估报告。

① 设计方案评审

总体方案评审。重点审核设计依据、设计规模、产品方案、工艺流程、项目组成及布局、设备配套、占地面积、建筑面积、建筑造型、协作条件、环保设施、防震防灾、建设期限、投资概算等的可靠性、合理性、经济性、先进性和协调性。

专业设计方案评审。重点审核专业设计方案的设计参数、设计标准、设备选型和结构造型、功能和使用价值等。

设计方案审核。要结合投资概算资料进行技术经济比较和多方案论证，确保工程质量、投资和进度目标的实现。

② 初步设计评审

依据建设单位提出的工程设计委托任务和设计原则，逐条对照，审核设计是否均已满足要求。审核设计项目的完整性，项目是否齐全、有无遗漏项；设计基础资料可靠性，以及设计标准、装备标准是否符合预定要求；重点审查总平面布置、工艺流程、施工进度能否实现；总平面布置是否充分考虑方向、风向、采光、通风等要素；设计方案是否全面，经济评价是否合理。

③ 评估报告

评估报告应包括下列主要内容：设计工作概况；设计深度、与设计标准的符合情况；设计任务书的完成情况；有关部门审查意见的落实情况；存在的问题及建议。

2. 工程项目施工图设计质量管理

（1）施工图设计的深度要求

1）满足土建施工和设备安装；

2）满足设备材料的安排；

3）满足非标准设备和结构件的加工制作；

4）满足施工招标文件和施工组织设计的编制；

5）项目内容、规格、标准与工程量应满足施工招标投标、计量计价需要；

6）设计说明和技术要求应满足施工质量检验、竣工验收的要求。

（2）施工图设计的协调管理

工程监理单位承担设计阶段相关服务的，应做好下列工作：

1）协助建设单位审查设计单位提出的新材料、新工艺、新技术、新设备（简称"四新"）在相关部门的备案情况。必要时应协助建设单位组织专家评审。根据《建设工程勘察设计管理条例》，建设工程勘察、设计文件中规定采用的新技术、新材料，可能影响建设工程质量和安全，没有国家技术标准的，应当由国家认可的检测机构进行试验、论证，出具检测报告，并经国务院有关部门或者省、自治区、直辖市人民政府有关部门组织的建设工程技术专家委员会审定后，方可使用。工程监理单位应协助建设单位审查工程采用"四新"的审定备案情况，不满足要求的应按规定进行试验、论证和专家审定后方可使用。

2）协助建设单位建立设计过程的联席会议制度，组织设计单位各专业主要设计人员定期或不定期开展设计讨论，共同研究和探讨设计过程中出现的矛盾，集思广益，根据项目的具体特性和处于主导地位的专业要求进行综合分析，提出解决的方法。联席会议上，各专业设计人员对设计所需资料和对其他专业设计的配合要求，还可进行充分交流，从而避免出现"碰、撞、漏"等设计问题，保证设计质量。

3）协助建设单位开展深化设计管理。对于专业性较强或有行业专门资质要求的项目，如钢结构、混凝土装配式结构、幕墙等工程设计，目前多数委托具有专业设计资质的设计单位进行二次深化设计。对于二次深化设计，应组织深化设计单位与原设计单位充分协商沟通，出具深化设计图纸，由原设计单位审核会签，以确认深化设计符合总体设计要求，并对相关的配套专业设计能否满足深化图纸的要求予以确认。

（3）施工图设计评审

工程监理单位可受建设单位委托，开展施工图设计的评审。施工图设计评审的内容包括：对工程对象物的尺寸、布置、选材、构造、相互关系、施工及安装质量要求的详细设计图和说明，这也是设计阶段质量控制的一个重点。评审的重点是：使用功能是否满足质量目标和标准，设计文件是否齐全、完整，设计深度是否符合规定。

1）总体审核。首先审核施工图纸的完整性及各级的签字盖章。其次要重点审核工艺和总图布置的合理性，项目是否齐全，有无遗漏项，总图在平面和空间布置上是否有交叉和矛盾；工艺流程及装置、设备是否满足标准、规程、规范等要求。

2）设计总说明审查。重点审查所采用设计依据、参数、标准是否满足质量要求，各项工程做法是否合理，选用设备、材料等是否先进、合理，采用的技术标准是否满足工程需要。

3）施工设计图审查。重点审查施工图是否符合现行标准、规程、规范、规定的要求；设计图纸是否符合现场和施工的实际条件，深度是否达到施工和安装的要求，是否达到工程质量的标准；选型、选材、造型、尺寸、节点等设计图纸是否满足质量要求。

4）审查施工图预算和总投资预算。审查预算编制是否符合预算编制要求，工程量计算是否正确，定额标准是否合理，各项收费是否符合规定，总投资预算是否在总概算控制范围内。

5）审查其他要求。审核是否符合勘察提供的建设条件，是否满足环境保护措施，是否满足施工安全、卫生、劳动保护的要求。

（4）施工图审查

工程监理单位可协助建设单位开展施工图审查的送审工作。根据《房屋建筑和市政基础设施工程施工图设计文件审查管理办法》（住房和城乡建设部令第13号），建设单位应当将施工图送审查机构审查。审查机构不得与所审查项目的建设单位、勘察设计企业有隶属关系或者其他利害关系。送审管理的具体办法由省、自治区、直辖市人民政府、住房城乡建设主管部门按照"公开、公平、公正"的原则规定。

建设单位不得明示或者暗示审查机构违反法律法规和工程建设强制性标准进行施工图审查，不得压缩合理审查周期、压低合理审查费用。

审查机构应当对施工图审查下列内容：

1）是否符合工程建设强制性标准；

2）地基基础和主体结构的安全性；

3）消防安全性；

4）人防工程（不含人防指挥工程）防护安全性；

5）是否符合民用建筑节能强制性标准，对执行绿色建筑标准的项目，还应当审查是否符合绿色建筑标准；

6）勘察设计企业和注册执业人员以及相关人员是否按规定在施工图上加盖相应的图章和签字；

7）法律、法规、规章规定必须审查的其他内容。

《国务院办公厅关于全面开展工程建设项目审批制度改革的实施意见》（国办发〔2019〕11号），明确将消防、人防、技防等技术审查并入施工图设计文件审查，相关部门不再进行技术审查。因此，施工图审查的内容还应包括技防设计审查。

3.1.3 影响工程项目设计质量的因素

在产品质量管理活动中，影响产品质量以及对产品质量波动有影响的因素称为质量因素。这些因素决定产品质量的优劣，因此在产品的设计质量控制过程中，对质量因素的选取是否恰当，直接影响产品的固有质量。

根据各种质量因素对产品质量的影响作用不同，从设计的观点看，质量因素可分为控制因素、标示因素、信号因素和误差因素。

1. 控制因素

控制因素是指为了改进产品的质量特性，在技术上能控制其水平（取值范围）的因素，因此也称为可控因素或设计变量、设计参数。例如，材料种类、产品结构形式、荷载、温度、压力、浓度等易于控制的因素，均为控制因素。在工程项目的设计质量控制过程中，就是选择最适宜的控制因素水平及其组合，以得到造价成本低、工程质量高的产品。

2. 标示因素

标示因素是指维持环境与使用条件等方面的因素，其水平值在设计前就已经确定。产品的各种使用条件、设备的差别、工作人员的熟练程度等都属于标示因素。例如在技术设计桩基础成孔的过程中，对于不同成孔钻机的选择要根据地质勘察单位移交的地质勘察说明进行合理设计。在粉质土层施工作业时需要选择满足桩长的机型，如螺旋钻机。旋挖钻机在厚卵石层施工时，应使用挖沙钻头和开岩钻，在遇到卵石密集并且坚硬的地质情况，应采用开岩钻。在产品的质量设计过程中，是针对标示因素的某种水平状态下，通过调节其他各个控制因素水平，寻求各控制因素最适宜的水平与使用范围。

3. 信号因素

信号因素是为了实现目标结果而选取的因素，是指产品的质量特性需要达到的目标值。混凝土坍落度的检测、钢筋搭接长度、混凝土试块强度等都属于信号因素。信号因素可对于调节产品质量特性值（即产品输出特性值）和目标值之间的偏差进行校正。因此，设计过程中选取的信号因素应具有易于改变的水平，一般要求其水平易于控制、检测、校正和调整，并与产品的输出特性值呈线性或非线性关系，使输出特性值按一定比例随其改变而改变，以保证输出特性值符合目标值。所以，在质量设计过程中，设计人员应根据行业规范、用户需求和经验选择某些因素作为信号因素，不能任意选择。

4. 误差因素

误差因素是指除控制因素、标示因素和信号因素以外，难于控制、不可能控制或控制代价很高的，并且对产品质量有干扰的其他所有因素。误差因素通常是引起产品质量波动的主导因素，因此又称为质量波动源、噪声因素、质量干扰因素、不可控因素。

根据误差因素对产品质量特性产生波动的原因，大致可以把误差因素分为 3 种类型：

外部干扰——产品在使用过程中，由于环境因素和使用条件发生变化而影响产品质量稳定性的干扰因素。

内部干扰——产品在存放和使用中，其组成部分随时间的推移而发生老化、磨损、腐蚀、形变等现象，从而影响产品正常发挥其功能的质量干扰因素。

随机干扰——在同一设计施工条件下，由于操作人员、材料、机器设备、环境等方面存在波动，从而使产品质量特性值发生波动的干扰因素。这种干扰具有随机性，因此称为随机干扰。

这 3 种质量干扰引起的产品质量特性值波动愈小，产品质量就愈稳定，产品质量就愈好。在产品的设计质量控制过程中，对这 3 种干扰因素的控制是否可行，见表 3-1。

质量干扰因素与设计控制关系 表 3-1

控制 ＼ 干扰	外部干扰	内部干扰	随机干扰
设计质量控制	可行、有效	可行、有效	可行、有效

一般来说，工程项目的质量波动是客观存在的，不可能完全消除。通过设计质量控制，可以减小或衰减波动的幅度。合格的工程项目是指其质量波动在允许的范围内的工程项目，不合格工程项目是指质量波动超出允许范围的工程项目。由表 3-1 可知，设计质量控制可以有效地控制和衰减外部干扰、内部干扰和随机干扰引起的质量波动。所以说，设计质量控制对工程的质量起着重要的作用。

3.2　工程项目设计质量的控制技术

20 世纪 80 年代以后，国外的大公司和国内一些企业逐步认识到产品设计质量对产品质量的贡献，认识到产品设计质量创新在产品全生命周期内的重要地位，把许多新技术、新理论和新方法运用到产品的设计阶段，以控制产品的设计质量，从源头上控制产品质量。对于工程项目而言，产品质量控制的源头就在于设计方案、施工图纸设计、施工组织设计等设计文件在设计过程中的质量控制。

设计是产品开发研制的首要程序，是产品质量的源头，决定了产品的"固有质量"。常用的设计质量控制技术有质量功能展开（Quality Function Development，QFD）、发明问题解决理论（Theory of Inventive Problem Solving，俄文首字母缩写为 TRIZ）、田口方法（Taguchi's Method）和可靠性设计中的故障树分析法（FTA）、失效模式及影响分析法（FMEA），以及失效模式、影响及危害性分析法（FMECA）。

QFD 设计理论可以解决做什么的问题，TRIZ 理论可以解决怎么做的问题，田口方法可以解决具体怎么做的问题。将 QFD、TRIZ 和田口方法进行有机集合，可以为产品的设计质量提供有力的支持工具。

3.2.1　质量功能展开（QFD）

1. QFD 概述

1966 年，日本学者赤尾洋二提出 QFD 这种产品设计方法的概念，日本三菱重工的神户造船厂于 1972 年成功地将其应用于船舶设计与制造中。从 20 世纪 70 年代中期开始，QFD 相继被其他日本公司所采用，经济效益显著提高、成本减少，质量也得到了改进，因此逐步得到世界各国的重视，现已成为一种重要的产品设计质量控制技术。

作为一种面向顾客需求的产品开发设计方法，质量功能展开（QFD）是一种将顾客需求信息有效地转换为产品开发各阶段的作业控制规程的方法和技术目标，使所设计和制造的产品能真正地满足顾客需求。需求质量本来是顾客方面的东西，由顾客提出，生产者把它们忠实地融入产品中，这是真正意义上的面向消费者。QFD 代表了从反应式的、被动的传统产品开发模式（"设计—试验—调整"）转换成一种预防式的、主动的现代产品开发模式。QFD 将注意力集中于规划和问题的预防上，它不仅仅集中于问题的解决上。

广义的质量功能展开包括质量展开和狭义的质量功能展开。质量展开指企业为确定产品的设计质量，将顾客的需要转化为图纸和设计要求及产品生产过程中各阶段的要求，并将其系统、关联地展开到零部件要求、工艺要求以及生产要求等过程的总称；狭义的质量功能展开指用目的手段，将形成质量的功能及业务，以不同的层次展开到具体的部分。在整个质量工作中，企业各部门应该发挥什么作用，承担什么职责，开展哪些活动，都是广义的质量功能所要研究的内容，如图 3-1 所示。

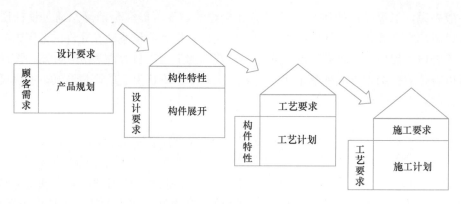

图 3-1　质量功能展开示意图

QFD 从顾客需求开始，经过 4 个阶段即 4 步分解，用 4 个矩阵得出工程项目的工艺和质量控制参数。这 4 个阶段是：①产品规划阶段，通过规划矩阵将顾客需求转换为技术需求（最终产品特征），并根据顾客竞争性评估（从顾客的角度对市场上同类产品进行的评估，通过市场调查得到）和技术竞争性评估（从技术的角度对市场上同类产品的评估，通过试验或其他途径得到）结果确定各个技术需求的目标值。②构件展开阶段，利用前一阶段定义的设计需求，从多个设计方案中选择一个最佳的方案，并通过构建展开配置矩阵将其转换为关键的构件特性。③工艺计划阶段，通过工艺规划矩阵，确定为保证实现关键的产品特征和构件特征所必须保证的关键工艺参数。④施工计划阶段，通过工艺/施工矩阵将关键的构件特征和工艺参数转换为具体的质量控制方法。

QFD 不仅可以帮助企业稳定产品质量，还可将企业的质量管理水平提高到一个新阶段。它可以大幅减少研制时间和后期的设计更改，在早期进行低成本设计以提高设计可靠性、降低企业的管理费用。同时还可以健全企业质量管理，强化当前的研制过程。在市场和经营需求的基础上尽早明确目标，使主要问题一目了然以便优化资源分配。采用 QFD

方法可以改进部门间的协作与联系，提高企业开发设计人员的水平，有效地获得用户真正所需的产品、更好地满足用户的需求、使产品更具竞争优势。

2. QFD 的体系结构和质量屋的构建

质量功能展开过程是通过一系列图表和矩阵来完成的，其中起重要作用的是质量屋，赤尾洋二教授将质量屋（House of Quality，HOQ）定义为：将顾客要求的真正的质量，用语言表现并进行体系化，同时表示它们与质量特性的关系，是为了把顾客需求变换成代用特性，进一步进行质量设计的表。

由上述定义可知，质量屋是由质量需求与质量特性构成的二维表。质量特性是生产者的语言，是技术领域中的东西。仅根据顾客的语言难以构筑产品，这里将它们转变为产品开发的管理者、设计者、制造工艺部门以及生产计划部门等有关人员能够执行的具体信息。质量屋的意义在于对不同的领域，用关系矩阵进行变换，即从顾客的世界转换成技术的世界，如图 3-2 所示。

图 3-2 质量屋中，各部分组成及步骤为：

（1）目标声明。目标声明在质量屋的左上方，该目标声明描述需要设计的产品或设计小组要努力达到的目标，有时目标声明可不列在质量屋的图表中，而描述在其他资料中。

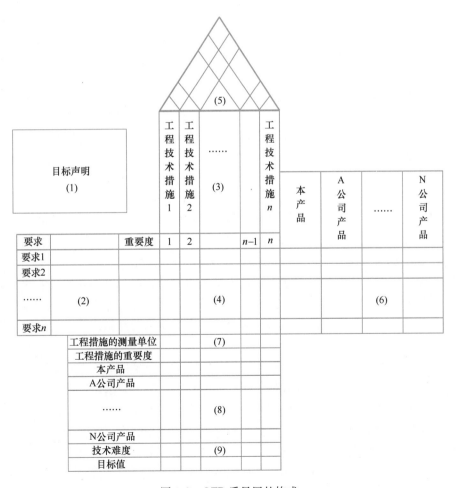

图 3-2　QFD 质量屋的构成

（2）顾客需求及其重要度。顾客需求及其重要度图表在质量屋的左部，该部分用于分析和确定顾客需求及其重要度。顾客需求是质量屋的输入信息，应简单明确地描述顾客对产品的需要和期望。顾客需求的信息应通过充分的市场调研和走访顾客等方法来取得，在此基础上加以系统地梳理，然后通过直接打分法、排序法或层次分析法等方法来评定各项顾客需求的重要度。

（3）工程技术措施。工程技术措施在质量屋的上部，这一部分用于提出工程措施，即针对各项顾客需求逐个列出相对应的技术措施和管理措施，这些措施的有效实施能够使顾客需求得以实现。

（4）关系矩阵。关系矩阵位于质量屋的中部，这一部分用于分析顾客需求特性与工程技术措施之间的关系，反映从顾客需求到工程技术措施的映射关系，表明各项工程措施对各项顾客需求的贡献和相关程度。

关系矩阵有助于设计、生产等过程的人员对复杂事物的清晰思维，并提供机会对思维的正确性进行反复交叉检查。关系矩阵图表中的顾客需求可能与一项工程技术措施相关，也可能与多项工程技术措施相关。例如，当在关系矩阵图表上发现某项工程技术措施与任何一项顾客需求没有关系时，就可确定该工程技术措施可能是多余的，或者设计人员在收集顾客需求时漏掉了某项需求。另一方面，当某项顾客需求与所列的任何工程技术措施都没有关系时，就应增加工程技术措施，以满足顾客需求。

关系矩阵图表中可用数字表示工程技术措施与顾客需求之间关系紧密的程度，也可用符号来表示。用数字表示时，可用0～5或0～10来表示。例如，用0～5表示：0表示没有关系存在；1表示关系不紧密；3表示关系一般；5表示关系紧密；2和4分别表示1～3和3～5的中间关系。用符号表示时，表示相关与不相关的符号有：两个"＋"号表示强烈明确的正相关关系；一个"＋"号表示正相关关系；一个"－"号表示负相关关系；两个"－"号表示强烈的负相关关系；通常两个"×"运用于要删除的负相关关系，没有标注表示无关系。符号的种类不是唯一的，仅仅是一种表示方法，还可用其他符号表示，所用的符号要在质量屋图表上说明其含义。

（5）相关性矩阵。相关性矩阵是位于工程技术措施顶部的一个三角形矩阵，形状像一个屋顶，故也称为"屋顶"，这一部分用于分析工程措施之间的相关度，分析各项工程措施之间的影响，发现工程措施之间的重复或不协调。

在相关性矩阵中运用符号来表示工程技术措施之间的关系，以便在质量屋图表上一目了然地知道各个措施之间的相互关系。相关性矩阵的符号表示方法与关系矩阵是一样的，一个正相关关系说明两种措施之间关系协调，而一个负相关关系则说明两者之间会有不利影响。

（6）市场竞争性评价矩阵。市场竞争性评价矩阵位于质量屋的右部，在顾客要求特性方面描述了顾客对本公司的产品和其他公司产品的看法。顾客要求矩阵图表中已经明确了顾客对产品的具体要求，对照这些要求调查顾客对本公司产品和其他公司产品进行评价，用顾客的评价作为同别的竞争对手进行比较的依据。这样有助于明确本公司与其他公司之间的差距并消除这种差距，保持自己的优势，提高自己的竞争能力。

用数字对本公司产品和其他公司产品在顾客需求特性方面的优劣进行度量，把每项顾客要求中得分值最高的竞争对手作为公司的最低奋斗目标。如果在某项顾客要求中自己公司的分值最高，则继续保持。随着顾客对产品的市场竞争性评价工作结束，产品设计开发人员很清楚地知道什么样的产品或服务能满足顾客，这样开发出来的产品就畅销，就有市场竞争能力。

（7）工程技术措施特性指标及其重要度。工程技术措施特性指标及其重要度位于关系矩阵的下面，描述每项工程技术措施的指标（单位）及其重要度度量。

（8）技术竞争性评价矩阵。技术竞争性评价矩阵位于质量屋的下部，是由工程技术人员提供的评估数据，描述本公司和其他竞争对手的产品在所采取的工程技术措施方面的具体观测值和技术难度。根据对观测值的对比分析，可以确定每项工程技术措施的最大值，找出本公司与其他公司在某项工程技术措施方面的差距。

（9）技术难度和目标值。技术难度和目标值位于质量屋的最下部。设计人员根据工程技术水准和本公司的水平，确定各项技术措施的技术难度，设定各项工程技术措施的目标值，以便对原有产品进行相应的改进，使产品在技术特性上立于不败之地。

3.2.2　发明问题解决理论（TRIZ 理论）

1. TRIZ 理论概述

TRIZ（Theory of Inventive Problem Solving）理论是一种系统化的方法、是一种创新性问题解决方法指导性理论。最早期的 TRIZ 创新方法理论由苏联学者根利希·阿尔特舒勒以及他的同事于 1946 年提出，其主要目的是研究人类进行发明创造、解决技术难题过程中所遵循的科学原理和法则，并将其归纳总结，形成能指导实际新产品开发的理论方法体系。阿尔特舒勒等人通过对世界近 250 万件高水平发明专利的分析研究，总结出人类进行发明创造解决技术问题过程所遵循的 40 个原理和法则，建立了一个由各种方法、算法组成的综合理论体系。这一理论表示，创新并不是灵感的闪现和随机的探索，它存在着解决问题的一般规律，这些规律和原则可以告诉人们按照什么样的方法和过程去进行创新，并对结果具有预测性和可控性。任何领域的产品改进、技术变革以及创新，都与生物系统一样，存在着产生、生长、成熟、衰老和灭亡的过程，都是有规律可循的。人们如果掌握了这些规律，就能能动地进行产品设计并预测产品的未来发展趋势。将已有解决问题的方法建立知识库，问题就可通过类似的方法得到解决（即类推方法）。而对于一些可能从未遇到过的问题（创新性问题），也可以从现有专利中总结出设计的基本原则、方法和模式，通过这些方法和原则的应用进行解决，同时反过来它又可以扩展类似问题的知识库。

TRIZ 理论可以帮助我们突破思维定式，提供理论和方法去发现并解决问题，从不同的角度去分析，确定出问题的进一步探究方向，最终开发出具有竞争力的创新产品。运用 TRIZ 创新方法理论，结合数学、化学、生物、电子等领域中的原理可以解决许多设计中的创新问题，这就是 TRIZ 创新理论的强大之处。

2. TRIZ 理论体系

TRIZ 理论主要包括以下 9 项基本内容，分别为：进化法则、39 个工程参数、40 条发明原理、矛盾矩阵、分离原理、物-场模型、知识效应库、ARIZ 算法、最终理想解，这些工具能很好地解决产品设计过程中的设计质量的控制。TRIZ 理论认为，产品在设计过程中存在着技术、物理和管理 3 种矛盾冲突，并表现为 3 种相应的结构模型。技术矛盾，即问题的情境是通过指出不兼容的系统功能或功能属性给出的，其中一个功能（或属性）

促进全系统的主要有功能（系统目标）的实现，而第二个因素阻碍其实现。物理矛盾，即问题的情境是通过指出系统某个组分的一个属性或整个系统物理属性的形式给出的，该属性的某一个值对于达到系统的某项特定功能来说是必需的，而其另一个值则是针对另一个功能的。但与此同时，这两个值又不兼容，对于各自的改善来说，它们都具有相互反方向排斥的属性。管理矛盾，即问题的情境是通过指出缺点或目标的形式给出的，其中缺点应该克服，目标应当达到，而与此同时，却并不指出产生缺点的原因以及消除缺点的方法和达到所需目标的方法。

针对每种矛盾，TRIZ 理论都给出了精确的功能结构模型：即技术矛盾模型、物理矛盾模型、管理模型。其中技术矛盾模型和物理矛盾模型具有最好的结构性，它们的解决直接得到了 TRIZ 理论这一工具的支持。管理模型或者是通过跟 TRIZ 理论没有直接关系的其他方法解决，或者是要求转化为其他两种结构模型后再解决。对于设计过程中的技术矛盾和物理矛盾，TRIZ 理论提供了解决问题的思路和过程，分别如图 3-3 和图 3-4 所示。

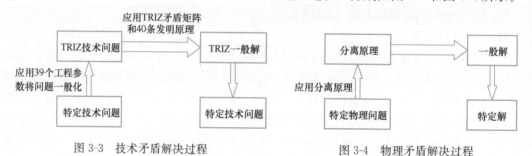

图 3-3　技术矛盾解决过程　　　　图 3-4　物理矛盾解决过程

下面介绍 TRIZ 设计理论中常用到的模型与工具。

（1）进化法则。阿尔特舒勒在分析大量专利的过程中发现，技术系统的进化并非随机的，而是遵循一定的客观进化模式。所有技术都是向"最终理想解"进化的，系统进化模式可以在过去的发明中发现，并可以应用于其他系统的开发和新的创新当中。TRIZ 理论所具有的辩证思维，使人们可以在不确定的情况下有针对性地寻找解决发明问题的办法。阿尔特舒勒以进化法则为核心构建了具有辩证思想的解决发明创造问题，实现技术创新的理论体系，这些法则可以应用于市场需求、定性技术预测、产生新技术、运筹专利布局以及选择企业战略制定的时机等，还可以用来解决难题，预测技术系统，是解决创造性问题的有力工具。

（2）39 个工程参数。产品设计中的矛盾是普遍存在的，应该有一种通用化、标准化的方法描述设计中的矛盾，设计人员使用这些标准化的方法共同研究与交流将促进产品创新。TRIZ 理论提出用 39 个通用工程参数描述矛盾，实际应用中，首先要把一组或多组矛盾均用 39 个通用工程参数来表示，利用该方法把实际工程设计中的矛盾转化为一般的或标准的技术矛盾。39 个通用工程参数中常用到运动物体与静止物体两个术语。运动物体是指自身或借助于外力可在一定的空间内运动的物体。静止物体是指自身或借助于外力都不能使其在空间内运动的物体。而物体也可理解为一个系。表 3-2 列出了 39 个通用工程参数名称。

（3）40 条发明原理。TRIZ 理论提出了解决技术矛盾的 40 条发明原理，它是从人类数以十万计的高水平专利发明中提炼出的一般性、规律性原理，是对不同领域的已有创新成果进行分析、总结后得到的具有普遍意义的规律，提示设计者最有可能解决问题的方法，是解决技术矛盾的关键。

通用工程参数名称

表 3-2

序号	名称	序号	名称
1	运动物体的质量	21	动力
2	静止物体的质量	22	能量的浪费
3	运动物体的长度	23	物质的浪费
4	静止物体的长度	24	信息的浪费
5	运动物体的面积	25	时间的浪费
6	静止物体的面积	26	物质的量
7	运动物体的体积	27	可靠性
8	静止物体的体积	28	测定精度
9	速度	29	制造精度
10	力	30	物体外部有害因素作用的敏感性
11	拉伸力、压力	31	物体产生的有害因素
12	形状	32	可制造性
13	物体的稳定性	33	可操作性
14	强度	34	可维修性
15	运动物体的耐久性	35	适应性及多样性
16	静止物体的耐久性	36	装置的复杂性
17	温度	37	控制与测试的困难程度
18	亮度	38	自动化水平
19	运动物体使用的能量	39	生产率
20	静止物体使用的能量		

（4）矛盾矩阵。阿尔特舒勒将这些发明原理和工程参数组成一个由 39 个改善特性与 39 个恶化特性构成的矩阵，矩阵的横轴表示希望得到改善的特性，纵轴表示某技术特性改善引起恶化特性，横纵轴交叉处的数字表示用来解决系统矛盾时所使用原理的编号。这个矛盾矩阵为问题解决者提供了一个可以根据系统中产生矛盾的两个工程参数，从矩阵表中直接查找化解该矛盾的发明原理来解决问题的办法。

技术矛盾可以运用矛盾矩阵中的标准参数找到对应的发明原理解决技术冲突，物理矛盾一般是通过分离的方法，获得两个相反的解决方案。TRIZ 理论有助于我们思考方案，寻找和创建能够满足既定需要的系统。在这过程中，我们遇到的一切物理矛盾都可以从 40 条发明原理中找到答案。发明原理构成了一个简单的清单，从中可以得到基于不同情形和时间的解决方案，帮助我们创建所需要的系统。

（5）分离原理。解决物理矛盾的核心思想是实现矛盾双方的分离，TRIZ 理论在总结解决物理矛盾的各种方法的基础上，按照空间、时间、条件、系统级别，将分离原理概括为空间分离、时间分离、基于条件的分离、整体与部分的分离 4 个分离原理。

（6）分离原理与发明原理的关系。英国 TRIZ 专家 Mann 通过研究提出，解决物理矛盾的分离原理与解决技术矛盾的发明原理之间存在一定的关系，对于一条分离原理，可以有多条发明原理与之对应。分离原理与发明原理的关系见表3-3。

分离原理与发明原理的关系 表3-3

分离原理	发明原理（序号）
空间分离	1、2、3、4、7、13、17、24、26、30
时间分离	9、10、11、15、16、18、19、20、21、29、34、37
条件分离	1、5、6、7、8、13、14、22、23、25、27、33、35
整体与部分分离	12、28、31、32、35、36、38、39、40

在应用TRIZ设计理论解决产品创新设计时，矛盾矩阵图上推荐的发明原理只是提示设计人员解决设计问题最有可能的方向，需要设计人员根据具体的设计问题确定解决问题的具体方法。

3.2.3 稳健设计方法（田口方法）

1. 稳健设计概述

稳健设计是在田口玄一提出的"三次设计法"上发展起来的低成本、高稳定性的产品设计方法，为人们提出了质量设计的新概念和新思维，包括产品设计和工艺设计两个方面。通过稳健设计，可以使产品的性能对各种噪声因素的不可预测的变化拥有很强的抗干扰能力。产品性能将更加稳定、质量更加可靠。

"三次设计法"，国际上又称为"田口方法"。田口方法的基本思想是：用正交表安排试验方案，以误差因素模拟造成产品质量波动的各种干扰，以信噪比作为衡量产品质量稳健性的指标，通过对各种试验方案的统计分析，找出抗干扰能力最强、调整性最好、性能最稳定、可靠的设计方案，并以质量损失最小为原则，合理地确定参数的容差，以达到成本最低、质量最优的技术经济综合效果。田口方法不仅可应用于工艺设计、产品设计，还可应用于计量测试和技术开发，其最大的特点是将质量管理与经济效益联系在一起，运用数学方法，从工程观点、技术观点和经济观点对质量管理的理论和方法进行综合研究，从而形成了一套独具特色的、有效性、通用性、边缘性极强的质量设计和质量评价方法体系。

稳健设计是使所设计的产品（或工艺）无论在制造和使用中当结构参数发生变差，或是在规定寿命内结构发生老化和变质（在一定范围内）时都能保持产品性能稳定的一种工程设计方法；即若做出的设计即使在经受各种因素的干扰下产品质量仍是稳定的或者用廉价的零部件能组装出质量上乘、性能稳定的产品，则认为该产品的设计是稳健的。这种方法可以极大降低生产成本，把稳健性作为产品设计的目标，尽量减弱大量下游生产或使用中的不确定因素。其设计原理是通过改变影响产品质量因素的可控因素的水平，使不确定因素对产品质量的影响减到最小。

20世纪80年代，日本学者田口玄一在以试验设计和信噪比的理论基础上，创立了以提高和改进产品质量的稳健设计方法，国内称为三次设计方法，即任何一个产品的设计都要经过以下三个阶段，即系统设计、参数设计、容差设计，其中参数设计是稳健设计方法的核心内容，正交试验设计和信噪比分析是两个重要的工具。

在产品的质量设计过程中，对参数设计来说，当存在很多误差因素时，只要选择几个性质不同的主要误差因素进行分析；对于容差设计来说，由于要针对最适宜条件设计出合理的容差，因此，应多提出一些误差因素进行分析。

2. 质量损失函数

干扰引起了产品功能的波动，有波动就会造成质量损失。要达到从源头上保证和提高产品质量的目的，就要控制产品指令特性值的波动，使波动减小或衰减到最小范围，这样就能使质量波动引起的质量损失降低到最低程度。如何度量由于功能波动所造成的损失，田口玄一提出了质量损失函数的概念，它把功能波动与经济损失联系起来，定量地描述产品质量波动造成的损失。图 3-5 介绍了 3 种常用质量特性的质量损失函数。

望目特性、望大特性和望小特性的质量损失函数表达式见表 3-4。表 3-4 中，y、y_i 表示实际生产的产品的质量特性值；$L(y)$ 和 $\overline{L(y)}$ 分别表示实际生产的产品质量特性相对于目标值的质量损失、N 个产品的平均质量损失；N 表示测量产品质量特性值的产品的个数；K 表示质量损失系数，它是在产品质量设计时就应确定的量。从表 3-4 产品质量损失函数的表达式可知，不仅产品质量波动偏差超过容差的不合格产品会造成质量损失，而且即使在容差范围内的合格产品，相对于目标值而言也存在质量损失，偏差愈大质量损失就愈大。因此产品的输出特性值偏离目标值愈大，造成的质量损失就愈大。

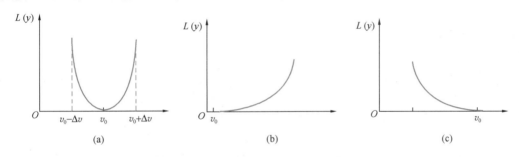

图 3-5　3 种常用的质量损失函数

（a）望目特性质量损失函数；（b）望大特性质量损失函数；（c）望小特性质量损失函数

望目、望大、望小特性的质量损失函数　　　　　　　　　　　　　　　表 3-4

序号	质量特性的类型	质量损失函数表达式	平均质量损失函数
1	望目特性	$L(y) = K(y - y_0)^2$	$\overline{L(y)} = K \dfrac{1}{N} \sum (y_i - y_0)^2$
2	望大特性	$L(y) = Ky^2$	$\overline{L(y)} = K \left(\dfrac{1}{N} \sum y_i^2 \right)$
3	望小特性	$L(y) = K \dfrac{1}{y}$	$\overline{L(y)} = K \left(\dfrac{1}{N} \sum \dfrac{1}{y_i^2} \right)$

3. 正交试验设计

正交试验设计技术（Orthogonal Experimental Design）最早是由英国学者 R. A. Fisher 等为了进行多因素的农田试验发展起来的。第二次世界大战后，日本为了振兴工业，以 G. Taguchi 教授为首的一批研究者把此项技术引入日本。开发了正交表的应用技术和合理分析试验结果，并把它应用于新产品和新工艺的设计，提高或改善产品质量，发展成为产品质量管理的一种重要方法——正交试验设计。这一方法的最大优点是可以从许多试验条件中选择出最有代表性的少数几项试验便能获得可靠的试验结果，且分析计算十分简便。

在试验结果受两个或两个以上因素影响的情况下，要对各个因素的组合进行试验，试验次数会很多。例如，影响某产品质量的因素有 6 个，若每个因素取 3 个水平（即分别取 3 个不同的值），则 6 个因素 3 个水平的试验组合形式有 $3^6＝729$ 种。对于 729 种组合都要进行试验的话，无论费用还是时间上都是不可行的。如果只针对单一因素进行试验，试验次数则为 $3×6＝18$ 次，但是试验的结果不具有代表性。运用正交试验设计技术可构造一些正交向量，从许多试验因素组合中选择出最具有代表性的少量试验，就能获得可靠的试验结果。6 个因素 3 个水平的试验，若采用正交试验设计，则只需要采用 L_{18}（3^7）型正交表，共需安排 18 次试验即可。因此，利用正交试验设计技术来安排试验，试验次数大大减少，从 729 次减少到 18 次，这样，从时间和费用上看都是可行的。

正交试验设计的试验步骤为：①确定试验因素的个数及每个因素变化的水平数；②分析各因素间是否存在交互作用，哪些必须考虑，哪些可以忽略；③确定可能进行的大概试验次数（主要根据人力、物力、时间和费用）；④选用合适的正交表，安排试验。

通过对正交试验结果的直观分析或方差分析，便可以了解每个因素对试验结果影响的重要程度，根据方差分析的计算结果，可以定量地给出因素的主次关系，此时参数的最佳组合就只要考虑重要因素及其相应的水平值；对于次要的因素，可根据经济条件、制造条件等情况来确定。

4. 信噪比（SN 比）

信噪比最早应用在通信领域，是评价通信设备、线路、信号质量的优良性指标。田口玄一将这一概念引申到质量工程，作为产品质量特性的评价指标。SN 比的物理意义明确，表示信号功率（Sigal）与噪声功率（Noise）之比，比值越大，信号功率相对噪声功率越大，表明通信效果越好。

1957 年，田口玄一将这一概念引入产品设计质量控制方面，用 SN 比描述产品质量特性的波动程度，在系统或产品的开发设计、测试误差分析、动态特性评价、工艺设计中的稳定性设计等工作中取得了非常显著的实效。仍沿用原来的记法，但意义不同，SN 比指影响产品质量特性的主效应与误差效应的比值。即主效应相当于信号，误差效应相当于噪声。在设计质量控制中，用 SN 比模拟误差因素（即噪声效应）对产品设计质量特性的影响。对于设计质量特性是望目特性和望大特性的，SN 比越大，产品设计质量特性越好、越稳定。而对于望小质量特性，则 SN 比越小，产品质量特性越好。因此，根据正交试验设计所进行的试验，分析对比各个影响因素不同水平的 SN 比值，就可确定各个因素的最适宜水平和组合，以及哪一个因素的容差应严格控制。

对应于 3 种常用的望目、望大、望小特性的质量损失函数模型，SN 比表达式见表 3-5。

望目、望大、望小特性信噪比的表达式　　　　　　表 3-5

序号	质量特性的类型	信噪比表达式	信噪比度量说明
1	望目特性	$10\lg(S_m - V_e)/(N \times V_e)$	信噪比愈大，质量特性愈好
2	望大特性	$-10\lg\left(\frac{1}{n}\sum\frac{1}{y_i^2}\right)$	信噪比愈小，质量特性愈好
3	望小特性	$-10\lg\left(\frac{1}{n}\sum\frac{1}{y_i^2}\right)$	信噪比愈小，质量特性愈好

5. 系统设计

产品设计的第一次设计称为系统设计，是应用专业技术进行产品的功能设计和结构设计的阶段，应用科学理论、专业技术知识，探索新产品功能原理，从定性角度考虑各参数对产品质量的综合影响，它是整个产品质量设计的基础。

系统设计的方式有：①技术引进、利用专利的方式；②自行设计与技术引进相结合的方式；③独立研制方式。

6. 参数设计

产品的质量特性偏离目标值或丧失功能主要是由于受到外干扰、内干扰和物品间干扰的影响。即使功能完备的产品，如果它的功能波动很大，那么这种产品仍然是质量差的产品。因此产品功能波动的减少（稳健性提高），就是参数设计问题的研究目的。参数设计的基本思想是：在充分考虑 3 种干扰的条件下，应用价格便宜的零部（组）件，寻找功能稳定的参数组合，设计出稳健性高的产品。因此，这种产品具有下述特点：①经济性——产品成本低，价格便宜；②稳健性——质量特性波动小，抗干扰能力强。

产品是由许多部件、零件组成的复杂系统，产品的性能既取决于零部件的质量，又取决于产品的设计方法。部件的质量性能好，其成本就高；相反质量性能差，成本就低。工程设计的经验表明，零部件产品全部采用优质产品组装起来的产品性能未必能达到优质。当然，即使达到优质，也不足为奇，但其成本就很高。因此，在质量设计过程中，如果各个零部件的参数水平及其组合选择得当，即使搭配使用部分价格低廉的零部件，也能设计出性能稳定的优质产品。

采用参数设计方法，能找出尽量不受误差干扰影响的最佳设计参数水平及其组合，抑制和衰减产品质量特性的波动。其目的就是搭配使用部分成本低廉、质量波动大的次等品，和一部分质量波动小、成本高的优质品，以便设计出成本合理、质量性能稳定的产品。因此参数设计是稳健设计质量控制的中心环节。

参数设计主要运用实验设计技术进行的，以正交表和 SN 比为基本工具。参数设计常采用的方法有内外表法和直积法，一般程序为：

（1）运用专业知识，选出主要的质量因素及其水平，包括控制因素、标示因素、信号因素和误差因素。

（2）根据质量因素的个数及其水平数，选取合适的正交表和试验次数。

（3）按照正交表中的各个因素水平，进行试验。

（4）根据试验数据，计算 SN 比，并用 SN 比代表每组试验的特性值，进行方差分析。

（5）根据分析结果，选取最佳参数水平及其组合，作出参数设计结论。

7. 容差设计

在产品设计中，任何一个设计参数或质量特性出于制造和使用上的原因都由两部分组成：名义值（或均值）和偏差。容差就是设计中所规定的最大容许偏差，是从经济角度考虑允许质量特性值的波动范围。很显然，若规定的容差愈小，则该尺寸的可制造性就愈差，制造费用或成本也就愈高。为此，在参数设计阶段，出于经济的考虑一般总是先选用较大容差的零部件尺寸，若经参数设计后，该产品能达到质量特性的要求，则一般也就不再进行容差设计，否则就要重新调整各个参数的容差，通过控制可控因素的容差，衰减或缩小误差因素所引起的产品质量波动，调整产品质量与成本关系，以谋求在最经济的条件下可以达到产品质量特性的设计要求。

容差设计通过研究容差范围与质量成本之间的关系，对质量和成本进行综合平衡。在完成系统设计并且由参数设计确定了可控因素的最佳水平组合后进行，此时各元件（参数）的质量等级较低，参数波动范围较宽。

其目的是在参数设计阶段确定的最佳条件的基础上，确定各个参数合适的容差。基本思想如下：根据各参数的波动对产品质量特性贡献（影响）的大小，从经济性角度考虑有无必要对影响大的参数给予较小的容差（例如用较高质量等级的元件替代较低质量等级的元件）。这样做，一方面可以进一步减少质量特性的波动，提高产品的稳定性，减少质量损失；另一方面，由于提高了元件的质量等级，使产品的成本有所提高。因此，容差设计阶段既要考虑进一步减少在参数设计后产品仍存在的质量损失，又要考虑缩小一些元件的容差将会增加成本，要权衡两者的利弊得失，采取最佳决策。用于容差设计的主要工具是质量损失函数和正交多项式回归。

通过系统设计、参数设计和容差设计，就能获得价格合适、性能稳定的产品。

3.2.4 QFD、TRIZ 和稳健设计的集成应用

在产品的研发过程中，缺少 QFD 就会失去设计的方向和目标，即脱离了顾客和市场。但是 QFD 不能为顾客提供具体的解决矛盾冲突的设计方案，而 TRIZ 可以提供满足顾客需求的解决矛盾冲突的设计方案，而且更重要的是能够实现产品设计创新。虽然 TRIZ 能提供创新性设计方案，但是在具体的产品结构参数选择等方面存在着不足，田口方法恰好能弥补 TRIZ 的不足。通过田口方法的应用，可以得到抗干扰能力强的产品最优参数组合。同时，通过 TRIZ 的应用还可以弥补田口方法不能消除引起变异原因的缺陷。因此，QFD、TRIZ 和田口方法就像不可分割、相互联系的七巧板一样，构成一幅完整的保证产品设计质量的图画。

在实际产品开发过程中，可以把质量屋（HOQ）中的工程措施之间的相互作用与TRIZ 中的冲突矩阵联系起来，解决工程措施之间存在的矛盾和冲突，得到满足顾客需求的创新设计方案。然后利用田口方法对创新设计方案中的各个参数进行优化，获得最优参数搭配组合，从而使开发出的产品满足顾客要求体现创新且物美价廉。将 QFD、TRIZ 和田口方法集成于一体用于产品设计质量控制，充分体现了质量控制中的源流管理思想、创新思想和以顾客为中心的思想。

因此 QFD、TRIZ 和稳健设计集成为一体，就能控制产品的设计质量，得到用户需要，新颖、价格合理、质量稳定的产品。

3.3 设计质量控制实施

设计质量控制实施的主要活动有：设计策划、设计质量输入、设计质量输出、设计质量评审、设计质量验正、设计质量确认和设计质量更改 7 个控制环节。

3.3.1 设计策划

《质量管理体系要求》ISO 9001：2015 标准的"8.3.2 设计和开发策划"中要求："在确定设计和开发的各个阶段及其控制时，组织应考虑所要求的设计和开发验证和确认"并

在"8.3.4 设计和开发控制"中要求："实施验证活动，以确保设计和开发输出满足输入的要求"。这就是说，在产品设计开发之初考虑设计开发的阶段划分时，就应预先策划并在有关程序中规定验证的要求。

在确定设计和开发各个阶段及其控制时组织应考虑：

（1）设计和开发活动的性质，持续时间和复杂程度；

（2）所要求的过程阶段，包括适用的设计和开发评审；

（3）所要求的设计和开发验证及确认活动；

（4）设计和开发过程所涉及的职责和权限；

（5）产品和服务设计和开发所需的内部和外部资源；

（6）设计和开发过程参与人员之间接口的控制需求；

（7）在设计和开发过程中，顾客和使用者参与的需求；

（8）有关后续产品和服务提供的要求；

（9）顾客和其他相关方对设计和开发过程期望的控制水平；

（10）证明已经满足设计和开发的要求所需的成文信息。

3.3.2 设计质量输入

对于质量设计输入方面的具体实施，应根据设计目标和标准要求，确定质量设计输入的内容、形式、评审要求以及评审方式等。

《质量管理体系要求》ISO 9001：2015 标准的"8.3.3 设计和开发输入"中提出：组织应针对所设计和开发的具体类型的产品和服务，确定基本的要求。组织应考虑：

（1）功能和性能要求；

（2）来源于以前类似设计和开发活动的信息；

（3）法律法规要求；

（4）组织承诺实施的标准和行业规范；

（5）由产品和服务性质所导致潜在的失效后果。

输入应是充分和适宜的，且应完整、清楚。相互矛盾的设计和开发输入应得到解决。组织应保留有关设计和开发输入的成文信息。

设计输入的内容可包括：

（1）内部输入。如：方针、标准和规范、技能要求、可信性要求、现有产品的文件和数据、其他过程的输出。

（2）外部输入。如：顾客或市场的需求和期望、合同要求和相关方规范、相关的法律和法规要求、国际或国家标准、行业规则。

（3）那些对确定安全和功能起关键作用的产品或过程的特性的其他输入。如：运行、安装和使用；储存、搬运、维护和交付；物理参数和环境、处置要求。

组织应对影响产品设计和开发过程的输入进行识别，以满足相关的需求和期望。

3.3.3 设计质量输出

对产品设计质量的输出，应确定输出的形式、要求为设计和开发的输出应以能够针对设计内容、要求等。

《质量管理体系要求》ISO 9001：2015 标准的"8.3.5 设计和开发输出"中提出：组织应确保设计和开发输出：

（1）满足输入的要求；

（2）满足后续的产品和服务提供过程的需要；

（3）包括或引用监视和测量的要求，适当时，包括接收准则；

（4）规定产品和服务特性，这些特性对于预期目的、安全和正常提供是必需的。组织应保留有关设计和开发输出的成文信息。

设计输出主要包括以下内容：

（1）产品要求宜用便于验证和确认的特性形式，如性能要求、安全要求、可靠性要求和尺寸等，来表达设计输出，以满足产品规定的质量特性表示。应对影响产品性能、可靠性的重要质量特性、在图样和有关技术文件中作出明确规定。

（2）产品规范中应规定产品的制造、装配和安装要求，用于检验和试验验收准则。亦可用规程、图样等形式来表达产品规范。

（3）对于复杂产品要求，可通过系统图、总图、部件图、零件图来表示。此外，还需要产品总目录、产品构成表和明细表等，以表达文件与图样之间关系。

（4）设计输出应包含或引用验收准则，验收准则是判定和考核产品质量特性是否符合要求的规定。

（5）采购规范应规定采购产品规格、型号、等级名称及验收准则或合格要求，必要时，还应规定采购图样、加工设备、人员要求以及检验指导书和质量管理体系要求等。

（6）计算贯穿设计过程中，通过计算确定产品特性、尺寸和容差。为便于检查，应对计算书格式内容进行标准化，计算书内容一般包括计算目的、采用计算方法、公式来源、公式符号说明、计算过程和结果，以便在设计更改时或设计验证时用。有时设计需要进行分析计算，例如应力应变分析、可靠性分析、故障分析，用于研究判断，以便发现设计是否存在缺陷或预计缺陷发生的概率。

（7）服务规范的输出应规定提供服务方式、可验收的准则、要求的资源，包括人员数量、技能、必需的器材和设备的型号、数量以及其他服务和供方的接口等内容。

（8）运行和维护文件，包括产品说明书、使用指南、运行手册以及产品或服务使用文件。这类文件也是设计输出，但这类文件不用于生产，而随产品提供给顾客。

设计输出是设计过程相关资源和活动的结果。每个设计阶段结束都应将该阶段要求的设计输出形成文件。通常，设计输出文件包括：设计图样、设计计算书、可靠性分析报告、采购规范、质量特性重要度、产品标准验收规范和产品说明书等。它是产品生产过程中作为采购、工艺设计、工装设计、生产制造、检验、安装运行、维护或服务的技术依据。评价产品设计质量的依据主要是产品图样及技术文件，评价这些文件是否全面满足和反映顾客对产品各项适用性质量要求，是否符合有关法规要求。因此，应对设计输出进行控制，确保设计输出满足设计输入要求。

3.3.4 设计质量评审

设计质量评审时，应确定评审的内容、形式、阶段、目的、参与评审的人员、评审的记录。

《质量管理体系基础和术语》ISO 9000：2015 标准关于评审定义是："对客体实现所规定目标的适宜性、充分性或有效性的确定"。

设计评审应以满足用户的要求为前提，以贯彻有关的标准、法令、条例为制约。要站在制造厂和用户共同利益的立场上评审产品的适用性、工艺性、可靠性、可维修性和安全性以及对与用户需要和满意有关的项目、与产品规范有关的项目、与工艺规范有关的项目等方面的内容进行评审。在评审生产制造的可行性的同时，必须注重工艺试验，提高工艺能力和水平。

邀请参加设计评审的人员应该是和设计本身没有直接关系的人员，即不是直接参与设计的人员，以便能站在客观的角度对设计进行评议。每次设计评审的参加者应包括与被评审的设计阶段有关的所有职能部门的代表，需要时也应包括其他专家。这些评审记录应予以保存。

设计人员参加评审会，其任务是详细介绍设计，听取评审的意见。最终对设计质量负责的是设计人员，而不是参加评审的和设计无关的人员。因此评审会上提出的各种意见都只能是参考性的意见。设计人员应当认真听取这些意见、并做好详细记录，设计评审是为发挥集体智慧，集思广益，在设计开发的全过程中起早期报警作用、协调作用、咨询作用。应该在设计开发的全过程中，在适当的时候安排设计评审。

一般来说，设计评审可分为方案评审、技术设计评审、专题设计评审。但实际上，在整个开发设计的过程中，还有一些和设计直接有关的评审，我们也将其归入设计评审中，如可行性评审、合同评审、可靠性设计评审、工艺评审、产品质量评审。具体的评审点设置，应视产品的设计的具体情况，如产品的复杂程度、设计的成熟度等，所谓设计的成熟度，是指成熟设计占设计工作总量的比例。

一般情况下，在立项阶段，应安排可行性评审，主要是对产品开发的技术、经济可行性进行评审。如果是和用户签订合同的，则应进行合同评审。在方案设计阶段，应安排方案设计评审，主要是对设计方案的技术可行性、工艺性或可生产性和经济性以及成本效益等进行评审。在技术设计阶段，应安排技术设计评审、主要评审设计的合理性、可靠性、维修性、安全性、经济性、可生产性及文件的齐整性。对于复杂的或设计或成熟度低的产品，则可能安排预研成果的鉴定和工作图设计评审。

3.3.5　设计质量验证

《质量管理体系基础和术语》ISO 9000：2015 标准关于验证的定义是："通过提供客观证据对规定的要求已得到满足的认定"。ISO 9001 标准要求在设计的适当阶段，进行设计验证，以确保设计阶段的输出满足该设计阶段输入的要求，即证实产品确实达到了产品规范的要求。

与设计和开发评审类似，《质量管理体系要求》ISO 9001：2015 标准的"8.3.2 设计和开发策划"中要求："在确定设计和开发的各个阶段及其控制时，组织应考虑：所要求的设计和开发验证和确认"并在"8.3.4 设计和开发控制"中要求："实施验证活动，以确保设计和开发输出满足输入的要求"。这就是说，在产品设计开发之初考虑设计开发的阶段划分时，就应预先策划并在有关程序中规定验证的要求。为此，企业通常可在产品设计开发程序或计划中规定验证的要求，并针对不同设计阶段的输出（结果）是否满足设计输入（通常是设计任务书）的要求实施验证。

设计开发验证的方法包括如下几种：

（1）变换方法进行计算

当设计开发的输出是采用某种方法计算的结果时，则可采用变换另外一种计算方法来进行验证,看是否可得到相同结果。

(2)进行检验

通过试制样品或样机来进行检验加以证实,如本教材产品开发流程中的样机试制就是用来对产品设计进行全面验证的有效方法;小批试制是对工艺设计进行全面验证和进一步对产品设计进行验证的有效方法。

(3)文件发布前进行评审

在产品图样和设计文件编制后,在批准发布前安排专人进行评审。

企业可按照上面的方法对设计各阶段的输出进行验证,以确保设计输出满足设计输入的要求。当验证的结果不能满足设计输入的要求时,应采取相应的改进措施。保留验证活动的形成文件的信息(如文件和记录)。

3.3.6 设计质量确认

《质量管理体系基础和术语》ISO 9000:2015 标准关于确认的定义是:"通过提供客观证据对特定的预期用途或应用要求已得到满足的认定"。

和设计和开发验证类似,《质量管理体系要求》ISO 9001:2015 标准的"8.3.2 设计和开发策划"中要求:"在确定设计和开发的各个阶段及其控制时,组织应考虑:所需的设计和开发验证和确认活动"并在"8.3.4 设计和开发控制"中要求:"实施确认活动,以确保形成的产品和服务能够满足规定的使用要求或预期用途要求"。

设计确认需做好如下准备:

(1)经检验合格的新产品;

(2)产品的试验结果(如试验报告);

(3)产品使用和应用的结果(如应用试验报告或顾客使用报告);

(4)其他,如通过变换方法进行计算或文件评审的结果;

(5)产品标准(或合同)。

实施确认在实施确认时应注意做好如下工作:

(1)确认应在产品正式交付给顾客之前进行,也可根据情况进行分步确认;

(2)确认应在规定的应用条件下进行,当无法获得实际应用条件时,可在模拟条件下进行;

(3)确认的结果应做好记录,对于确认中存在的问题应记录在案;对于存在的问题和风险应制定应对措施(包括修改设计或重新设计)和分派责任,并在随后的工作中跟踪检查措施的落实情况和效果。

确认和验证的区别在于:确认所要认定的是"特定的预期用途或应用要求",即是否满足使用或应用要求;而验证所要认定的是"规定的要求",即是否满足产品图样和设计文件的要求。要认定是否满足使用或应用要求,则通常需要顾客参与,因为顾客是产品的使用者。设计验证其目的是确保达到规范要求,重在"设计输出满足设计输入的要求"。而设计确认的目的是保证产品符合规定的使用者需要和(或)要求,重在满足"顾客的使用要求"。设计确认比设计验证更进了一步,在确认试验和检查中,可以对这一设计的产品在超出运行条件的工况下施加负荷,以确定设计的安全和性能极限。

3.3.7 设计质量更改

设计和开发中的更改对产品能否满足顾客要求有直接的影响,因此必须加以控制。产品的设计更改，可能来自如下一些原因：

（1）设计本身的失误，包括经验不足和设计疏忽；

（2）随着开发的进行，当初计划中不完善的地方暴露了出来；

（3）开发过程中当初设定的条件，例如竞争商品的状况、可以利用的开发资源等发生了变化；

（4）希望设计更有利于生产、检验、试验、使用和维护；

（5）顾客对产品提出了新的要求，如更高的可信性要求；

（6）国家从健康、安全、环保等方面提出了新的要求；

（7）设计评审、验证或确认中要求的更改；

（8）成本大幅度的提高，超过了预定值或从降低成本、提高市场竞争力方面提出了新的要求。

《质量管理体系要求》ISO 9001：2015 标准的"8.3.6 设计和开发更改"中对产品设计开发更改的控制与管理有以下规定：组织应识别、评审和控制产品和服务设计和开发期间以及后续所做的更改，以便避免对符合要求造成不利影响。

组织应确保保留下列成文信息：

（1）设计和开发更改；

（2）评审的结果；

（3）更改的授权；

（4）为防止不利影响而采取的措施。

在适当时，应对设计和开发的更改进行评审、验证和确认，并在实施前得到批准。设计和开发更改的评审应包括评价更改对产品组成部分和已交付部分的影响。更改的评审结果及任何必要措施的记录应予保持。实施设计质量更改时，应对所有设计质量更改都进行识别，并且在实施更改前必须得到授权人的批准，更改后还需进行评审，评审结果及相应措施都应做好记录。

课后案例

国家大剧院设计方案的产生

中国国家大剧院（National Centre for the Performing Arts），是新"北京十六景"之一的地标性建筑，位于北京市中心天安门广场西，人民大会堂西侧，由主体建筑及南北两侧的水下长廊、地下停车场、人工湖、绿地组成。国家大剧院作为我国最高层次的艺术表演中心，汇聚了世界顶级的艺术演出。其设计是由法国建筑师保罗·安德鲁主持设计，国家大剧院外观呈半椭球形，与周围矩形水池相互融合，其设计上体现了国际一流水准。

国家大剧院不仅是一项工程项目，而且它是一张名片，它背后所蕴含的是一个民族的文化。所以国家大剧院的设计方案产生之初，征集了来自世界各地的设计方案。

1998 年 4 月 13 日，北京市召开了设计方案竞赛文件发布会，业委会主席对设计方案提出了要求，其中最重要的一点是要处理好大剧院和大会堂的关系。第一轮竞标，36 家参赛单位提交了 44 个方案，但经过专家多方评审，没有评出符合设计任务书要求的方案。

参加第二轮竞标的有 14 个方案，评委会经过评审后，仍没有选出满意的方案，最后举荐了 6 个方案，并在此基础上进行修改。经研究，并请示领导小组同意，采取了如下方法对第二轮竞赛方案进行修改：以清华大学为主，巴黎机场公司参加修改清华大学的方案；以巴黎机场公司为主，清华大学参加修改巴黎机场公司的方案；北京市建筑设计院与英国塔瑞·法若合作修改塔瑞·法若的方案；建设部设计院与加拿大卡洛斯合作修改卡洛斯的方案。

1999 年 1 月底，修改的方案送达。领导审看了方案并召开讨论会。会议指出，这 4 个方案都不成熟，仍需要修改。随后，领导小组召开会议，进一步明确了方案的修改原则：以大剧院南移、绿地北调为前提，以 4 个方案为基础，造型与绿地统筹考虑，在天安门广场建筑群西边形成相对独立的小环境，避免四方块、城墙垛、大屋顶。

各设计方根据修改原则，重新提交设计方案。领导小组审查方案并听取了各主设计师的介绍。随后，组织建筑设计专家、剧场技术专家和艺术家对方案进行了讨论。大多数人认为，巴黎机场公司的方案无论是建筑本身的设计还是在与大会堂及天安门广场关系的处理上均满足了所提出的设计要求，并且融入了我国传统建筑特征的元素，使得国家大剧院充满了诗人般的浪漫，有震撼力。1999 年 7 月 22 日，政治局常委会召开会议，讨论大剧院设计方案。会议经认真、充分地讨论一致同意大剧院采用法国巴黎机场公司设计师保罗·安德鲁设计的圆形方案。

大剧院设计方案经过两轮竞赛、三次修改，历时 1 年 4 个月，来自 10 个国家的 36 个设计单位参赛，先后有 69 个方案参加评选。其花费时间之长、参赛方案之多、征求意见之广、各方争议之大、审查程度之严，在我国都是史无前例的。

【案例思考】

1. 国家大剧院设计方案的产生过程中，为什么要进行多次评审？
2. 结合材料和所学，谈谈你对工程项目设计质量管理的认识。

H 集团深圳湾总部大楼结构设计

H 集团深圳湾综合发展项目位于深圳南山区的后海，坐落于深圳湾的西面、深圳湾体育中心的南面。项目占地约 38000m²，总建筑面积约为 465000m²。其中 H 集团深圳湾总部大楼是整个项目发展区内最高的建筑，其高度为 393m。该建筑特殊的地理位置及自身的超高性对结构设计有颇高要求。

综合考虑恒载、活载、地震作用、风荷载（包括横风向风振）对该建筑结构设计的影响，从而使得结构设计参数能够满足结构造型、功能和使用价值等要求。

结构自重包括楼板、梁、柱、墙重量，按各自容重由程序计算。办公区恒载考虑吊顶、架空地板、管线等做法取 1.5 kN/m²，活载考虑隔墙及高端办公需要取 4.0 kN/m²，外墙考虑幕墙，附加恒载取 1.5 kN/m²。其他部分根据建筑做法和使用功能取相应值。该工程所处地区场地类别为 Ⅲ 类，设计地震分组为第一组，多遇地震、设防地震和罕遇地震采用《高层建筑混凝土结构技术规程》JGJ 3—2010（简称高规）的设计参数进行设计。

风荷载对于高层结构设计来说，是一个重要影响因素。由于各风洞实验室使用不同的试验仪器及分析方法，为确保总部塔楼结构设计安全可靠、经济合理，以及保证风洞试验结果的合理性及安全性，在两个不同的风洞实验室对深圳湾总部大楼进行对比试验，确保风洞试验能真实反映实际情况。在加拿大 RWDI 风洞实验室进行了测压、测力风洞试验研究，华南理工大学作为另一家第三方独立风洞试验单位。结果表明，两家独立风洞试验单位的分析结果较为吻合，风洞试验成果可靠，两者均可以满足高规的风振舒适度要求。最终设计采用加拿大 RWDI 风洞试验结果，因为 Y 向为迎海面，因此在风荷载作用下塔楼 Y 向的基底剪力较大，这与建筑所在的实际场地是相符合的。

此外，H 集团深圳湾总部大楼采用"密柱外框筒＋劲性钢筋混凝土核心筒"结构体系，通过斜交网格柱在高区和低区加强形成密柱外框筒，形成了可靠的二道防线；提出了新型外框偏心节点，研究了偏心节点受力性能和其对整体结构的影响，实现了建筑的无柱空间要求；高区核心筒采用新颖的斜墙收进方案，既满足了建筑的使用功能，也保证了结构传力的安全有效性，避免了刚度的突变。

H 集团深圳湾总部大楼从方案到施工图设计，历时两年多，经过超限审查委员会多次论证和顾问单位、建筑专家的多次沟通讨论，在结构体系、设计标准、抗震性能目标、节点形式和核心筒收进等各方面不断改进与完善，最终完成设计。

【案例思考】

1. 影响该结构设计的荷载有哪些？在设计过程中，这些荷载对结构的设计分别是如何考虑的？

2. 在 H 集团深圳湾总部大楼的结构设计中，采用了哪些新工艺？针对这些"新工艺"，作为监理单位，应当如何做好施工图设计质量管理工作？

复习思考题

1. 设计及工程项目设计的定义是什么？两者之间有什么联系？
2. 工程项目设计有哪些特点？
3. 简述工程项目设计的几个过程。
4. 工程项目初步设计质量管理有哪些工作内容？
5. 工程项目施工图设计质量管理有哪些工作内容？
6. 工程项目设计质量控制技术有哪些？

第4章 设备采购和监造质量管理

国家电网公司集中监造管理体系研究

随着我国经济的持续快速发展，我国电网建设规模不断加大，电网建设项目不断增多，为充分发挥集团化运作的优势，整合系统内资源，国家电网公司对部分设备材料开展了集中规模招标采购和集中监造。

按照国家电网公司"集团化运作，集约化发展，精益化管理，标准化建设"以及资产全生命周期管理的要求，国家电网公司逐步在系统内研究建立起统一领导、两级管理、分级实施的监造管理体系，对招标采购的主要设备材料开展监造。在国家电网公司的统一领导下，由公司总部对集中招标采购的主要设备开展集中监造，由网省公司对其他主要的输变电设备材料开展监造。

集中监造管理体系的实施涵盖业务管理、信息管理、人员管理、档案管理、印章管理、保密工作、代表处、监造组业绩考核以及信息网站管理等方面。集中监造管理体系的实施涵盖业务管理、信息管理、人员管理、档案管理、印章管理、保密工作、代表处、监造组业绩考核以及信息网站管理等方面。

在集中监造业务管理制度中，具体明确了各级监造机构的职责和工作要求，明确了集中监造的管理方、组织实施方、区域代表处和驻厂监造组的责任与权利、工作方法和内容。制定了严格的监造业务流程，各方应当严格按照监造业务流程，每天填写监造日志，每周汇报周报，并上报周例会纪要，如发现重大问题应即时汇报。

国网装备公司是监造信息归口部门，区域代表处、驻厂监造组必须设专员负责信息工作，形成信息网络。信息分为集中监造信息、履约信息和专项协调信息三种。

驻厂监造组人员是指派驻到指定供应商，代表国家电网公司对其集中规模招标的主要设备进行集中监造的项目经理、项目总监造工程师、监造工程师及其他监造人员，驻厂监造组人员应接受国网装备公司、区域代表处的业务指导。为了如实评价各代表处、监造组在集中监造工作中的表现和业绩，针对系统各单位制定了集中监造考核方法，奖优罚劣，促进和激励其做好集中监造工作的积极性，以保证集中监造工作取得良好成效。档案管理、保密管理、印章管理等也是集中监造管理的重要方面，同样关系着集中监造的成效。

完善集中规模招标主要设备集中监造管理体系，统一集中监造工作流程，实现公司系统对集中规模招标主要设备集中监造的标准化管理，同时为提高驻厂监造组工作人员的业务水平、工作能力，使集中监造工作规范化、标准化，统一制定了集中监造大纲、监造实施细则、监造总结等范本和编写指南，并对驻厂工作人员的周报、日志等记录进行了规定。

加强设备监造工作是确保设备质量，进而达到确保工程质量的关键，这就要求我们不仅要在思想上重视监造工作，更重要的是要抓好监造工作的组织和程序，并将监造工作作为基本建设的一项重要管理工作来抓。

学习要点

1. 设备采购方案的编制；
2. 市场采购设备的质量控制要点；
3. 向厂家订购设备时供应商初选内容；
4. 监造人员的责任；
5. 设备制造的质量管理方式；
6. 设备制造的质量管理内容。

4.1　设备采购质量管理

设备可通过市场采购、向生产厂家订货或招标采购等方式进行采购。项目监理机构在设备采购过程中的质量管理工作，主要体现在编制的设备采购与设备监造工作计划中的质量要求以及对采购方案的编制或审查。

4.1.1　市场采购设备质量管理

市场采购方式主要用于对标准设备的采购。

1. 设备采购方案

采购方案是组织设备采购工作的指导性文件，是项目方案在采购工作中的深化和补充。它能够详细说明设备采购的工作范围、原则标准、程序和方法，采购计划相关各方的接口关系及在设备采购任务中的分工及责任关系。设备由建设单位直接采购的，项目监理机构应协助建设单位编制设备采购方案；由总承包单位或设备安装单位采购的，项目监理机构应对总承包单位或设备安装单位编制的采购方案进行审查。

（1）设备采购方案的编制

设备采购方案应根据建设项目的总体计划和相关设计文件的要求编制，以使采购的设备符合设计文件要求。采购方案要明确设备采购的原则、范围和内容、程序、方式和方法，包括采购设备的类型、数量、质量要求、技术参数、供货周期要求、价格管理要求等要素。设备采购方案经建设单位的批准后方可实施。

（2）设备采购的原则

1）应向有良好社会信誉、供货质量稳定的供货商进行采购；

2）所采购设备应质量可靠，同时满足设计文件所确定的各项技术要求，以保证整个项目生产或运行的稳定性；

3）所采购设备和配件价格合理、技术先进、交货及时，维修和保养能得到充分保障；

4）符合国家对特定设备采购的相关政策法规规定；

5）设备采购的范围和内容根据设计文件，相关单位应对需采购的设备编制拟采购设备表以及相应的备品配件表，表中应包括名称、型号、规格、数量、主要技术参数、要求交货期，以及这些设备相应的图纸、数据表、技术规格、说明书、其他技术附件等。

设备采购的内容包括以下 8 个方面：

① 设备的工艺流程特点。

② 对采购设备的技术性能要求。

③ 采购范围及分工。

④ 采购的质量原则、经济原则、安全原则、分包原则、进口设备原则等。

⑤ 采购的相关规定。这些规定包括质量要求规定、检验要求规定、设备分级要求规定、包装运输要求规定、编码规定、询价报价及合同内容和格式的规定、项目特殊规定、机械保证期的规定等。

⑥ 采购程序分为正常采购程序和特殊采购程序。正常采购程序包括需经业主确认和审批的事项。特殊采购程序包括：特殊设备、超限设备及现场组装设备的采购程序；业主临时变更，需增订设备的采购程序；紧急设计变更，不能按正常周期提交请购单的设备采购程序；采购或施工中出现失误，需要重新订购的设备的采购程序。

⑦ 采购组织各专业人员的职责。

⑧ 相关部门和单位的接口关系。

2. 市场采购设备的质量管理要点

（1）为使采购的设备满足要求，负责设备采购质量管理的监理人员应熟悉和掌握设计文件中设备的各项要求、技术说明和规范标准。这些要求、说明和标准包括采购设备的名称、型号、规格、数量、技术性能，适用的制造和安装验收标准，要求的交货时间及交货方式与地点，以及其他技术参数、经济指标等各种资料和数据。同时，就上述要求、说明和标准中存在的问题，项目监理机构应通过建设单位向设计单位提出意见和建议。

（2）负责设备采购质量管理的监理人员应了解和把握总承包单位或设备安装单位负责设备采购人员的技术能力情况，这些人员应具备设备的专业知识，了解设备的技术要求、市场供货情况，熟悉合同条件及采购程序。

（3）总承包单位或安装单位负责采购设备的，采购前应向项目监理机构提交设备采购方案，按程序审查同意后方可实施。项目监理机构对设备采购方案的审查应包括但不限于以下内容：采购的基本原则、范围和内容，依据的图纸、规范和标准、质量标准、检查及验收程序，质量文件要求，以及保证设备质量的具体措施等。

4.1.2 向生产厂家订购设备质量管理

设备采购时，采购方或项目的设备监理工程师应组织进行对供应商的评审。供应商评审的目的是在合同签订前评价一个潜在的供应方满足供货要求的能力。这意味着供应商评审应覆盖质量、交货时间、数量、价格和服务等全部内容。选择一个合格的供货厂商，是向生产厂家订购设备质量管理工作的首要环节。因此，做好设备订购前的厂商初选入围与实地考察工作十分重要。供应商的评审应包括采购、设备开发、设计、生产策划等全部质量职能。通常对供应商评审应在访问供应方时进行。

1. 合格供货厂商的初选

入围备选厂商应按照建设单位、监理单位或设备招标代理单位规定的评审内容，通过在各同类厂商中进行横向比较来确定。在评审过程中，可对以往的工程项目中有业务来往且实践表明能充分合作的厂商优先考虑。

对供货厂商进行初选的内容可包括以下几项：

（1）供货厂商的资质审查

审查供货厂商的营业执照、生产许可证、经营范围是否涵盖了拟采购设备，对需要承担设计并制造专用设备的供货厂商或承担制造并安装设备的供货厂商，还应审查是否具有设计资格证书或安装资格证书。

（2）设备供货能力

设备供货能力包括企业的生产能力、装备条件、技术水平、工艺水平、人员组成、生产管理、质量的稳定性、财务状况的好坏、售后服务的优劣及企业的信誉，检测手段、人员素质、生产计划调度和文明生产的情况、工艺规程执行情况、质量管理体系运行情况、原材料和配套零部件及元器件采购渠道等。

（3）近几年供应、生产、制造类似设备的情况，目前正在生产的设备情况、生产制造设备情况、产品质量状况。

（4）过去几年的资金平衡表和资产负债表。

（5）需要另行分包采购的原材料、配套零部件及元器件的情况。

（6）各种检验检测手段及试验室资质。

（7）企业的各项生产、质量、技术、管理制度等的执行情况。

2. 实地考察

在初选确定备选供货厂商名单后，项目监理机构应与建设单位或采购单位一起对供货厂商做进一步现场实地考察调研，提出建议，与建设单位和相关单位一起作出考察结论。

4.1.3　招标采购设备的质量管理

设备招标采购一般用于大型、复杂、关键设备和成套设备及生产线设备的采购在设备。在招标采购阶段，项目监理机构应当好建设单位的参谋和助手，对设备订货合同中技术标准、质量标准等内容进行审查把关，具体内容包括：

（1）掌握设计对设备提出的要求。协助建设单位或设备招标代理单位起草招标文件审查投标单位的资质情况和投标单位的设备供货能力，做好资格预审工作。

（2）参加对设备供货制造厂商或投标单位的考察，提出建议，与建设单位和相关单位一起作出考察结论。

（3）协助建设单位进行综合比较，对设备的制造质量、使用寿命和成本、维修的难易及备件的供应、安装调试组织，以及投标单位的生产管理、技术管理、质量管理和企业的信誉等作出评价。

（4）协助建设单位进行设备采购合同谈判，并应协助签订设备采购合同。

（5）协助建设单位向中标单位或设备供货厂商移交必要的技术文件。

4.2　设备监造质量管理

设备的制造过程是形成设备实体并使之具备所需要的技术性能和使用价值的过程。设备监造就是要督促和协调设备制造单位的工作，使制造出来的设备在技术性能上和质量上全面符合采购的要求，使设备的交货时间和价格符合合同的规定，并为以后的设备运输储存与安装调试打下良好的基础。

4.2.1　设备监造的依据

设备监造工作由公司实行统一管理，各主管部门组织实施，协调监造过程中存在的问题。设备监造依据国家法律法规、相关行业规范标准和规定、设备供货合同、监造合同或协议、会议纪要等。一般包含：

（1）《设备监理管理暂行办法》（国家检质联〔2001〕174号）。

（2）GB/T 19000/ISO 9000系列标准。

（3）招标文件所规定的并与该设备相关的国家、行业、公司标准。

（4）设备合同及相关技术附件以及其引用的标准、规范，有关经买卖双方代表签署的会议纪要、补充协议等。

（5）监造大纲、监造实施细则以及制造单位企业标准和制造方经审核的该设备的设计文件、工艺文件、检验试验规程、企业标准和质量体系文件。

（6）上述未涉及的地方，以国家相应的法律法规、标准、规范等为准。

（7）产品标准按供货合同、技术协议等规定执行，合同中无规定或不明确不完整的，按下列原则处理：①按国家标准；②国家标准无规定的，按行业标准；③国家和行业标准均无规定按企业标准；④引进国外技术生产的产品，按引进技术标准；⑤必要时，由买方、设计单位和制造厂家多方共同协商确定技术标准。

4.2.2 监造人员素质要求

一项工程，如果没有一支素质良好的监造人员组成的队伍，设备的质量监督就失去了组织的保证，各项监督工作就不能顺利地展开，监督职能也就不能充分地发挥作用。

1. 对监造人员素质有着较高的要求，具体表现为以下几个方面：

（1）监造人员应具备本专业的丰富技术经验，并熟悉GB/T 19000/ISO 9000系列标准和各专业标准；

（2）驻厂监造人员应专业配套，熟练掌握监造设备合同技术规范、生产技术标准、工艺流程以及补充技术条件的内容；

（3）具有质量管理方面的基本知识，掌握GB/T 19000系列标准的全部内容，能够参与供货合同的制造单位质量体系和设备质量的评定工作；

（4）掌握所监造设备的生产工艺及影响其质量的因素，熟悉关键工序和质量管理点的要求和必要条件；

（5）思想品德好，作风正派，能够公正地执行监造任务，并具备一定的组织协调能力，且身体健康、精力充沛，能够胜任生产现场的监造工作；

（6）监造人员应有高度的责任感和善于处理问题的能力，和厂方团结协作，密切配合。在保证制造质量的前提下，落实制造的计划进度。

2. 监造人员的监造职责

派遣监造人员对主要、关键配套设备制造厂进行设备质量监督、检查，把设备质量问题解决在制造过程中，防止不合格设备出厂。监造人员应做到以下几点：

（1）核查设备有关图纸、技术标准、制造工艺等文件；

（2）熟悉设备合同条款，核查被监造单位生产计划和有关质量体系；

（3）核查被监造单位主要分包方的资质情况、实际生产能力和质量管理体系是否符合设备订货合同的要求；

（4）查验主要零部件的生产工艺、操作规程和有关人员的上岗资质，以及设备制造和装配场所的环境条件；

（5）查验设备用原材料、外购配套件、毛坯铸锻件的证明文件及检验报告和外协加工件、委托加工材料的质量证明以及被监造单位提交的检验资料；

（6）对设备制造过程进行监督和质量抽查，深入生产场地对所监造设备进行巡回检查，对主要及关键零部件的制造质量和制造工序进行检查与确认；

（7）参与重要部件的原材料、铸钢件的理化检验和元器件的筛选检验；

（8）掌握重要部件的质量保证措施和执行情况，熟悉加工过程的中间检查和主要附件的组装情况；

（9）核查被监造单位的检验计划和检验、试验要求，核查制造阶段的检验、试验的时间、内容、方法、标准以及检测手段；

（10）参加见证合同及协议中规定的部套试验、联动试验、总装和出厂试验等，并履行现场见证和签证手续，此签证不代替合同设备到工地后的验收和投运后的验收试验；

（11）按被监造单位检验计划和相应标准、规范的要求，监督设备制造过程的检验工作，对检验结果进行确认。发现不符合规定的，应及时通知制造厂采取措施，进行整改；对当场无法处理的质量问题，监造人员书面通知制造厂要求暂停该部件转入下道工序或出厂，并要求制造厂处理；

（12）当发现重大质量问题时，立即向被监造单位出具书面停工通知，并立即向部门领导报告；

（13）监造过程中，监造人员意见如与制造厂不一致时，首先应本着实事求是的科学态度、主动协商的精神和制造厂商讨，争取取得一致认识。如多次商讨意见仍不能统一时，报告部门领导，由部门领导请相关协助解决；

（14）在设备制造过程中如需要对设备的原设计进行变更，应书面报呈设计院和部门领导审批，并审查因变更引起的费用增减和制造工期的变化；

（15）掌握合同设备出厂前的防护、入库保管和包装发货情况，检查设备制造单位对待运设备采取的防护和包装措施，并应检查是否符合运输、装卸、储存、安装的要求，以及相关的附件、随机文件、装箱单是否齐全；

（16）监造人员应严格遵守制造厂有关规定及劳动纪律，保护制造厂业务秘密；

（17）监造人员将每日工作情况填写设备监造日志，将现场检查测试情况填写设备监造测试记录；

（18）监造人员应定期如实向部门领导汇报监造设备的质量状况、制造进度等情况。汇报周期不少于每周2次；在公司以外地方监造的，可以通过电话或短信等方式汇报情况；

（19）设备监造工作结束后，编写设备监造工作总结，整理监造工作中的有关资料、记录等文件。

3. 监造人员的检查与考核

公司定期对设备监造工作进行检查与考核。考核的主要内容包括：

（1）监造工作落实情况；

（2）监造的工作质量和效果；

（3）其他需要考核的方面。

4.2.3 设备监造的质量管理方式

设备监造是指监理单位依据监理合同和设备订货合同对设备制造过程进行的监督活

动。对于某些重要的设备，项目监理机构应对设备制造厂生产制造的全过程实行监造。建设单位对设备采取直接采购或招标采购的，可通过监理合同委托监理单位实施监造设备由总承包单位或设备安装单位采购的，可自行安排监造人员，必要时也可由项目监理机构派出建造人员。对主要设备或关键设备，项目监理机构应将设备制造厂视为工程项目总承包单位的分包单位实施监理，按程序和要求做好建造工作。

1. 驻厂监造

对于特别重要的设备，监理单位可以采取驻厂方式进行监造。采取此方式实施设备监造时，项目监理机构应成立相应的监造小组，编制监造规划，由监造人员直接进驻设备制造厂的制造现场，实施设备制造全过程的质量监控。驻厂监造人员应及时了解设备制造过程质量的真实情况，负责审批设备制造工艺方案，实施过程管理，进行质量检查与管理，同时对出厂设备签署相应的质量证明文件。

2. 巡回监控

对某些设备（如制造周期长的设备），可采用巡回监控的方式。采取此方式实施设备监造时，质量管理的主要任务是督促制造厂商不断完善质量管理体系，审查设备制造生产计划和工艺方案，监督检查主要材料进厂使用的质量管理，复核专职质检人员质量检验的准确性、可靠性。设备监造人员应根据设备制造计划及生产工艺安排，在设备制造进入某特定部位或某一阶段时，见证对完成的零件、半成品质量的复核性检验，对主要及关键零部件的制造工序进行抽检，参加整机装配及整机出厂前的检查验收，检查设备包装、运输的质量措施等。在设备制造过程中，监造人员还应定期及不定期地到制造现场，检查了解设备制造过程中的质量状况，做好相应记录，发现问题及时处理。

3. 定点监控

大部分设备可以采取定点监控的方式。定点监控通过对影响设备制造质量的诸多因素设置质量管理点，以做好预控及技术复核，从而实现设备制造过程中的质量管理。

（1）质量管理点的设置，质量管理点应设置在对设备制造质量有明显影响的特殊或关键工序上，或设置在设备的主要零件、关键部件、加工制造的薄弱环节及易产生质量缺陷的工艺过程上。常见的质量管理点包括：

1）设备制造图纸的复核；

2）制造工艺流程安排、加工设备精度的审查；

3）原材料、外购配件、零部件的进厂、出库，使用前的检查；

4）零部件、半成品的检查设备、检查方法、采用的标准；

5）专职质检人员、试验人员、操作人员的上岗资格，试验人员岗位职责及技术水平；

6）工序交接见证点；

7）成品零件的标识入库、出库管理；

8）零部件的现场装配；

9）出厂前整机性能检测（或预拼装）；

10）出厂前装箱的检查确认。

（2）质量管理点设置示例，例如，当机械类部件、电气自动化部件均是设备制造中的关键部件时，其质量管理点可设置为：

1）机械类部件：质量管理点应设置在调直处理、机械加工精度、组装等工序及工艺过程；

2）电气自动化部件：元件、组件、部件组装前的检查、组装过程、仪表安装、线路布线、空载和负荷试验等。

4.2.4　设备监造的质量管理内容

1. 设备制造前的质量管理

（1）熟悉图纸、合同，掌握相关的标准、规范和规程，明确质量要求

在总监理工程师的组织和指导下，监理人员应熟悉和掌握设备制造图纸及有关技术说明和规范标准，掌握设计意图和各项设备制造的工艺规程要求以及采购订货合同中有关设备制造的各项规定和质量要求。

（2）明确设备制造过程的要求及质量标准

项目监理机构在参加建设单位组织的设备制造图纸的设计交底或图纸会审时，应进一步明确设备制造过程的要求及质量标准，对图纸中存在的差错或问题应通过建设单位向设计单位提出意见或建议。同时，项目监理机构应督促制造单位认真进行图纸核对，尤其对尺寸、公差、各种配合精度要求应及时进行技术澄清。

（3）审查设备制造的工艺方案

设备制造单位必须根据设备制造图纸和技术文件的要求，采用先进合理且切实可行的工艺技术与流程，运用科学管理的方法，将加工设备、工艺装备、操作技术、检测手段和材料、能源、劳动力等合理地组织起来，做好设备制造的生产技术准备。这种生产技术准备包括工艺设计、工艺装备设计与制造、主要及关键部件检验工艺设计和专用检测工具设计及制造、试车作业指导书、包装作业指导书、生产计划、外协作加工计划、原材料和毛坯准备、外购配件及元器件准备等。此外，当采用新工艺、新材料和新的工艺装备时，设备制造单位应按相关要求和程序进行试验、论证或鉴定，并提供相关的质量认证材料和相关验收标准的适用性。只有经过项目监理机构审查批准的新工艺、新材料，才能在正式产品生产中实施运用。

（4）对设备制造分包单位的审查

总监理工程师应严格审查设备制造过程中的分包单位的资质情况，分包的范围和内容，分包单位的实际生产能力和质量管理体系，试验、检验手段等，符合要求的应予以确认。

（5）对检验计划和检验要求的审查

审查内容包括设备制造各阶段的检验部位、内容、方法、标准及检测手段，检测设备和仪器，制造厂的试验室资质，管理制度等，符合要求的应予以确认。

（6）对生产人员上岗资格的检查

项目监理机构应对设备制造的生产人员是否具有相应的技术操作证书、技术水平进行检查，符合要求的人员方可上岗，尤其针对特殊作业工种，如电焊工、模具钳工、装配钳工、专用设备的操作人员（如仿形铣床、数控车床等的操作人员），应加强管理。

（7）对用料的检查

项目监理机构应对设备制造过程中使用的原材料、外购标准件、配件、元器件以及坯料的材质证明书、合格证书等质量证明文件及制造厂自检的检验报告进行审查，并对外购器件、外协加工件和材料进行质量验收，符合规定的方可使用。

2. 设备制造过程的质量管理

制造过程的质量管理，是设备制造质量管理的重点，制造过程涉及一系列不同的工序工艺作业，也涉及不同加工制造工艺形成的工序产品、零件、半成品。项目监理机构在设备制造过程中的监督和检验工作包括以下内容：

（1）对加工作业条件的管理

加工制造作业条件，包括作业开始前编制的工艺卡片、工艺流程、工艺要求，对操作者的技术交底，加工设备的完好情况及精度，加工制造车间的环境，生产调度安排，作业管理等，做好这些方面的管理可为加工制造打下良好的基础。

（2）对工序产品的检查与管理

对工序产品的监督和检查包括监督零件加工制造是否按工艺规程的规定进行、零件制造是否经检验合格（检验合格之后才能转入下一道工序）等。监督和检查还包括主要及关键零件的材质，主要及关键零件的关键工序以及检验是否严格执行图纸和工艺规定。这种检查包括操作者自检与下道工序操作者的交接检查，车间或工厂质检科专业质检员的专业检查，以及项目监理机构必要的抽检、复验或检查。

（3）对不合格零件的处置

项目监理机构应掌握不合格零件的情况，分析产生的原因并指令设备制造单位消除造成不合格的因素。项目监理机构还应掌握返修零件的情况，检查返修工艺和返修文件的签署，检查返修件的质量是否符合要求。当项目监理机构认为设备制造单位的制造活动不符合质量要求时，应要求设备制造单位进行整改、返修或返工。当发生质量失控或重大质量事故时，应由总监理工程师签发暂停令，提出处理意见，并及时报告建设单位。

（4）对设计变更的处理

在设备制造过程中，如因设备订货方、原设计单位、监造单位或设备制造单位需要对设备的设计提出修改时，应由原设计单位出具书面设计变更通知或变更图，并由总监理工程师组织项目监理机构审查设计变更及协调因变更引起的费用增减和制造工期的变化。设计变更应得到建设单位的同意，各方会签后方可实施。设计变更不得降低设备质量。

（5）对零件、半成品、制成品的保护项目监理机构应监督设备制造单位对已合格的零部件做好贮存、保管工作，防止产品遭受污染、锈蚀及管理系统的失灵，避免配件、备件的遗失。

3. 设备装配和整机性能检测

设备装配、试车和整机性能检测是设备制造质量的综合评定，是设备出厂前质量管理的重要检测阶段。

（1）设备装配过程的监督：装配是指将合格的零件和外购元器件、配件按设计图纸的要求和装配工艺的规定进行配合、定位和连接，将它们装配在一起并调整零件之间的关系，使之形成具有规定的技术性能的设备。项目监理机构应监督装配过程，检查配合面的配合质量、零部件的定位质量及它们的连接质量、运动件的运动精度等，符合装配质量要求后应予以签认。

（2）监督设备的调整试车和整机性能检测：按设计要求及合同规定，如设备需进行出厂前的试车或整机性能检测，项目监理机构应在接到制造厂的申请后进行审查，符合要求后应予以签认。

此时，总监理工程师应组织专业监理工程师参加设备的调整试车和整机性能检测，记录数据，验证设备是否达到合同规定的技术质量要求、是否符合设计和设备制造规程的规定，符合要求后应予以签认。

4. 质量记录资料

质量记录资料是设备制造过程质量情况的记录，它不但是设备出厂验收的内容，对今后的设备使用及维修也有意义。质量记录资料包括质量管理资料、设备制造依据、制造过程的检查、验收资料、设备制造原材料、构配件的质量资料等。

（1）设备制造单位质量管理检查资料主要包括以下内容：质量管理制度、质量责任制、试验检验制度，试验、检测仪器设备质量证明资料，特殊工种、试验检测人员的上岗证书，分包制造单位的资质及制造单位对其的管理制度，原材料进场复验检查规定，零件、外购部件进场检查制度等。

（2）设备制造依据及工艺资料。设备制造依据主要包括制造检验技术标准，设计图审查记录，制造图、零件图、装配图、工艺流程图，工艺设计等；工艺资料包括工艺设备设计及制造资料，主要及关键部件检验工艺设计和专用检测工具设计制造资料等。

（3）设备制造材料的质量记录主要包括原材料进厂合格资料，进厂后材料理化性能检测复验报告，外购零部件的质量证明资料。

（4）零部件加工检查验收资料主要包括工序交接检查验收记录，焊接探伤检测报告，设备试装、试拼记录，整机性能检测资料，设计变更记录，不合格零配件处理返修记录等。

4.2.5　设备运输与交接的质量管理

1. 出厂前的检查

为防止零件锈蚀、使设备美观协调及满足其他方面的要求，设备制造单位必须对零件和设备涂抹防锈油脂或涂装漆，此项工作也常穿插在零件制造和装配中进行。

在设备运往现场前，项目监理机构应按设计要求检查设备制造单位对待运设备采取的防护和包装措施，并应检查是否符合运输、装卸、储存、安装的要求，以及相关的随机文件、装箱单和附件是否齐全，符合要求后由总监理工程师签认同意后方可出厂。

2. 设备运输的质量管理

为保证设备的质量，制造单位在设备运输前应做好包装工作并制订合理的运输方案项目监理机构要对设备包装质量进行检查，并审查设备运输方案。

（1）包装的基本要求

1）设备在运输过程中可能要经受多次装卸和搬运，为此，必须采取良好的防湿、防潮、防尘、防锈和防震等保护措施，确保设备安全无损运抵安装现场。

2）必须按照国家或国际包装标准及订货合同约定的运输包装条款进行包装，满足验箱机构的检验要求。

3）运输前应对放置形式、装卸起重位置等进行标识。

4）运输前应核对、检查设备及其配件的相关随机文件、装箱单和附件等资料。

（2）运输方案的审查

1）审查设备运输方案，特别是大型、关键设备的运输，包括运输前的准备工作，运输时间、运输方式、人员安排、起重和加固方案。

2）对承运单位的审查，包括考察其承运实力、技术水平、运输条件及服务、信誉等。

3）必要时应审查办理海关、保险业务的情况。

4）审查运货台账、运输状态报告的准备情况。

5）运输安全措施。

（3）设备交货地点的检查与清点

除对现场接货准备工作的检查外，设备交货的检查和清点内容包括：

1）审查制定的开箱检验方案，以及检查措施的落实情况。

2）按合同规定，在开箱前确定是否需要由设备制造单位、订货单位、建设单位、设计单位等单位代表参加设备交接。

3）参加设备交货的清点，并做好必要的检查。

课后案例

华龙一号核二三级换热器典型设备监造管理

华龙一号是我国具有自主知识产权的三代核电技术，采用"能动和非能动相结合"的安全设计理念，事故预防和缓解措施完善，能够抵御地震、海啸以及大型飞机撞击，安全性和先进性优势明显。

原材料控制和管理是保障核二三级换热器质量和进度的关键性因素，且存在要求高、种类多、数量少、供货商相对较少等特点。根据核安全局 2019 年 4 月 4 日公布的民用核安全设备持证单位信息，满足核级管壳式换热器的原材料供货商有：锻件、法兰制造厂 13 家，不锈钢换热管制造厂 5 家，碳钢、低合金钢换热管制造厂 3 家，波纹管、膨胀节制造厂家 2 家，三通、弯头、异径管、直管制造厂 17 家。这些供货商不仅面对核电市场，还承接石油化工等常规项目，其核文化意识参差不齐，给项目的顺利执行带来了风险。为此，根据以往相关设备的原材料采购经验，比较好的做法包括：尽量选择信誉良好的优秀供货商进行长期合作；组织特殊、重要部件材料采购文件的技术交流，增加原材料制造对材料要求的认识和了解；通过对同类型设备的打包，提高制造厂对单一物项采购量。

【案例思考】

1. 向生产厂家订购设备时，如何对供应商进行选择评审？

2. 结合案例描述，设备采购应遵循哪些原则？

海阳核电厂设备监造管理实践

海阳核电厂位于山东省。S 公司作为海阳核电厂的营运单位，对核电厂的设计、采购、建造和运营管理负全面责任，对核电厂的监造活动进行监督、检查和考核并对核安全相关设备、电厂可用率有重大影响的设备进行质量控制。

核电项目的监造人员在执行设备监造任务之前，必须按照培训计划进行相应的业务知识培训和岗位授权培训，并经考试合格方可上岗。首先要对建造人员进行培训，监造人员培训主要包括理论培训、现场实习和岗位授权培训。理论培训以课堂教学为主，同时辅以实验室和车间演示。对于缺乏实践经验的监造人员，应安排现场监造实习；根据监造人员受教育的程度和未来的工作内容，安排不同类型的现场实习；现场实习通常由有经验的监造工程师现场指导。

其次要对监造人员分级，设备的特点和重要性不同，对从事监造活动的人员要求也不同。人员评定主要根据监造人员的学历、专业、工作经历、培训经历、资质和健康状况等方面实施。监造人员授权分级包括助理监造工程师、监造工程师和高级监造工程师。定期组织对监造人员培训、评定和考核，根据考评结果，确定监造人员的授权等级，报公司分管领导批准，并颁发授权证书。

在海阳 AP1000 核电厂设备监造活动开展之前，营运单位和监造单位建立了各自的监造管理程序体系，营运单位的监造管理程序体系分为以下三个层级：第一层：大纲类（公司级），即《设备监造管理大纲》；第二层：监造管理手册（公司级），包括各种监造管理程序；第三层：监造实施手册（部门级），包括各种监造工作程序和监造专用技术指导文件（监督导则、专用监督细则和监督检验大纲）。

【案例思考】

1. 监造人员在履行监造职责时应该做到哪些职责？
2. 设备监造的依据通常包括什么？

复习思考题

1. 请简述设备采购的基本原则。
2. 设备采购的方式有哪几种？相应的质量管理工作主要是什么？
3. 设备制造的质量监控方式有哪几种？
4. 请简述监造人员素质要求。
5. 向生产厂家订购设备时如何对供货厂商进行初选？
6. 如何做好设备制造过程中的质量管理工作？
7. 请简述设备制造前质量管理内容。
8. 请简述设备制造过程中质量管理内容。
9. 请简述对设备的设计进行修改的流程。
10. 请简述质量记录资料内容。

第5章 过程控制与质量改进

青藏铁路高品质管理

青藏铁路全长1956km，是世界上海拔最高、线路最长的高原铁路，是一条连接青海省西宁市至西藏自治区拉萨市的国铁Ⅰ级铁路，是中国新世纪四大工程之一，是通往西藏腹地的第一条铁路。因海拔高、地势险、施工艰难，终点直达世界屋脊，被誉为神奇的"天路"。

青藏铁路的工程合格率100%，优良率达90%以上，高质量的成果背后，是高效合理的项目质量管理方法。青藏铁路建设总指挥部在施工图设计阶段引进了设计专家咨询工作，聘请了中科院寒区旱区环境与工程研究所、中交第一公路勘察设计研究院、中国铁路设计集团有限公司、中铁西北科学研究院等单位长期从事冻土科研设计的人员组成了专家咨询组，对施工图进行了认真全面的设计咨询。这些高素质科技人才保证了施工设计的高质量，这是保证整个施工工程质量的基础。青藏铁路总指挥部还规定了监理人员的工作职责，并确立了一系列严格的监理制度，使得监理人员能够尽职尽责地完成监理工作，为施工进程中的质量监控、质量问题反馈、质量改进作出了巨大的贡献。

由于青藏铁路建设地点的高寒气候，青藏铁路建设总指挥部特别注重人员的健康安全问题，设立了一系列保证人员健康的制度，建立了医疗保障点，对民工实行免费医疗保障，并且规定了民工的日最低工资。这样，施工一线人员的身体健康得以保障，在最基本的层面上保障了项目质量。此外，对于基层施工人员的关怀也有助于激励他们，提高工人士气，增加工人凝聚力，提高工人对组织的认同度，使得项目涉及的每个人真正参与进来，实现了项目的全面质量管理。为了适应青藏高原的特殊气候，各施工单位为了保证工程质量，纷纷加大投入，购置适应高原作业的一流机械设备。这就减少了项目质量受自然环境的不利影响，对于项目质量的保障有重要意义。施工单位在建设前期选取优秀的供应商，使得工程实施得到了优良材料供应的支持。

受青藏高原的自然环境限制，青藏铁路项目质量在环境因素方面受限颇多，建设面临三大重大困难：多年冻土、高寒缺氧和生态脆弱。为了解决多年冻土的问题，青藏铁路在施工过程中研究新方法，采用新技术，例如采用片石通风路基、铺设保温材料、重新研究制定混凝土耐久性技术标准等；为了解决高寒缺氧问题，青藏铁路建设项目在管理过程中坚持以人为本，建立三级医疗保障制度，对建设者进行定期体检和及时治疗，实行梯级式适应，逐步使建设者由低到高适应不同海拔高度以上的气候和环境，并限制作业时间和劳动强度，加强医疗设备和医务人员的建设；为了解决环境保护问题，施工单位严格划分开采矿石施工范围和人员车辆行车路线，防止对施工以外区域的植被造成碾轧和破坏，对生活垃圾专人搜集、集中填埋。此外，施工中也为野生动物设置了绿色通道。

青藏铁路项目的成功表明，构建完善的质量管理体系并使之有效运行，对有效地全面控制项目质量，提高项目的管理效率和经济效益至关重要。

学习要点

1. 过程能力指数的计算与过程能力分析；
2. 计量控制图与计数控制图的绘图步骤与分析；
3. 红珠实验和漏斗实验的实验程序及结论；
4. 质量改进的 PDCA 循环及基本过程。

5.1 过 程 能 力 分 析

5.1.1 过程能力（工序能力）的概念

过程能力（Process Capability）是指处于稳定状态下的过程满足质量要求的能力。

过程满足质量要求的能力主要表现在以下两个方面：①质量是否稳定。②质量精度足够。在确保过程稳定的条件下，可以用过程质量特性值的变异来表示过程能力。

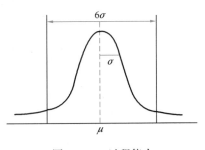

图 5-1 6σ 过程能力

在只有偶然因素影响的稳定状态下，质量数据近似地服从正态分布 $N(\mu,\sigma^2)$。由于稳定过程的 99.73%（$p(\mu-3\sigma<x<\mu+3\sigma)=0.9973$）的产品质量特性散布在区间 $[\mu-3\sigma,\mu+3\sigma]$ 内，其中 $\bar{x}$ 为质量特性值的总体均值，σ 为质量特性值的总体标准差，即有 99.73% 的产品落在上述 6σ 范围内，这几乎包括了全部产品。故通常用 6 倍标准差（6σ）表示过程能力（$B=6\sigma$），它的数值越小越好，说明质量特性值变异范围越小，过程能力越强；数值越大，质量特性值变异范围越大，过程能力越弱（图 5-1）。

5.1.2 过程能力（工序能力）指数

1. 过程能力指数的概念

过程能力指数（Process Capability Index，简称 PCI）是指过程能力满足产品质量标准要求的程度，也称工序能力指数。这里所指的工序，是指操作者、机器、原材料、工艺方法和生产环境五个基本质量因素综合作用的过程，也就是产品质量的生产过程。一般用 C_p 或者 C_{pk} 表示过程能力指数。

过程质量标准是指过程必须达到的质量要求，通常用标准、公差、允许方位等来衡量，一般用符号 T 表示。过程质量标准 T 与过程能力 B 的比值，称为过程能力指数，公式如下：

$$C_p = \frac{T}{6\sigma} \tag{5-1}$$

2. 过程能力指数的计算

过程能力指数的计算，对于不同的情况具有不同的形式，主要有以下几种。

（1）双侧公差情况的过程能力指数

1）双侧公差且分布中心和标准中心重合的情况（图 5-2）

此时，过程能力指数 C_p 的计算公式为：

$$C_p = \frac{T}{6\sigma} = \frac{T_U - T_L}{6\sigma} \approx \frac{T_U - T_L}{6S} \tag{5-2}$$

由于式中 σ 是未知的，常利用样本数据的标准偏差 $S\left[S = \sqrt{\frac{1}{n-1}\sum_{i=1}^{n}(X_i - \overline{X})}\right]$ 来估计 σ。

【例 5-1】某隧道净宽度的质量要求为：下限为 3940mm，上限为 4100mm。从 50 个测点中测得样本标准差为 32mm，均值为 4020mm，求过程能力指数。

解：标准中心 $M = \dfrac{T_U + T_L}{2} = \dfrac{4100 + 3940}{2} = 4020(\text{mm})$

又 $\mu = \overline{x} = 4020$ mm，故分布中心与标准中心重合。

所以，$C_p = \dfrac{T_U - T_L}{6\sigma} \approx \dfrac{T_U - T_L}{6S} = \dfrac{4100 - 3940}{6 \times 32} = 0.83$

2）双侧公差且分布中心和标准中心不重合的情况（图 5-3）

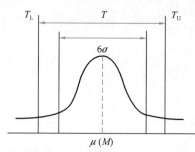

图 5-2　分布中心和标准中心重合

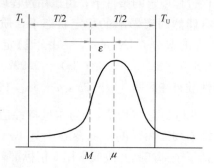

图 5-3　分布中心和标准中心不重合

当质量特性分布中心 μ 和标准中心 M 不重合时，虽然质量特性值的分布标准范围 6σ 和质量标准 T 未变，由于分布中心 μ 偏离标准中心 M，使产品的不合格品率增加但却出现了能力不足的情况。

令 $\varepsilon = |M - \mu|$，这里 ε 为分布中心对标准中心 M 的绝对偏移量。把 ε 对 $T/2$ 的比值称为相对偏移量或偏移系数，记做 k，$k = \dfrac{\varepsilon}{T/2} = \dfrac{|M - \mu|}{T/2}$。

又 $M = \dfrac{T_U + T_L}{2}$，$T = T_U - T_L$，

所以 $k = \dfrac{\left|\dfrac{1}{2}(T_U + T_L) - \mu\right|}{\dfrac{1}{2}(T_U - T_L)}$。

此时，潜在过程能力指数 C_p 不能反映有偏移的情况，需要加以修正，用 C_{pk} 表示，其计算公式为：

$$C_{pk} = \frac{T/2 - \varepsilon}{3\sigma} = \frac{T - 2\varepsilon}{6\sigma} \approx \frac{T - 2\varepsilon}{6S} = (1 - k)C_p \tag{5-3}$$

【例 5-2】某零件区区段尺寸要求为 $\phi 50 \pm 1.125 \mathrm{mm}$，加工 200 件以后，检测计算得到的样本均值为 50.45mm，$S=0.245\mathrm{mm}$，求过程能力指数。

解：标准中心 $M = \dfrac{T_U + T_L}{2} = \dfrac{51.125 + 48.875}{2} = 50\,(\mathrm{mm})$

公差 $T = 51.125 - 48.875 = 2.25$ （mm）

分布中心 $\mu = \overline{x} = 50.45$ （mm），大于标准中心，即分布中心向右偏移，

偏移量 $\varepsilon = |M - \mu| = |50 - 50.45| = 0.45\,(\mathrm{mm})$

偏移系数 $k = \dfrac{\varepsilon}{T/2} = \dfrac{0.45}{2.25/2} = 0.4$

所以，$C_{pk} = \dfrac{T - 2\varepsilon}{6S} = \dfrac{2.25 - 2 \times 0.45}{6 \times 0.245} = 0.918$

（2）单侧公差情况的过程能力指数

上述是双侧公差限的情况，现说下单侧公差情况下 C_p 值的计算。技术要求以不大于或不小于某一标准值的形式表示，这种质量标准就是单侧公差。如强度、寿命等只规定下限的质量特性界限；又如机械加工的形状位置公差。粗糙度，材料中的有害杂质含量，只规定上限标准，而对下限标准却不作规定。在只给定单侧标准的情况下，特性值的分布中心与标准的距离就决定了过程能力的大小。为了经济地利用过程能力，并把不合格品率控制在 0.3%。按 3σ 分布的原理，在单侧标准的情况下就可用 3σ 作为计算 C_p 值的基础。

1）若只有上限要求，而对下限没有要求（图 5-4），则过程能力指数计算如下：

$$C_p = \frac{T_U - \mu}{3\sigma} \approx \frac{T_U - \overline{x}}{3S} \tag{5-4}$$

当 $\overline{x} \geqslant T_U$ 时，规定 $C_p = 0$。

2）若只有下限要求，而对上限没有要求（图 5-5），则过程能力指数计算如下：

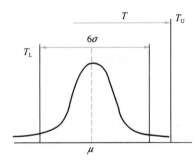

图 5-4 只规定上限时

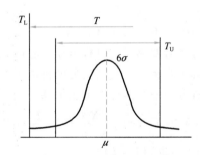

图 5-5 只规定下限时

$$C_p = \frac{\mu - T_L}{3\sigma} \approx \frac{\overline{x} - T_L}{3S} \tag{5-5}$$

当 $\overline{x} \leqslant T_L$ 时，规定 $C_p = 0$。

【例 5-3】某一产品所含某一杂质要求最高不能超过 12.2mg，样本标准偏差 S 为 0.038mg，$\overline{x}$ 为 12.1mg，求过程能力指数。

解：$C_p = \dfrac{T_U - \mu}{3\sigma} \approx \dfrac{T_U - \overline{x}}{3S} = \dfrac{12.2 - 12.1}{3 \times 0.038} = 0.877$

【例 5-4】某工程项目设计混凝土抗压强度下限为 30MPa，样本标准差为 0.65MPa，

样本的均值为 32MPa，求过程能力指数。

解: $C_p = \dfrac{\mu - T_L}{3\sigma} \approx \dfrac{\bar{x} - T_L}{3S} = \dfrac{32 - 30}{3 \times 0.65} = 1.03$

5.1.3 过程不合格品率的计算

当质量特性的分布呈现正态分布时，一定的过程能力指数就与一定的不合格品率相对应。明确 C_p 与不合格品率之间的关系有利于我们更加深刻地认识过程能力指数 C_p。

1. 分布中心与标准中心重合的情况

若以 p_U 表示质量特征超出标准上限而造成的不合格品率，则：

$$
\begin{aligned}
p_U = p(X > T_U) &= p\left(\frac{X - \mu}{\sigma} > \frac{T_U - \mu}{\sigma}\right) \\
&= p\left(t > \frac{T/2}{\sigma}\right) = p\left(t > \frac{3\sigma C_P}{\sigma}\right) \\
&= 1 - p(t < 3C_p) = 1 - \Phi(3C_p)
\end{aligned}
\tag{5-6}
$$

式中，t 为标准正态分布值。

若以 p_L 表示质量特征超出标准上限而造成的不合格品率，同理可得：

$$
p_L = 1 - \Phi(3C_p)
\tag{5-7}
$$

总不合格品率为：

$$
p = p_U + p_L = 2[1 - \Phi(3C_p)] = 2\Phi(-3C_p)
\tag{5-8}
$$

【例 5-5】 当 $C_p = 0.8$ 时，求相应的不合格品率。

解: $p = 2\Phi(-3 \times 0.8) = 2\Phi(-2.4) = 2 \times 0.0082$（查正态分布表）
$= 0.0164 = 1.64\%$

【例 5-6】 当 $C_p = 1$ 时，求相应的不合格品率。

解: $p = 2\Phi(-3 \times 1) = 2\Phi(-3) = 2 \times 0.00135$（查正态分布表）
$= 0.0027 = 0.27\%$

2. 分布中心与标准中心不重合的情况

当数据分布有偏移时，过程分布中心可能向公差上限偏移，也可能向公差下限偏移。因此，在计算不合格品率时需要分两种情况：

（1）过程分布中心向标准上限偏移时：

$$
\begin{aligned}
p_U = p(X > T_U) &= p\left(\frac{X - \mu}{\sigma} > \frac{T_U - \mu}{\sigma}\right) \\
&= p[t > 3C_p(1 - k)] \\
&= 1 - p[t < 3C_p(1 - k)] \\
&= 1 - \Phi[3C_p(1 - k)]
\end{aligned}
$$

同理可得：$p_L = 1 - \Phi[3C_p(1 + k)]$

总不合格品率为：

$$
p = p_U + p_L = 2 - \Phi[3C_p(1 - k)] - \Phi[3C_p(1 + k)]
\tag{5-9}
$$

当 k 较大时，$p \approx p_U$

（2）过程分布中心向标准下限偏移时，同理可得：

$$
p_U = 1 - \Phi[3C_p(1 + k)]
$$
$$
p_L = 1 - \Phi[3C_p(1 - k)]
$$

总不合格品率为：

$$p = p_{U+} p_L = 2 - \Phi[3C_p(1+k)] - \Phi[3C_p(1-k)] \tag{5-10}$$

当 k 较大时，$p \approx p_L$

【例 5-7】已知某零件尺寸要求为 $\phi 50 \pm 1.5$mm，抽取样本 $\overline{x} = 50.6$mm，$S = 0.5$mm，求零件的不合格品率。

解：

$$C_p = \frac{T}{6S} = \frac{51.5 - 48.5}{6 \times 0.5} = 1.0$$

$$k = \frac{\varepsilon}{T/2} = \frac{|M - \overline{x}|}{T/2} = 0.4$$

分布中心向标准上限偏移，得：

$$p = 2 - \Phi[3C_p(1-k)] - \Phi[3C_p(1+k)]$$
$$= 2 - \Phi[3 \times 1 \times (1 - 0.4)] - \Phi[3 \times 1 \times (1 + 0.4)]$$
$$= 3.59\%$$

【例 5-8】已知某零件尺寸要求为 $\phi 20 \pm 0.023$mm，随机抽取样本后得 $\overline{x} = 50.6$mm，$S = 0.5$mm，求零件的不合格品率。

解：

$$C_p = \frac{T}{6S} = \frac{0.046}{6 \times 0.007} = 1.095$$

$$k = \frac{\varepsilon}{T/2} = \frac{|M - \overline{x}|}{T/2} = 0.13$$

分布中心向标准下限偏移，得：

$$p = 2 - \Phi[3C_p(1-k)] - \Phi[3C_p(1+k)]$$
$$= 2 - \Phi[3 \times 1.095 \times (1 - 0.13)] - \Phi[3 \times 1.095 \times (1 + 0.13)]$$
$$= 0.229\%$$

为应用方便，常将偏移系数 k，C_p，p 的关系制成表 5-1 的形式，该表用于已知 k、C_p，求 p；已知 k，要求保证 p，求 C_p。

需要指出的是，表 5-1 列出的数值是双侧标准时过程能力指数所对应的不合格品率，而单侧标准界限时的过程能力指数所对应的不合格品率，仅是双侧界限时的一半。

不同 k 与 C_p 时的不合格品率 p 的数值表（%）　　　　表 5-1

C_p \ k	0.00	0.04	0.08	0.12	0.16	0.20	0.24	0.28	0.32	0.36	0.40	0.44	0.48	0.52
0.50	13.36	13.43	13.64	13.99	14.48	15.10	15.86	16.75	17.77	13.92	20.19	21.58	23.69	24.71
0.60	7.19	7.26	7.48	7.85	8.37	9.03	9.85	10.81	11.92	13.18	14.59	16.51	17.85	19.9
0.70	3.57	3.64	3.83	4.16	4.63	5.24	5.99	6.89	7.94	9.16	10.55	12.10	13.84	15.74
0.80	1.64	1.66	1.89	5.09	2.46	2.94	3.55	4.31	5.21	6.28	4.53	8.88	10.62	12.48
0.90	0.69	0.73	0.83	1.00	1.25	1.60	2.05	2.62	3.34	4.21	5.27	6.53	8.02	9.76
1.00	0.27	0.29	0.35	0.45	0.61	0.84	1.14	1.55	2.07	2.75	3.59	4.65	5.94	7.49
1.10	0.10	0.11	0.14	0.20	0.29	0.42	0.61	0.88	1.24	1.74	2.39	3.23	4.31	9.66
1.20	0.03	0.04	0.05	0.08	0.13	0.20	0.34	0.48	0.72	4.06	1.54	2.19	3.06	4.20
1.30	0.01	0.01	0.02	0.03	0.05	0.09	0.15	0.25	0.42	0.63	0.96	1.45	2.13	3.06

续表

C_p \ k	0.00	0.04	0.08	0.12	0.16	0.20	0.24	0.28	0.32	0.36	0.40	0.44	0.48	0.52
1.40	0.00	0.00	0.01	0.01	0.02	0.04	0.07	0.18	0.22	0.36	0.59	0.98	1.45	2.19
1.50			0.00	0.00	0.01	0.02	0.03	0.06	0.11	0.20	0.35	0.59	0.96	1.54
1.60					0.00	0.01	0.01	0.03	0.06	0.11	0.20	0.36	0.63	1.07
1.70						0.00	0.01	0.01	0.03	0.06	0.11	0.22	0.40	0.72
1.80							0.00	0.01	0.01	0.03	0.06	0.13	0.25	0.48
1.90								0.00	0.01	0.01	0.03	0.07	0.15	0.31
2.00									0.00	0.01	0.02	0.04	0.09	0.20
2.10										0.00	0.01	0.02	0.05	0.13
2.20											0.00	0.01	0.03	0.08
2.30												0.01	0.02	0.05
2.40												0.00	0.01	0.03
2.50													0.01	0.02
2.60													0.00	0.01
2.70														0.01
2.80														0.00

5.1.4 过程能力的分析

当过程能力指数求出后，就可以对过程能力是否充分作出分析和判定。即判 C_p 值在多少时，才能满足质量要求。一般情况下，过程能力的判定，是根据表 5-2 中的判断标准来进行。

过程能力指数评定分级表　　　　　　　　　　　　　表 5-2

等级	C_p 或 C_{pk}	$p(\%)$	过程能力判断
特级	$C_p > 1.67$	$p < 0.00006$	过程能力过于充足，允许较大的外来变异，以提高效率；可考虑收缩标准范围；可放宽检查等
一级	$1.67 \geqslant C_p > 1.33$	$0.006 > p \geqslant 0.00006$	过程能力充足，允许小的外来干扰引起的变异；对不重要的工序，可放宽检查；过程控制抽样间隔可放宽些
二级	$1.33 \geqslant C_p > 1.00$	$0.27 > p \geqslant 0.006$	过程能力尚可，需严格过程控制，否则易出现不合格品；检查不能放宽
三级	$1.00 \geqslant C_p > 0.67$	$4.55 > p \geqslant 0.27$	过程能力不足，必须采取措施提高过程能力；加强检查
四级	$C_p \leqslant 0.67$	$p \geqslant 4.55$	过程能力严重不足，需采取紧急措施提高过程能力，可考虑放宽标准范围；可全数检查

5.2　过程控制图

过程控制图简称控制图，比较过程性能数据以计算"过程控制界限"，也就是图上划好的界限。过程性能数据通常是由成组的来自生产序列的测量值（合理子组）构成，同时保留着数据间的顺序。

5.2.1　控制图概述

统计过程控制的目的，就是要使过程处于可接受的并且稳定的水平，以确保产品和服务符合规定的要求。要做到这一点，所应用的主要统计工具就是控制图。

控制图是美国贝尔通信研究所的休哈特（Walter Stewhart）博士于 1924 年首先推出的。控制图是用来监视、控制质量特性值随时间推移而发生变异的图表，是通过判别和区分正常变异和异常变异，来调查分析制造（服务）过程是否处于控制状态，以及保持过程处于控制状态的有效工具。

根据控制图控制的数据不同分类。根据控制图控制的数据不同，控制图可以分为两大类，即计量控制图和计数控制图。计量控制图一般适用于计量值为控制对象的场合，这类控制图有均值—极差控制图（$\bar{X}-R$ 控制图）、均值—标准差控制图（$\bar{X}-S$ 控制图）以及单值—移动极差控制图（$X-R_s$）等。计数控制图是以计数值数据的质量特性值作为控制对象，这类控制图又可以分为计件控制图和计点控制图。计件控制图有不合格品率控制图（p 控制图）和不合格品数控制图（np 控制图）。计点控制图有不合格数控制图（c 控制图）和单位产品不合格数控制图（u 控制图）。

常用控制图见表 5-3。控制图的种类虽有所不同，但它们确定控制界限的基本原理却是相同的。在实际应用中可直接查表 5-3 得到各种控制图控制界限的计算公式，其中计量控制图计算控制界限的系数可由表 5-4 中查到。表 5-3 中只给出了标准值未给定时控制界限的计算公式，对标准值给定的情形，读者可参阅有关资料。

控制图类型及控制界限计算公式　　　　　　　表 5-3

类型	名称	代号	中心线	标准值未给定 UCL 与 LCL
计量控制图	均值—极差控制图	$\bar{X}-R$	$\bar{X}$ $\bar{R}$	$\bar{X}\pm A_2\bar{R}$ $D_4\bar{R},D_3\bar{R}$
	均值—标准差控制图	$\bar{X}-S$	$\bar{X}$ $\bar{S}$	$\bar{X}\pm A_3\bar{S}$ $D_4\bar{S},D_3\bar{S}$
	单值—移动极差控制图	$X-R_s$	$\bar{X}$ $\bar{R}_s$	$\bar{X}\pm E_2\bar{R}_s$ $D_4\bar{R}_s,D_3\bar{R}_s$
计数控制图	不合格品率控制图	p	$\bar{p}$	$\bar{p}\pm 3\sqrt{\bar{p}(1-\bar{p})/n}$
	不合格品数控制图	np	$n\bar{p}$	$n\bar{p}\pm 3\sqrt{n\bar{p}(1-\bar{p})}$
	不合格数控制图	c	$\bar{c}$	$\bar{c}\pm 3\sqrt{\bar{c}}$
	单位产品不合格数控制图	u	$\bar{u}$	$\bar{u}\pm 3\sqrt{\bar{u}/n}$

注：对于单值—移动极差控制图，$\bar{R}$ 表示 $n=2$ 时观测值的平均移动极差，系 D_3，D_4，E_2（$3/d_2$）由表 5-4 中 $n=2$ 行查得。

计量控制图控制界限系数表　　　　　表 5-4

子组中观测值个数 n	控制界限系数							
	A_1	A_2	A_3	A_4	B_3	B_4	B_5	B_6
2	2.121	1.880	2.659	1.88	0.000	3.267	0.000	2.606
3	1.732	1.023	1.954	1.19	0.000	2.568	0.000	2.276
4	1.500	0.729	1.628	0.80	0.000	2.266	0.000	2.088
5	1.342	0.577	1.427	0.69	0.000	2.089	0.000	1.964
6	1.225	0.483	1.287	0.55	0.030	1.970	0.029	1.874
7	1.134	0.419	1.182	0.51	0.118	1.882	0.113	1.806
8	1.061	0.373	1.099	0.43	0.185	1.815	0.179	1.751
9	1.000	0.337	1.032	0.41	0.239	1.761	0.232	1.707
10	0.949	0.308	0.975	0.36	0.284	1.716	0.276	1.669

子组中观测值个数 n	控制界限系数				中心线系数			
	D_1	D_2	D_3	D_4	C_4	$1/C_4$	d_2	$1/d_2$
2	0.000	3.686	0.000	3.267	0.7979	1.2533	1.128	0.8865
3	0.000	4.358	0.000	2.574	0.8862	1.1284	1.693	0.5907
4	0.000	4.698	0.000	2.282	0.9213	1.0854	2.059	0.4857
5	0.000	4.918	0.000	2.115	0.9400	1.0638	2.326	0.4299
6	0.000	5.078	0.000	2.004	0.9515	1.0510	2.534	0.3946
7	0.204	5.204	0.076	1.924	0.9594	1.0423	2.704	0.3698
8	0.388	5.306	0.136	1.864	0.9650	1.0363	2.847	0.3512
9	0.547	5.393	0.184	1.816	0.9693	1.0317	2.970	0.3367
10	0.687	5.469	0.223	1.777	0.9727	1.0281	3.078	0.3249

5.2.2 计量控制图

计量值数据一般从集中趋势和离散趋势两个方面描述其特征,主要用来监控产品的质量特性值为连续型随机变量的情况,是以正态分布为理论所建立的控制图。计量控制图也由两个图组成:一是反映组间差异的控制图,如平均值、中位数控制图;二是反映组内差异的控制图,如极差、标准差控制图。两者共同反映过程是否处于受控状态。

1. 计量控制图的分类

控制图的种类虽有所不同,但它们确定控制界限的基本原理却是相同的。在实际应用中,可直接查表得控制图控制界限的计算公式。

(1)平均值-极差控制图

对于计量值数据而言,$\overline{X} - R$ 控制图是最常用、最重要的控制图。$\overline{X}$ 图的统计量为均值,反映在 X 上的异常波动往往是在同一个方向的,它不会通过均值的平均作用抵消。

(2)平均值-标准差控制图

$\overline{X} - S$ 用来判断产品质量特性的平均值是否处于或保持所要求的水平,标准偏差用来判断产品质量特性的标准偏差是否处于或保持所要求的水平。

(3)中位数-极差控制图

$Me-R$ 控制图只是用中位数图代替均值图。由于中位数的计算比均值简单，所以多用于现场需要把测定数据直接计入控制图进行控制的场合，这是为了方便，应该规定为奇数个数据。

（4）单值－移动极差控制图

$X-R_S$ 控制图适用的场合，一是对每一个产品都进行检验，采用自动化检查和测量的场合；二是取样费昂贵的场合；三是化工等过程，样品均匀，多抽样也无太大意义的场合。由于单值－移动极差控制图不像前两种控制图那样能取得较多信息，所以判断过程变化的灵敏度要差一些。

【例 5-9】现以某厂生产的外径为（6 ± 0.4）mm 的无缝钢管为例，说明 $\overline{X}-R$ 控制图的作图步骤。

应当说明，目前对统计控制数据的处理主要有 3 种形式：①人工计算；②将数据输入计算机计算；③利用专业统计软件处理。一些统计控制软件有完整的计算、绘图和分析功能。这里只介绍将数据输入计算机进行处理的方法。

解： 1）收集近期生产数据 $N=100$。为方便计算，将数据填入 Excel 表格中，见表 5-5。

2）数据分组，取子组数 $k=20$，每组大小 $n=5$。

在 Excel 中处理钢管外径数据表（单位：mm）　　　　表 5-5

子组号	X_1	X_2	X_3	X_4	X_5	平均值	X_{max}	X_{min}	极差
1	5.78	5.78	6.12	6.18	6.21	6.014	6.21	5.78	0.43
2	6.12	5.92	6.02	5.99	6.23	6.056	6.23	5.92	0.31
3	5.96	5.77	6.08	6.07	6.16	6.008	6.16	5.77	0.39
4	5.68	5.88	5.98	5.75	6.01	5.86	6.01	5.68	0.33
5	6.08	5.99	5.78	5.96	6.22	6.006	6.22	5.78	0.44
6	5.78	5.97	6.35	6.13	6.01	6.048	6.35	5.86	0.49
7	6.04	5.92	6.18	6.17	6.3	6.122	6.3	5.92	0.38
8	5.86	6.21	6.01	5.68	5.95	5.942	6.21	5.68	0.53
9	6.05	6.07	5.9	5.67	6.06	5.95	6.07	5.67	0.4
10	6.07	6.08	5.97	5.88	5.87	5.974	6.08	5.87	0.21
11	6.12	6.33	5.84	6.11	6.03	6.086	6.33	5.84	0.49
12	6.07	5.84	5.76	6.03	5.92	5.924	6.07	5.76	0.31
13	6.05	5.78	5.88	6.32	6.11	6.028	6.32	5.78	0.54
14	5.93	6.09	6.06	6.08	5.73	5.978	6.09	5.73	0.36
15	6.02	5.87	5.86	6.07	5.67	5.898	6.07	5.67	0.4
16	5.92	6	6.15	5.99	6.05	6.022	6.15	5.92	0.23
17	5.97	5.87	6.03	6.15	6.09	6.022	6.15	5.87	0.28
18	6.03	6.05	5.6	6.09	5.92	5.938	6.09	5.6	0.49
19	5.96	6.16	6.14	6.36	6.03	6.13	6.36	5.96	0.4
20	6.09	5.91	6.02	6.07	5.77	5.972	6.09	5.77	0.32
						$\overline{\overline{X}}=5.9989$			$\overline{R}=0.3865$

3）利用 Excel 中的函数 AVERAGE 求得第一子组的平均值 $\overline{X}_1 = 6.014$，下拉鼠标便可得到其他各子组的平均值。

4）同理利用函数 AVERAGE 求得各子组平均值的平均值 $\overline{\overline{X}} = 5.9989$。

5）利用函数 MAX 和 MIN 求出各组的最大值 X_{max} 和 X_{min}。极差值 $R = X_{max} - X_{min}$。在 Excel 公式栏中输入 "$= MAX - MIN$" 先求得第一组极差值 $R_1 = 0.43$，下拉鼠标即可得到其他各子组极差。

6）再次利用函数 AVERAGE 求得各子组极差平均值 $\overline{R} = 0.3865$。

7）计算控制界限（公式见表 5-3；由表 5-4 查出：$n = 5$ 时，$A_2 = 0.577, D_4 = 2.115$）。

平均值 $\overline{X}$ 控制图：

$$CL = \overline{\overline{X}} = 5.9989$$

$$UCL = \overline{\overline{X}} + A_2\overline{R} = 5.9989 + 0.577 \times 0.3865 = 6.2219$$

$$LCL = \overline{\overline{X}} - A_2\overline{R} = 5.9989 - 0.577 \times 0.3865 = 5.7759$$

R 控制图：

$$CL = \overline{R} = 0.3865$$

$$UCL = D_4\overline{R} = 2.115 \times 0.3865 = 0.8174$$

$$LCL = D_3\overline{R}(n \leqslant 6,忽略)$$

8）利用 Excel 表格中的平均值 $\overline{X}$ 数据栏和极差数据 R 数据栏分别生成折线图，在图上画出中心线和控制界限，在各控制界限的右方记入相应的 UCL、CL、LCL 符号与数值（图 5-6）。

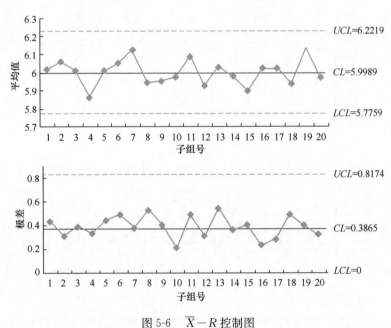

图 5-6　$\overline{X} - R$ 控制图

2. 计量控制图的控制程序与解释

常规控制图体系规定，若过程的产品件间的变异和过程平均（分别由 $\overline{R}$，$\overline{X}$ 估计得出）在当前水平下保持不变，则单个的子组极差（R）以及平均值（$\overline{X}$）将仅由偶然因素引起变化，极少超出控制界限。换言之，除了可能会由于偶然原因发生而引起的变化外，数据将不呈现某种明显的变化趋势或模式。

$\overline{X}$ 控制图显示过程平均的中心位置，并表明过程的稳定性。$\overline{X}$ 图从平均值的角度揭示组间不希望出现的变差。R 控制图则揭示组内不希望出现的变差，它是所考察过程的变异大小的一种指示器，也是过程一致性或均匀性的一种度量。若组内变差基本不变，则 R 图表明过程不保持统计控制状态，或 R 值增大，则表示可能不同分子组受到了不同的处理，或是若干个不同的系统因素正在对过程起作用。

R 控制图的失控状态也会影响到 $\overline{X}$ 图。由于无论是对子组平均的解释能力都依赖于件间变异的估计，故应首先分析 R 图。应遵守下列控制程序：

（1）收集与分析数据，计算平均值与极差。

（2）首先点绘 R 图。与控制界限进行对比，检查数据点是否有失控点，或有无异常的模式或趋势。对于极差数据中关于可查明原因的每一个征兆，分析过程的运行，以便找出原因，进行纠正，并防止它再次出现。

（3）剔除所有受到某种已识别的可查明原因影响的子组；然后重新计算并点绘新的平均极差 $\overline{R}$ 和控制界限。当与新控制界限进行比较时，要确认是否所有的点都显示为统计控制状态，如有必要，重复"识别—纠正—重新计算"程序。

（4）若根据已识别的可查明原因，从 R 图中剔除了任何一个子组，则也应该将它从 $\overline{X}$ 控制图中除去。应利用修正过的 $\overline{R}$ 和 $\overline{X}$ 值重新计算平均值的使用控制界限 $\overline{X} \pm A_2\overline{R}$。

注意：排除显示失控状态的子组并不意味着"扔掉外数据"。更确切地说，通过剔除受到已知可查明原因影响的点，可以更好地估计偶然原因造成变差的背景水平。这样做，同样也为那些用来最有效地检测出未来所发生变差的可查明原因的控制界限提供最适宜的基础。

（5）当极差控制图表明过程处于统计控制状态时，则认为过程的离散程度（组内变差）是稳定的，然后就可以对平均值进行分析，以确定过程位置是否随时间而变动。

（6）点绘 $\overline{X}$ 控制图，与控制界限比较，检验数据点是否有失控点，或有无异常的模式或趋势。与 R 控制图一样，分析任何失控的状况，然后采取纠正措施和预防措施。剔除任何已找到可查明原因的失控点；重新计算并点绘新的过程平均值（$\overline{\overline{X}}$）和控制界限。当与新的控制界限进行比较时，要确认所有数据点是否都显示为统计控制状态，如有必要，重复"识别—纠正—重新计算"程序。

（7）当用来建立控制界限基准值的初始数据全部包含在适用控制界限内时，则在未来时段内延长当前时段的控制界限。这些控制界限将用于当前过程的控制，责任人（操作者或监督者）将对 $\overline{X}$ 图或 R 图中任何失控状态的信号作出反应，并采取及时的行动。

5.2.3　计数控制图

计数控制图主要用来监控产品的质量特性值为离散型随机变量的生产过程，包括分为计件控制图和计点控制图两类。计件控制图的控制对象为计件值质量特性，是以二项分布为理论依据所建立的控制图；计点控制图的控制对象为计点值的质量特性，是以泊松分布为理论基础所建立的控制图。

1. 不合格品率控制图

p 用来测量一批检验项目中不合格品（不符合或所谓的缺陷）项目的百分数，属于计数类控制图。不合格品率控制图是由每一组数据的不合格品率组成的连线图，常见的不良率有不合格品率，废品率，交货延迟率，缺勤率，邮电、铁道部门的各种差错率等。

2. 不合格品数控制图

np 是用来度量一个检验中不合格品的数量。np 控制图表示不合格品的实际数量而不是与样本的比例，适用于检验数相同的分组，通常作为不合格品率控制图的一个补充。np 控制图是由每一组数据不合格品数组成的连线图，在样本大小相同的情况下，用 np 控制图比较方便。

3. 不合格品控制图

c 控制图用来测量一个检验批次内不合格品的数量。不合格品控制图是对单位不合格品控制图的一种补充。不合格品控制图是用来控制相对不合格品数的变化情况，有利于不同条件下的部门考核，有利于公司品质方针与政策的执行。

4. 单位不合格品控制图

u 控制图用来测量具有容量不同的样本的子组内每检验单位产品内的不合格品数量。u 控制图也是对于不合格品率控制图的一个补充。在实际品质管理中，对各个部门进行品质考核时，由于各个部门的产量不同，使用不合格品率进行考核就不一定合理，而单位不合格品数可以更好地满足部门考核需要。

【例 5-10】对小型开关使用自动检测装置进行全检所发现的关于开关失效的每小时不合格品数见表 5-6 的 Excel 表格。小型开关由一自动配置线生产，由于开关失效是严重的质量问题，要利用控制图对装配线进行监控。收集 20 组数据作为预备数据，绘制 p 图和 np 图。

解： 1）将收集到的数据输入 Excel 表格中，先计算出第一子组的不合格品率 $p = 0.002$，下拉鼠标即可得到各子组的不合格品率，然后利用函数 AVERAGE 可求得各子组的平均不合格品率 $\overline{p} = 0.00268$，见表 5-6。

在 Excel 中开关的预备数据　　　　表 5-6

子组号	检查的开关数 n	不合格品开关数 np	不合格品率 p
1	4000	8	0.002
2	4000	14	0.0035
3	4000	10	0.0025
4	4000	4	0.001
5	4000	13	0.00325
6	4000	9	0.00225
7	4000	7	0.00175
8	4000	11	0.00275
9	4000	15	0.00375
10	4000	13	0.00325
11	4000	5	0.00125
12	4000	14	0.0035

子组号	检查的开关数 n	不合格品开关数 np	不合格品率 p
13	4000	12	0.003
14	4000	8	0.002
15	4000	15	0.00375
16	4000	11	0.00275
17	4000	9	0.00225
18	4000	18	0.0045
19	4000	6	0.0015
20	4000	12	0.003
			$\bar{p}=0.00268$

2）计算中心线和控制界限（公式见表 5-3）

p 图：$CL = \bar{p} = 0.00268 \approx 0.0027$

$$UCL = \bar{p} + 3\sqrt{\bar{p}(1-\bar{p})/n}$$
$$= 0.0027 + 3\sqrt{0.0027(1-0.0027)/4000}$$
$$= 0.0052$$
$$LCL = \bar{p} - 3\sqrt{\bar{p}(1-\bar{p})/n}$$
$$= 0.0027 - 3\sqrt{0.0027(1-0.0027)/4000}$$
$$= 0.0002$$

np 图：$CL = \overline{np} = 4000 \times 0.00268 = 10.72$

$$UCL = n\bar{p} + 3\sqrt{n\bar{p}(1-\bar{p})}$$
$$= 10.72 + 3\sqrt{10.72(1-0.0027)}$$
$$= 20.53$$
$$LCL = n\bar{p} - 3\sqrt{n\bar{p}(1-\bar{p})}$$
$$= 10.72 - 3\sqrt{10.72(1-0.0027)}$$
$$= 0.91$$

利用 Excel 表格中的各子组不合格品率数据 p 和不合格品数 np 分别生成折线图，在图上画出中心线和控制界限，在各控制界限的右方记入相应的 UCL、CL、LCL 符号与数值，即为该过程的 p 控制图和 np 控制图（图 5-7）。

由 p 控制图的控制界限计算公式可知，当子组大小发生变化时，p 控制图各子组控制界限不同，判断过程稳定性有些困难。在实际应用中，当子组大小发生变化较大时，可以采用利用标准化变量的方法，即不点绘 p 值，而改为点绘标准化值 Z，有：

$$Z = \frac{p - \bar{p}}{\sqrt{\bar{p}(1-\bar{p})/n}} \tag{5-11}$$

这样，中心线和控制界限如下所示为常数，而与子组大小无关：

$$CL = 0, UCL = 3, LCL = -3$$

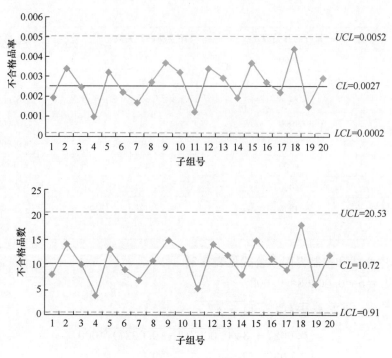

图 5-7　不合格品率与不合格品数图

p 图用来确定在一段时间内所提交的平均不合格品率。该平均值的任何变化都会引起过程操作人员和管理者的注意。p 图判断过程是否处于统计控制状态的判断方法与 $\overline{X}$ 和 R 控制图相同。若所有子组点都落在适用控制界限之内，并且也未呈现出可查明原因的任何迹象，则称此过程处于统计控制状态。在这种情形下，取平均不合格品率 $\overline{p}$ 为不合格品率 p 的标准值，记为 p_0。

5.2.4　控制图的应用

控制图的用途有两个：一是分析用；二是控制用。分析用是利用控制图判断过程是否稳定，分析各种因素对质量特性的影响。如果发现有异常变化，就及时采取措施，调查原因，消除异常，使过程稳定。控制用的控制图是在已做好分析用控制图的基础上，进行日常控制，在过程中定期采集数据，在控制图上打点。如果有点子越出界限或者虽然在界限内，但点子非随机排列，就表明有异常，就要采取措施，使之恢复稳定状态。分析用的控制图是现场一次或两次取完数据。而控制用的，则规定隔一定时间，按规定的数据采取。控制用控制图在积累了一些点后，也可以再重画分析用控制图。

用预备数据作出了分析用控制图后，就要在稳定的状态下，调查产品是否满足标准，使之控制状态标准化。利用作出的分析用控制图的全部数据作直方图，将直方图同标准对比。如不满足标准，要采取措施进行处理，以消除异常原因达到标准。假如考虑技术经济条件，不便采取措施，可考虑修订标准，对没有满足标准的已生产出来的产品，要进行全数检查和批量处理。

如果过程能继续处于控制状态，质量水平就能提高，这是要定期地评价控制界限。当操作者、原材料、机器设备、操作方法发生变化时，要进行再计算。

5.3　红珠实验和漏斗实验

在戴明的研讨会上，经常会用到两个实验，一个是红珠实验，另一个是漏斗实验。这两个实验虽然简单，但对观看者却有很好的教育意义。

5.3.1　红珠实验

在这个实验中，戴明通常扮演领班这个角色，因为这个角色一般需要经过几个月培训才能胜任这项工作。而实验中其他的角色，一般由听众中的志愿者来担任。此实验说明了尽管生产程序是一样地严格，但还是会无可避免地出现各种变异，即质量缺陷问题。

1. 实验器材

（1）4000 粒木珠，直径约 3mm，其中 800 粒为红色，3200 粒为白色；

（2）一把有 50 个孔的勺子，每 5 个孔 1 排，共 10 排，孔大小与木珠相当，一次可盛起 50 粒木珠（代表工作量）；

（3）两个长方形容器，一大一小，大小能够容纳 4000 粒珠子和勺子。

2. 实验程序

首先领班宣布，公司将为一位新客户建设新厂生产珠子。这个新客户要求很奇怪，他只需要白色的木珠而不需要红色的木珠，但公司的进料中的确混合有红珠。根据建厂的需要，公司准备招收 10 名新员工，要求如下：

（1）6 名作业员，要求工作努力积极，教育程度可以不限，但必须要有倒珠子的工作经验；

（2）两名检验员，要求能够区分红珠和白珠，并掌握基本的计数能力，无需工作经验；

（3）一名检验长，要求同（2）；

（4）一名记录员，要求书写工整，擅长加法和除法，并且反应灵活。

所有的员工都是从参加研讨会的学员中选出。员工选定以后走上前台来，领班告诉他们整个生产过程如下：

（1）混合进料。具体做法是握住大容器的宽边，将珠子由大容器边角斜倒出，不必振摇。然后以同样的方法，将珠子由小容器倒回大容器。

（2）使用有 50 个孔的勺子取出珠子。具体做法为握住勺子的长柄，把勺子插入大容器内搅拌，然后把勺子以倾斜 44°的方式抽出，以便每个孔内都要有珠子。

（3）检验。作业员先将"成果"带到第一位检验员处，由他来检视"成果"，并默默地登记其中红珠数目。然后检验员再把"成果"带到第二位检验员处，同样由他默默地登记红珠的数目。接着由检验长比较两个检验员的记录，如果数目不同，则必然有错；如果数目相同，仍然有可能是两个人同时数错。最后的数目以检验长的点算为准，他会大声地宣布红珠的数目。

（4）记录结果。当检验长宣布结果后，记录员就要把红珠数目写在记录表上。不过，在作业员实习期间，记录员不需要做记录。

领班向作业员们说明他们必须要参加 3 天的实习，以学习整个工作。在实习期间，他们可以提问。一旦开始生产，就不可以提问，也不能评论，只能埋头苦干。领班强调整个生产程序是非常严格的，不能随意变动，因此在绩效上是不会有变异的。同时领班也强调员工们能否保住自己的职位完全取决于个人的表现，解雇没有什么正式的程序，被免职的人只要结算清自己的工资就可以走下讲台，台下还有很多人可以替代他们的工作。

3. 实验结果

实验结果如图 5-8 所示。

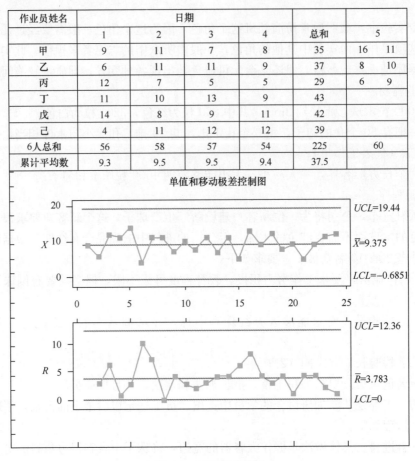

作业员姓名	日期				总和	5	
	1	2	3	4			
甲	9	11	7	8	35	16	11
乙	6	11	11	9	37	8	10
丙	12	7	5	5	29	6	9
丁	11	10	13	9	43		
戊	14	8	9	11	42		
己	4	11	12	12	39		
6人总和	56	58	57	54	225	60	
累计平均数	9.3	9.5	9.5	9.4	37.5		

图 5-8　红珠实验结果

第一天的结果让领班很失望。他提醒 6 名作业员，他们的工作是生产白珠而非红珠。领班强调工厂实行的是绩效制度，所以要奖励绩效良好的员工。显然己值得加薪奖励，因为他只产出 4 粒红珠，他是最佳工人。而戊，大家可以清楚地看到，他的绩效最差，有 14 粒红珠。领班宣布公司管理层已经制定了一个新的目标数——每个人不得产出 3 粒以上的红珠。同时，他认为毫无疑问，每个人都可以和己一样出色。

第二天的结果又一次让领班失望，比前一天更糟。虽然管理得很细心，但员工的表现并不理想。领班再次提醒这 6 名作业员他们的工作取决于他们的表现。己太让人失望了，她显然是被加薪冲昏了头脑，第二天竟然有了 11 粒红珠。显然丙开始认真工作了，由昨天的 12 粒红珠进步到今天的 7 粒，值得加薪奖励，是今天的最佳工人。

第三天，公司管理层宣布今天是公司的零缺陷日。但是这一天的成果仍然让领班十分沮丧，在零缺陷日的表现仍然没有任何起色。领班提醒工人，管理层在看着数字，成本已经完全失控。管理层贴出通告，如果第四天没有大幅改进，公司准备关闭工厂。

第四天，这天的成果仍然没有改进，领班再次失望。但是他也带来了一项好消息，上级主管中有人提出一个很棒的建议，决定保留 3 位绩效最好的工人，让工厂继续运营。3位表现最佳者为甲、乙、丙。他们每天上两个班以补足产量。其他 3 位可以去领工资，以后不必来了。他们已经尽力最大努力，我们对他们表示感谢。

第五天，奇迹没有出现，结果并不如预期的那么好。领班和管理层都感到失望，因为雇佣最佳工人的构想，仍然没有达到预期的效果。

4. 实验启示

（1）实验本身来说是一个稳定的系统。在系统维持不变的情况下，工人的产出及其变异程度其实都是可以预测的。

（2）所有的变异（包含员工之间生产红珠数量的差异），以及每位工人每日生产红珠数量的变异都完全来自过程本身。没有任何证据显示，哪一位工人比其他人更优秀，因此也就没有最佳工人这一说法。

（3）工人的产出（白珠），显示为统计管制状态，也就是稳定状态。在现有的情况下，工人已经尽力了，不可能再有更好的表现了。

（4）对工人进行奖励或者惩罚，是完全没有意义的。因为工人的表现完全与努力与否无关，而只受到工作过程的左右。

（5）过程改进的责任在于管理层。在这个实验中，由于程序僵化，工人们根本没有机会提出改进过程的建议。

5.3.2 漏斗实验

所谓漏斗实验，就是在距离一个水平的、敷设桌布的桌面上约 50cm 高的地方，安装一个漏斗，漏斗下面出口对准距离桌子边缘 50cm 的靶心目标。把一颗弹珠随意放入漏斗，弹珠会以随机方式滚出漏斗，掉到桌面上，弹跳滚动停止后，测量距离靶心的距离，绘制在图纸上。我们根据测量得到的和弹珠和靶心之间的距离，按照四种规则来调整漏斗，然后，再投下一颗弹珠。这四种调整漏斗的规则类似我们的管理措施，例如，针对设备、过程或者系统所作的决定，我们看看按照这四种规则调整漏斗后的情况如何。

1. 实验材料

（1）一个漏斗；

（2）一粒可以通过漏斗的弹珠；

（3）一张桌子，最好铺上桌布，以便能标出目标点以及弹珠落下后静止的位置。

2. 实验程序

规则 1：规则为漏斗位置不变。首先在桌布上标出一点作为目标，开始实验。将漏斗口瞄准目标点。保持这种状态，将弹珠由漏斗口落下 50 次，在弹珠每次落下的静止位置作标记，要求是将弹珠落到准确的一点上。

实验的结果是得到近似圆形的点集，范围远远超出预期。尽管漏斗口一直都是对准目标点，但是弹珠有时很靠近目标点，下一次却大大偏离目标点。

规则 2：规则为反向调整漏斗位置。在每次弹珠落下后，调整漏斗的位置，让下一次的结果靠近目标点。即根据每次弹珠落下的静止位置与目标位置的差距，调整漏斗的位置，以弥补前次的误差。例如弹珠停在目标点西南 30cm 处，就将漏斗由现在位置向东北移 30cm。

结果比第一次固定漏斗位置的结果糟糕。落点所形成的图形，其直径的变异度比第一次直径的差异度大一倍。因此，依据第二次所形成的图形，面积比依据第一次所得的结果大 41%。

规则 3：规则为调整漏斗位置前先回归原位。允许每次弹珠落下后调整漏斗位置，但以目标点作为移动的参考点，先让漏斗回归原位，然后按照落点与目标点的差距，把漏斗从原位调整到与目标点等距但相反方向的地方，以消除前次偏误。

这次实验的结果更糟。弹珠的落点变得更不稳定，幅度越来越大，偶尔有几次是幅度渐减，其后幅度又变大。

规则 4：规则为瞄准上次落点。在每次弹珠落下之后，就将漏斗移至该静止点之上。

结果是落点向一个方向扩散，距离目标点越来越远，弹珠的落点几乎没有规律可循（图 5-9）。

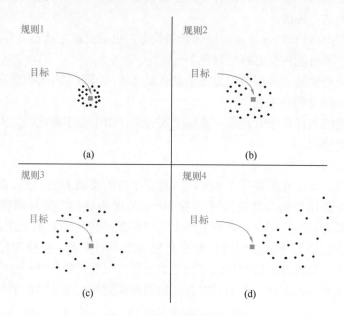

图 5-9　漏斗实验的落点图

图 5-10 为 4 项规则下的落点和目标点距离的点图（计算机仿真结果）。上述四个实验，不同的实验结果来自不同的实验过程。实验结果的好坏主要取决于制定的实验过程是否合理。对稳定过程的干预常常使得结果越来越差（距目标越来越远）。

3. 实验结论

通过上述四个实验，可以得出以下结论：

第一次实验中的规则是所有规则中效果最好的。但人们对第一次规则不满，所以又进行了第二、三、四次改变规则的实验。规则改变的思路是想消除落点的误差，但结果越来越差。

漏斗实验强调的是管理人员必须利用系统思考的方式，以分辨过程系统的变差是普通原因造成或特殊原因造成。一旦发现有特殊原因，能够立即采取纠正措施。若过程系统只

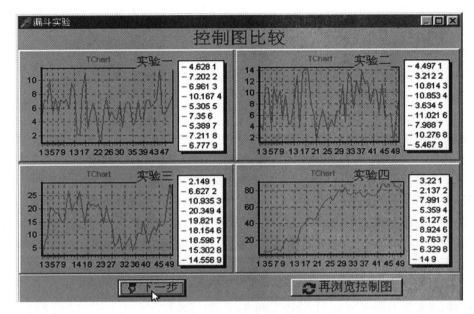

图 5-10　漏斗实验的结果图

有普通原因且偏差太大，管理人员就须针对系统的关键因素，作基本上的改变，有效改善系统。

　　漏斗实验告诉管理者，对于系统误差的干涉，只会增大下次的误差。例如，我们根据财务资料作出调整决定，所看到的资料就相当于上次的弹珠落点。正确的做法是，保持第一次实验的规则，研究并改善系统。例如，这一漏斗系统可以作出两种改善：第一，降低漏斗的高度。效果很好，落点所形成近似圆形的半径会缩小，这样做无需增加成本。第二，改用比较粗糙的桌布，这样，弹珠滚动的距离就会缩短，成本只需一个桌布的价格。

5.4　质量问题与质量改进

　　质量问题就是实际产出与预期效果之间出现的偏差，会同时影响组织和其顾客的收益。质量改进的目的是通过解决质量问题向组织及其顾客提供更多的收益，涉及整个组织内部所采用的提高活动和过程的效率和效益的各种措施。质量改进适用于所有的管理和经营过程，也适用于所有类型的组织，而不再只局限于制造业、工程及生产环境。成功的质量改进工作依赖于组织发现和解决质量问题的能力。

5.4.1　质量问题的类型

　　在组织错综复杂的运行现状中发现和解决质量问题并非易事。清楚地界定质量问题的概念与类型，为从组织复杂的管理现状中发现问题提供依据，并为进一步寻找问题根源提供了思路和线索。根据问题的有关信息可获取程度来看，质量问题一般可以分为以下三种形式：

1. 结构式质量问题

　　人们可以获得结构式质量问题（Structured Quality Problem）的完全信息，管理人员或操作者可以清楚地知道发生了什么问题、应该是什么状况、为什么会出现这种问题。例如，在生产过程中要对钢板进行机器打孔，但是在某次的检验中发现孔的直径比设计标准小。操作工人在得到检验的结果反馈后，会检查钻头的磨损程度，在必要的时候更换新的钻头，随后打出孔的直径会马上符合标准要求。对结构式质量问题的发现和解决方法完全可以制定程序化的步骤，对相应的问题按照制定的方法步骤采取补救措施即可。

2. 病态结构质量问题

与结构式质量问题相对应，病态结构质量问题（Ⅱ-Structured Quality Problem）的特征是高度的模糊性。这类问题可能隐藏在纷杂的管理现状背后，或是由多种原因造成，不易发现和解决，甚至不容易很清楚地将这类问题描述清楚。在这种情形下，问题可能会有许多可能的解决方案，而最优的解决方案是由环境的特定性所决定的。今天最优的方案在明天可能就不会被采用，因此也就无法制定程序化的问题发现和解决途径。病态结构质量问题的解决要求系统的发现问题过程和具有创造性的解决途径。这类问题诸如在产品的检验中发现 27% 的产品不符合性能标准，这样的质量问题就不像上例打孔直径问题那样直观，必须要针对这个问题进行专门的、系统的研究和解决。

3. 半结构式质量问题

半结构式质量问题（Semi-Quality Problem）的清晰程度介于上述二者之间。解决这类问题可以遵循一定的程序步骤，但过程中也会包含对可能出现的不确定情况的判断和决策。

5.4.2 质量改进的概念

质量管理活动可划为两个类型：一类是维持现有的质量，其方法是质量控制。另一类是改进质量，其方法是主动采取措施，使质量在原有的基础上有突破性的提高，即质量改进。

质量改进（Quality Improvement）是 ISO 9000 族标准中的质量管理 7 项基本原则之一，是持续满足顾客要求、增加效益、追求持续提高过程有效性和效率的活动，包括了解现状、建立目标、寻找和实施解决办法、测量和验证结果、纳入文件等活动。

ISO 9000：2015 标准将质量改进定义为："质量改进是质量管理的一部分，它致力于增强满足质量要求的能力"。当质量改进是渐进的并且组织积极寻找改进机会时，通常使用术语"持续质量改进"。现代管理学将质量改进的对象分为产品质量和工作质量两个方面，是全面质量管理中所叙述的"广义质量"之概念。质量改进的最终效果是获得比原来目标高得多的产品（或服务）。

质量改进是在受控质量系统的基础上，通过发现和解决长期影响质量水平的系统性问题，使变异水平达到一个前所未有的低水平。更低水平的变异使组织的产出更加符合期望的要求，质量更高。

1. 质量改进的类型

目前世界各国均重视质量改进的实施策略，方法却各不相同。美国麻省理工学院 Robert Hayes 教授将其归纳为两种类型：一种称为"递增型"策略；另一种称为"跳跃型"策略。它们的区别在于：质量改进阶段的划分及改进的目标效益值的确定两个方面有所不同。

（1）递增型质量改进

递增型质量改进的特点：改进步伐小，改进频繁。这种策略认为，最重要的是每天每月都要改进各方面的工作，即使改进的步子很微小，但可以保证无止境地改进。递增型质量改进的优点是将质量改进列入日常的工作计划中去，保证改进工作不间断地进行，由于改进的目标不高，课题不受限制，所以具有广泛的群众基础；它的缺点是缺乏计划性，力量分散，所以不适用重大的质量改进项目。

（2）跳跃型质量改进

跳跃型质量改进的特点：两次质量改进的时间间隔较长，改进的目标值较高，而且每次均须投入较大的力量。这种策略认为，当客观要求需要进行质量改进时，公司或企业的领导者就要作出重要决定，集中最佳的人力、物力和时间来从事这一工作。该策略的优点是能够迈出相当大的步子，成效较大，但不具有"经常性"的特征，难以养成在日常工作中"不断改进"的观念。

2. 质量改进的意义

（1）质量改进具有很高的收益投资率。

（2）可以促进新产品的开发，改进产品性能，延长产品的生命周期。

（3）通过对产品设计和生产工艺的改进，更加合理、有效地使用资金和技术力量，充分挖掘企业的潜力。

（4）可以提高产品的制造质量，减少不合格品，实现增产增效的目的。

（5）通过提高产品的适用性，提高产品的市场竞争力。

（6）有利于发挥企业各部门的质量职能，提高工作质量，为产品质量提供强有力的保证。

5.4.3　质量问题与质量改进的关系

解决质量问题是质量控制和质量改进活动的核心。组织对过程和产品的质量要求首先是稳定性，要可以控制在一定的质量水平和误差范围内。质量控制的作用就是"维持现状"使组织有一个稳定的质量基础。控制措施通过不断补救过程中出现的失控状态，使发生变化的系统因素返回原有的状态。例如，发现和消除变异的特殊性原因，质量控制措施可以保证组织拥有一定水平的质量能力。但是想要使组织的质量水平有所提升，仅依靠出现质量问题时采取补救措施是不能实现的。要实现这个目标就要通过质量改进措施来消灭引起工作水平低劣的系统性问题。

质量改进是在受控质量系统的基础上，通过发现和解决长期影响质量水平的系统性问题使系统的变异水平达到一个前所未有的低水平。更低水平的变异使组织的产出更加符合期望的要求，质量更高。对于实现质量改进的途径有两种观点，一种是以西方质量管理学界为代表的质量突破论（Breakthrough）。质量突破论认为质量改进是可以看得见的质量飞跃，只有通过大规模、彻底的过程或产品再设计来实现。我们也常将这种质量突破称为质量的创新而另一种观点是日本企业界一直坚持的持续质量改善（Kaizen）理论，坚持长期进行逐步的微小的质量改善。相对于西方企业关注结果的观点，Kaizen 理论更加关注于组织过程的全方位改良。无论是高层管理人员还是一线的操作工人都时刻关心如何改良自己的工作，哪怕对组织的产出质量只有很小的提升，因为这些微小提升的积累效果也是非常巨大的。当然，寻求突破式地提高过程或产品的质量也是质量改善的一个重要方面，但是远没有在西方质量管理活动中那样受到重视和推崇。然而不论通过哪种途径实现质量改进，发现和解决质量问题都是其前提和基础。

由于生产或运作过程中变异现象的存在，质量问题的产生是不可避免的。在实际工作中，产出的质量问题是指产品与企业制定的设计标准之间的差异。无论是生产企业，还是服务性企业都会在产品生产和服务提供之前制定相关的产出标准，如产品的规格、表现的等级、服务水平、生产流程的稳定性等。产品的质量和服务的质量由生产过程所决定，企业在产品的策划、设计和生产安排的各个阶段的相关措施已经决定了最终产品的质量水平。通过检验最终产出与设计标准的偏离情况，可以为质量控制提供反馈信息，进而找到质量改进的机会。这种偏差在更深层次上反映了企业产品与消费者期望之间的符合程度。组织存在的目的是不断提供满足消费者需求的产品和服务，所以组织要不断地获取消费者的期望，继而通过不断地改进产品功能和可靠性来满足消费者的期望。但是这种改进是无法直接实现的，必须把消费者的主观期望转化成生产或服务设计标准，表现出来就是最终的产品与服务和设计标准之间的偏离。不断发现并消除这一类偏差是组织进行持续质量改进的原动力。由于消费者的期望是不断更新变化的，这是一个循环往复的过程，这个过程就是持续质量改进的本质。随着全面质量管理的推行与应用，组织的设计标准已经不仅限于针对产品方面，而是面向组织的所有的流程环节，例如 ISO 9000 族标准强调对组织和过程的改进。

随着人们对质量内涵理解的不断深入，质量改进在组织质量管理活动中的重要性日益增强。近年来，不断追求顾客满意成为现代质量管理实践的一个核心目标，同时也成为贯穿于企业经营管理的基本活动。无论是处于市场环境中的企业，还是在生产流程中的组织成员，都希望生产出高质量的产品和服务来满足顾客需求。但是所有的产品和服务在生产过程中的质量问题在造成生产组织的废品率提高、增加返工成本和检验成本等内耗损失的同时，也会不同程度地影响顾客对产品和服务使用的满意程度，削弱组织的竞争优势。因此系统地解决存在的质量问题、持续的质量改进作为不断促进客户满意程度提高的措施越来越得到重视。

5.4.4 质量改进的基本过程与步骤

质量改进是一个过程，要按照一定的规则进行，否则会影响改进的成效，甚至会徒劳无功。

1. 质量改进的基本过程——PDCA 循环

图 5-11 PDCA 循环

PDCA 循环是美国质量管理专家休哈特博士首先提出的，由戴明博士采纳、宣传，获得普及，所以又称戴明环。PDCA 循环的含义是将质量管理分为四个阶段：Plan（计划）、Do（实施）、Check（检查）、Action（处理），PDCA 即是 4 个单词首字母的组合。之所以将其称之为PDCA 循环，是因为这 4 个过程不是运行一次就完结，而是要周而复始地进行。一个循环完了，解决了部分的问题；未解决或者出现的新问题，再进行下一次循环，其基本模型如图 5-11 所示。

PDCA 循环是有效进行任何一项工作的合乎逻辑的工作程序。在质量管理中，PDCA 循环得到了广泛的应用，并取得了很好的效果，因此有人称 PDCA 循环是质量管理的基本方法。

（1）PDCA 循环的内容

1）计划（Plan）阶段 。本阶段以满足用户需求为目的，制定质量管理计划，提出总的质量目标、政策。通过市场调查、用户访问等，掌握用户对产品质量的要求，围绕实现目标和计划选定问题、制定出相应的实施措施，也就是问题要从顾客中来（选择问题）、到顾客中去（解决问题）。运用现有的质量分析工具对质量现状进行分析，结合组织自身情况制定可行的质量计划。

2）执行（Do）阶段。本阶段根据计划阶段已设计的计划、目标、政策，去具体实施和落实，包括修改程序、工作流程、设备和方法，以及与此相关的人员培训。

3）检查（Check）阶段。本阶段是根据计划和目标，检查计划的执行情况，检查实施效果是否达到预期目标，并根据检查结果及时发现和总结执行过程中的经验和教训。

4）处理（Action）阶段 。本阶段根据检查的结果进行总结，对成功的经验加以肯定，并尽可能标准化，失败的教训提出修改计划，对于未解决的问题则转入下一个 PDCA 循环去解决。

（2）PDCA 循环的特点

1）PDCA 循环时间完整地包含了 4 个阶段的循环，四者缺一不可。

2）大环套小环，小环保大环，相互促进。例如在处理阶段（A 阶段）也会存在制订处理计划、落实计划、检查计划的实施进度和处理的小 PDCA 循环。大循环是靠内部各个小循环来保证的，小循环又是由大循环来带动的，如图 5-12（a）所示。

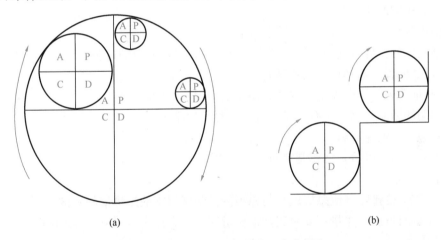

(a)   (b)

图 5-12　大环套小环和改进上升示意图

3）不断转动，逐步提高。PDCA 循环每转动一次，质量就提高一步，PDCA 是不断上升的循环，如图 5-12（b）所示。

4）A 阶段是关键。只有经过总结、处理的 A 阶段，才能将成功的经验和失败的教训纳入制度和标准中，进一步指导实践。

2. 质量改进的步骤

质量改进的步骤本身就是一个 PDCA 循环，可分 7 个步骤完成，即：①明确问题；②把握现状；③分析问题原因；④拟订对策并实施；⑤效果的确认；⑥防止再发生和标准化；⑦总结。

其中，①～③及④的拟定对策为 P 阶段，④对策实施为 D 阶段，⑤为 C 阶段，⑥、⑦为 A 阶段。

（1）明确问题

选择课题围绕质量、成本、交货期、安全、激励、环境 6 个方面来选。

其活动内容为：

1）明确所要解决的问题尤为重要；

2）问题的背景是什么，现状如何；

3）用具体的语言和数据表述不良结果；

4）确定课题和目标值；

5）选定负责人；

6）必要时对改进活动费用作出预算；

7）拟定改进活动的时间表（制定改进计划）。

（2）把握现状

课题确定后需掌握问题的现状。

其活动内容：

1）抓住问题的特征，需要调查的若干要点，如时间、地点、问题的种类、问题的特征等。如要解决质量问题，要从人、机、料、法、测、环等不同角度进行调查；

2）深入现场，收集现有数据中没有包含的信息。

（3）分析问题原因

摸清现状后，应分析产生问题的原因。

其活动内容：分析问题原因是一个设立假设，验证假设的过程。

1）设立假说（选择可能的原因）；

2）验证假说（从已设定因素中找出主要原因），其办法是搜集新的数据或证据，确认原因对问题的影响，综合所有信息，决定主要影响原因。

（4）拟订对策并实施

原因分析出来以后，就要制定对策，加以实施。

其活动内容：

1）将现象的排除（应急措施）与原因的排除（根本的解决措施）区分开；

2）采取对策后，尽量不要引起其他质量问题（副作用），如果有副作用，应换一种对策或消除副作用；

3）准备多个对策方案，调查各自利弊，选择参加者都能接受的方案。

（5）确认效果

对策实施要确认是否获得了预期的结果。

其活动内容：

1）使用同一种图表进行对策前后的质量特性值等指标进行比较；

2）对降低不合格品率或降低成本应换算成金额进行比较；

3）列举所有的其他效果。

（6）防止再发生和标准化

有效的改进措施要进行标准化，以防止问题再发生。

其活动内容：

1）为改进工作，应再次确认 5W1H 的内容，即 What（做什么）、Why（为什么做）、Who（谁做）、Where（哪里做）、When（何时做）、How（如何做），将其标准化，制定成工作标准；

2）进行有关标准的准备及宣传；

3）实施教育培训。

（7）总结

上一阶段的总结，为开展新一轮的质量改进提供依据。

其活动内容：

1）找出遗留问题；

2）考虑解决这些问题下一步接着该做什么；

3）总结本轮质量改进活动中，哪些问题得到顺利解决，哪些尚未解决。

5.5　六西格玛系统改进方法

5.5.1　六西格玛（6σ）质量的含义

"σ"在统计学上用来表示数据的离散程度。对连续可计量的质量特性，用"σ"量度质量特性总体上对目标值的偏离程度。"σ"前的系数在统计学中表示概率度，即 σ 水平。σ 越小，过程输出质量特性的分布越集中于目标值，此时过程输出质量特性落到上下控制界限以外的概率就越小，这就意味着出现缺陷的可能性越小。

六西格玛管理是通过对组织过程的持续改进、不断提高顾客的满意度、降低经营成本来提升组织盈利能力和竞争力水平的。之所以将这种管理方式命名为"六西格玛管理"，目的是要体现其核心理念，即以"最高的质量、最快的速度、最低的价格"向顾客或市场提供产品和服务。六西格玛质量水平是一个很高的标准。在六西格玛管理中，不断寻求提高过程能力的机会，通过过程改进使其不断优化，逐步提高过程输出结果与顾客要求和期望的接近程度，在提升顾客满意度的同时大量减少由于补救缺陷引起的浪费，使组织与顾客得到双赢。六西格玛管理与全面质量管理既有一些共同点，又有很多不同之处，两者的具体比较见表 5-7。

六西格玛管理与全面质量管理比较　　　　　　　　　表 5-7

六西格玛管理	全面质量管理
企业和客户的利益	企业利益
领导层的参与	领导层的领导
清晰且具有挑战性的目标	追求全面
跨职能流程管理	职能部门管理
瞄准核心流程	聚焦产品质量
绿带、黑带和黑带大师	全员
关注经济	关注技术

5.5.2 六西格玛（6σ）质量的统计意义

理解六西格玛质量的统计定义似乎要比理解其含义更困难一些，这需要一定的统计学知识。我们知道，产品或过程的规格界限（Specification Limits）实际上体现的是顾客的需求情况，它是指顾客对产品或过程的规格、性能所能容忍的波动范围。例如，快餐公司为顾客提供送餐服务，顾客希望晚上 6：30 送到，但是顾客也会考虑到实际情况总会造成时间上出现一些误差，如送餐员送货任务的多少、交通便利情况等，因此双方协商达成了一个可以接受的时间区间（6：15—6：45）送到即可。在这项服务中，6：30 是顾客期望的标准规格，6：15 和 6：45 称为规格下限（LSL）和规格上限（USL）。送餐公司要采取相应的措施尽量保证准时将食物送到顾客手中，因为这样顾客感觉最为满意。然而在规格下限与上限的时间段内送到，顾客也能接受；但是如果送达时间落到了这个区间之外，我们可以说送餐公司产生了一次服务失误。

对顾客多次送餐的送达时间在统计图上呈正态分布，如图 5-13 所示。

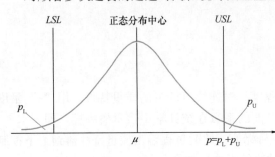

图 5-13　不合格品率

图中正态分布曲线的形状取决于该送餐公司的烹饪能力、设备、送餐人员能力等状况，反映的是送餐公司服务的整体水平。正态分布含有两个参数 μ 和 σ，常记为 $N(\mu, \sigma^2)$。其中 μ 为正态均值，是正态曲线的中心，通常认为它正好与 LSL 和 USL 的均值重合。所度量的质量特性值在 μ 附近取值的机会最大。σ 表示测量值距离正态中心的距离单位，是过程变异在统计上的度量，也属于有关过程能力的技术范畴。而 LSL 和 USL 是人为制定的参数，因此它们与图形无关。产品的规格限都是以文件的形式对产品和过程的特性所作的规定，这些规定可能是顾客的要求、行业公认的标准，或是企业下达的任务。无论哪种情况，所测量的质量特性超出规格限以外的都称为不合格。根据统计学知识，产品质量特性的不合格品率为：

$$p = p_{L} + p_{U}$$

式中　p_{L}——质量特性值 x 低于规格下限的概率；

　　　p_{U}——质量特性值 x 高于规格上限的概率，即：

$$p_{L} = p(x < LSL) = \Phi\left(\frac{LSL - \mu}{\sigma}\right)$$

$$p_{U} = p(x > USL) = 1 - \Phi\left(\frac{USL - \mu}{\sigma}\right)$$

所以产品或过程的合格率就为 $1 - p$。

不合格品率通常用百分比（％）和千分比（‰）来表示。由这个结果来看，3σ 质量的合格率便达到 99.73％的水平，只有 0.27％为不合格率，又或者解释为每 1000 件产品只有 2.7 件为次品，很多人可能会认为产品或服务质量达到这样的水平已经非常完美。可是，根据埃文斯（Evans）和林赛（Lindsay）曾做的统计，如果产品达到 99.73％合格率的话，以下事件便会继续在美国发生：

（1）每年有超过 15000 个婴儿出生时会被抛落在地上。

（2）每年平均有 9 小时没有水、电、暖气供应。

（3）每小时有 2000 封信邮寄错误。

这样的事情是我们所无法容忍的。对于每年要生产数以千万件产品，或提供上百万次服务的大企业来说，这样的合格率也不会让顾客和公司股东满意。但是对于高质量的产品生产和过程来说，用百分点这样表示的合格率还嫌单位过大，因此开始使用百万分点（10^{-6}）来表示每 100 万件产品中的不合格品数量，记为 ppm。例如 3σ 质量过程的不合格品率可以表示为：

$$p = p_{\mathrm{L}} + p_{\mathrm{U}} = 0.0027 = 2700\text{ppm}$$

表 5-8 给出了考虑过程漂移（正态分布中心与规格中心相距 1.5σ 时）后各个等级 σ 质量水平与不合格品率的对应关系：

σ 质量水平与不合格品率的对应关系　　　　　　　　　　表 5-8

σ 质量水平	1σ	2σ	3σ	4σ	5σ	6σ
不合格品率（ppm）	697700	308733	66803	6210	233	3.4

σ 质量水平也可以使用过程能力指数 C_{p} 和 C_{pk} 来衡量，它们之间的对应关系可以使用下列基本等式来转换：

$$C_{\mathrm{p}} = \frac{USL - LSL}{6\sigma}$$

$$C_{\mathrm{pk}} = \min\left(\frac{USL - \mu}{3\sigma}, \frac{\mu - LSL}{3\sigma}\right)$$

一个 6σ 质量水平的过程如果由过程能力指数 C_{p} 和 C_{pk} 来衡量的话，分别是 2.0 和 1.5。

5.5.3　六西格玛（6σ）管理的基本原则

1. 对顾客真正的关注

在六西格玛管理中以关注顾客最为重要。例如，对六西格玛管理绩效的评估首先就从顾客开始，六西格玛改进的程度是用其对顾客满意度所产生的影响来确定的。如果企业不是真正地关注顾客，就无法推行六西格玛管理。

2. 基于事实的管理

六西格玛管理从识别影响经营业绩的关键指标开始，收集数据并分析关键变量，可以更加有效地发现、分析和解决问题，使基于事实的管理更具可操作性。

3. 对流程的关注、管理和改进

无论是产品和服务的设计、业绩的测量、效率和顾客满意度的提高，还是在业务经营上，六西格玛管理都把业务流程作为成功的关键载体。六西格玛活动的最显著突破之一是使领导者和管理者确信"过程是构建向顾客传递价值的途径"。

4. 主动管理

六西格玛管理主张注重预防而不是忙于"救火"。在六西格玛管理中，主动性的管理意味着制定明确的目标，并经常进行评审，设定明确的优先次序，重视问题的预防而非事后补救，探求做事的理由而不是因为惯例就盲目地遵循。六西格玛管理将综合利用一系列工具和实践经验，以动态、积极、主动的管理方式取代被动应付的管理习惯。

5. 无边界合作

推行六西格玛管理，需要组织内部横向和纵向的合作，并与供应商、顾客密切合作，达到共同为顾客创造价值的目的。这就要求组织打破部门间的界限甚至组织间的界限，实现无边界合作，避免由于组织内部彼此间的隔阂和部门间的竞争而造成的损失。

6. 追求完美，容忍失败

任何将六西格玛管理法作为目标的组织都要朝着更好的方向持续努力，同时也要愿意接受并应对偶然发生的挫折。组织不断追求卓越的业绩，勇于设定六西格玛的质量目标，并在运营中全力实践。但在追求完美的过程中，难免有失败，这就要求组织有鼓励创新、容忍失败的氛围。

六西格玛管理是一个渐进过程，它从设立愿景开始，逐步接近完美的产品和服务以及很高的顾客满意度的目标，它建立在许多以往最先进的管理理念和实践基础上，为 21 世纪的企业管理树立了典范。

5.5.4 六西格玛（6σ）管理的组织与培训

实施六西格玛管理，需要组织体系的保证和各项管理职能的大力推动。因此，导入六西格玛管理时应建立健全组织结构，将经过系统培训的专业人员安排在六西格玛管理活动的相应岗位上，规定并赋予明确的职责和权限，从而构建高效的组织体系，为六西格玛管理的实施提供基本条件和必备资源。

1. 六西格玛管理组织形式

六西格玛管理的组织系统一般分为三个层次，即领导层、指导层和执行层。领导层通常由倡导者（一般由企业高层领导担任）、主管质量的经理和财务主管组成六西格玛管理领导集团或委员会；指导层由本组织的技术指导或从组织外聘请的咨询师组成；执行层由执行改进项目的黑带和绿带组成。

各层次的管理活动可归纳如下：

（1）领导层负责执行六西格玛管理的战略计划活动，内容包括制定六西格玛管理规划，提供资源，审核结果。

（2）指导层负责执行六西格玛管理的战术活动，内容包括组织培训、指导项目、检查进度。

（3）执行层负责执行六西格玛管理的作业活动，内容包括按 DMAIC（Define 定义—Measure 测量—Analyze 分析—Improve 改进—Control 控制）方法开展项目改进活动。六西格玛管理组织结构如图 5-14 所示。

2. 六西格玛管理组织结构中各职位描述

（1）倡导者。倡导者一般由组织高级管理层组成，大多数为兼职，通常由分管质量的副总经理担任。倡导者的工作通常是战略性的，全面负责整个组织内六西格玛管理的组织和推行，其主要职责是部署六西格玛管理的实施战略，选择具体项目，分配资源，对六西格玛管理的实施过程进行监控，确认并支持六西格玛管理的全面推行。

（2）黑带大师。"黑带"（Black Belt）这个词来自军事领域，指那些具有精湛技艺和本领的人，绿带、黑带、黑带大师分别代表不同的级别，标志着受训程度和专业水准。20世纪 90 年代，摩托罗拉公司将其引入六西格玛管理培训中，并几乎专指制造业里与产品

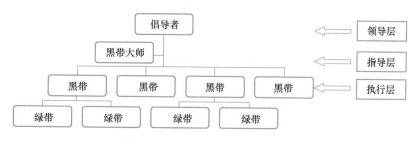

图 5-14　六西格玛管理组织结构图

改进相关的技术人才，延续至今，黑带的界定已经相当广泛了。黑带大师熟练掌握统计技术和工具及其他相关技术，是六西格玛项目的教练，在六西格玛管理运行中提供技术支持。其主要职责是选择、批准六西格玛项目，组织、协调项目的实施，挑选、培训和指导黑带。

黑带的职责在不同组织中有不同规定。有的强调管理和监督作用；有的主要负责日程变更、项目领导。这两种模式都非常有效。

黑带大师要通过正式的认定，而且必须通过一个严格的能力发展确认过程，一般平均为 15 个月，在此过程中，黑带大师要接受与六西格玛管理工具相关的更深层次的统计技术培训，接受推进技能及领导艺术方面的培训，并要求至少完成一个 100 万美元以上的项目。

（3）黑带。企业全面推行六西格玛管理的中坚力量就是专职的实施人员——黑带。他们是六西格玛项目的小组领导人，负责六西格玛改进项目的具体执行和推广，为员工提供六西格玛管理工具和技术培训，对改进项目提供一对一的技术支持。

（4）绿带。绿带为兼职人员，通常由组织中各基层部门的骨干或负责人担任，他们在六西格玛管理中负责组织推行基层改进项目，侧重于将六西格玛管理应用于每天的工作中。

有关资料表明，在六西格玛团队中，每 100 名员工需配备 1 名黑带，每 10 名黑带需配备 1 名黑带大师。

3. 六西格玛管理培训

六西格玛管理团队是一个学习型团队，贯穿始终的培训是六西格玛管理法获得成功的关键因素。培训类型包括黑带培训和团队培训，黑带培训主要是针对进行六西格玛管理活动的培训。

六西格玛管理中要求黑带的核心能力包括整合并应用各种统计技术和工具，熟练地分析和解决问题，具备指导并训练六西格玛项目团队成员以及领导团队的能力。黑带培训的关键就是打造其核心能力。黑带的培训一般由专门的培训机构承担，其课程的时间安排（以周为单位）基本对应于定义、测量、分析、改进和控制 5 个阶段，大约需要 160 个小时，如果是定期进行的集中培训，一般需要 4 周左右的时间跨度为 4 个月，每月培训 1 周。表 5-9 是六西格玛管理培训课程表的一个范例。

团队培训是六西格玛项目团队组建后开始的培训，一般由黑带大师或黑带承担，培训的对象为团队成员，特别是绿带。团队培训比专职推行人员培训在内容和范围上将缩小，在难度和要求上将降低。在培训过程中，要求受训人员不仅接受常规的课堂培训，还特别强调将本项目的实施活动纳入培训内容，使项目团队成员在实际参与项目的过程中，理论水平和实践经验都得到提高。

六西格玛管理培训课程方案

表 5-9

培训项目	核心内容	受训者	课时
六西格玛管理导论	六西格玛管理基本原则；评估业务需求；简明操作和模拟；评估职责和期望值	所有成员	1～2 天
六西格玛管理的领导和发起	领导小组成员和发起人的职责要求和技巧；项目选择与评估	业务领导；执行领导	1～2 天
领导所需要的六西格玛管理操作步骤和工具	经缩减改编的关于六西格玛管理的评估、分析流程及工具	业务领导；执行领导	3～5 天
领导变革	设定方向的概念及实施方法；促进和领导组织的变革	业务领导；执行领导；黑带大师；黑带	2～5 天
六西格玛改进活动的基本技巧	程序改进；设计/再设计；核心评估和改进工具	黑带；绿带；小组成员；发起人	6～10 天
协作和小组领导技巧	取得一致意见；领导讨论；开会；处理分歧的技巧和方法	业务领导；黑带大师；黑带；绿带；小组成员	2～5 天
六西格玛管理活动中期的评估和分析工具	解决更多项目难题的技术性技巧；样本选取和数据收集；统计过程控制；显著性检验；相关和回归分析；实验的基本设计	黑带大师；黑带	2～6 天
高级六西格玛管理工具	专用技巧和工具的组件；质量功能分解；高级统计分析；高级实验设计；田口方法等	黑带大师；内部顾问	课时随专题变化
程序管理的原则和技巧	设定一个核心或支持程序；分析关键结果、要求和评估措施；监测反馈方案	过程总负责人；业务领导；职能经理	2～5 天

5.5.5 六西格玛管理的项目策划与实施

6σ 项目成功的关键在于有效的策划和科学的实施。

1. 6σ 管理的项目策划

6σ 管理的项目策划活动包括：选择项目、选择有效的实施步骤、组织项目团队、输出 6σ 项目方案。

（1）选择项目

1）项目选择的基本条件

① 当前期绩效和语气或需要的绩效之间存在一定差距。

② 不能清楚解释问题产生的原因。

③ 已对出现的问题实施改进措施，但未达到预期效果。

2）项目选择的评价

组织中符合项目选择基本条件的项目会很多，必须对众多的项目进行有效评价，从中挑选出与组织当前的需求、能力以及目标相一致的最佳项目。

项目选择的评价应遵循以下标准：

① 回报或业务利润标准，包括以下几点：A. 有利于增加顾客满意度；B. 提高组织的市场竞争力；C. 提高组织的核心能力；D. 资金回报率；E. 解决问题的紧迫性。

② 可行性标准，包括以下几点：A. 资源需求量（人员、时间、资金）；B. 是否具备或容易获得实施这个项目所需要的知识和技能；C. 实施这个项目的复杂性和困难程度；D. 在合理的时间限度内成功的可能性有多大；E. 组织内部的关键部门能在多大程度上支持这个项目的实施，项目完成后会有多大收获。

③ 对组织的影响标准，包括以下几点：A. 员工从项目中可以学到哪些新的知识；B. 项目在多大程度上帮助组织打破部门之间的障碍，创造无边界合作的氛围。

（2）选择项目的有效模式

6σ 管理的改进有两种途径：一是渐进式改进；二是突破式改进，即对现有过程进行变革性改进。渐进式改进采用的是 6σ 管理的过程改进模式——DMAIC（定义、测量、分析、改进、控制）。突破式改进采用的是过程设计模式——DMADV（定义、测量、分析、设计、验证）。两种改进模式对应着相应的改进途径，但它们相互依赖、相互补充。实施过程改进，其效果呈循序渐进式；实施过程设计，其效果呈跳跃突变式。组织在两者的循环交替过程中不断追求新的目标，改进永无止境。

项目选定后，应针对特定项目的改进途径选择不同的改进模式，从而确定有效的实施步骤。

（3）组织项目团队

在选定 6σ 项目之后，应为特定项目组织 6σ 团队。以黑带为项目团队的执行领导，团队由绿带和与项目相关的人员参加，人员的数量视项目的复杂程度、要求的完成周期以及团队人员的专业水平和投入时间而定。

组建项目团队后，应由倡导者与团队共同建立项目特许任务书，为项目提供书面指南。内容包括项目的选择理由、项目的完成目标、项目的基本计划、项目团队成员的职责描述等。特许任务书还将在项目实施的定义阶段，由倡导者与团队一起进一步调整和细化，并在实施的全过程中随着项目的进展不断完善。

2. 6σ 管理的项目实施

（1）过程改进模式（DMAIC）

选择 DMAIC 模式实施过程改进，可得到循序渐进的效果。DMAIC 的实施步骤如图 5-15 所示。

在实施 DMAIC 模式过程中，应用统计工具进行数据收集、监视测量、问题分析、改进优化和控制效果，来达到增强顾客满意、提高企业绩效的目的。6σ 管理过程中所使用的统计方法不是前所未有的新工具，但通过准确选择和合理使用这些方法，可使 6σ 过程改进得以实现。6σ 管理过程中所使用的工具见表 5-10。

1）定义阶段：定义（Define）即识别、评估和选择正确的项目。

2）测量阶段：测量阶段需要开始描述过程，测量业绩并将过程文件化；开始数据的收集。验证测量系统后，开始测量过程能力，对过程现状有一个准确的评估。

① 测量业绩并描述过程。6σ 项目团队通过测量业绩（或问题），将过程用文件来描述，其过程如下：

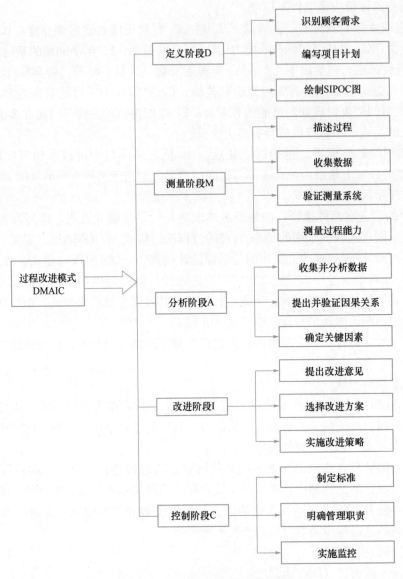

图 5-15　过程改进模式实施步骤

DMAIC 各阶段常用工具　　　　　　　　　　　　　　　　表 5-10

阶段	工具	阶段	工具
定义（D）	·排列图 ·因果图	分析（A）	·箱线图（Box Plots） ·直方图 ·排列图 ·多变量相关分析 ·回归分析 ·方差分析

阶段	工具	阶段	工具
测量（M）	• 流程图 • 因果图 • 排列图 • 控制图 • 散布图 • 测量系统分析（MSA） • 失效模式分析（FMEA） • 过程能力指数 • 顾客满意度指数	改进（I）	• 质量功能展开（QFD） • 试验设计（DOE） • 正交试验 • 响应曲面方法（RSM） • 展开操作（EVOP）
分析（A）	• 头脑风暴法 • 多变量图 • 确定关键质量的置信区间 • 假设检验	控制（C）	• 控制图 • 统计过程控制（SPC） • 防故障程序（Poka Yoke） • 过程能力指数 • 过程文件（程序）控制

A. 流程图分析。利用流程图来说明产品（服务）形成全过程，为了说明过程所有可能的波动偏差，应把所有人力资源、文件、程序方法、设备和测量仪器都包括在流程的说明中。流程图应使用标准或公认的图形符号（或语言）及结构来描绘。

B. 识别关键客户需求。按照朱兰质量管理思想以及 6σ 质量观点，质量应包括两层意思：一是特性满足客户需求——让客户满意；一是不存在不合理的缺陷——成本最少。因此，识别客户需求，尤其是关键客户需求，是 6σ 测量阶段的又一关键，客户满意度的质量是由刻画的价值观所确定的。通过客户满意流程图的分析，了解客户的认知质量（需求），掌握关键的客户需求，应特别关注产品或服务特性（感知质量），因为一旦不能满足其需求将直接影响满意程度直至成为抱怨的因素。

C. 确定关键产品、特性和流程参数。这是提高质量降低成本的一个重要系统。因为所有产品和流程都存在性能（或标准），都很重要且需要加以控制。然而有些性能（关键产品特性 KPC）和参数（关键流程参数 KCC）需要特别地控制。因为，这些产品性能和流程参数如果存在较大的偏差将会影响到产品的安全、装配质量或随后的制造和服务部门的产品质量。

D. 识别并记录潜在的失效模式、影响和致命度。其目的是识别并记录哪些对客户关键的过程绩效和产品特性（即输出变量）有影响的过程参数（即输入变量）。随着项目的进行，过程文件也会不断更新。

② 数据的收集。测量阶段后面的活动和分析阶段应进行数据的收集。根据测量阶段的实施要求，在测量业绩并描述过程以及数据收集之后，需对测量系统进行验证，并开始测量过程能力。

③ 验证测量系统。测量系统是指与测量特定特性有关的作业、方法、步骤、量具、设备、软件、人员的集合。为获得 6σ 管理所需的测量结果，应建立完整有效的测量流程，以确保测量系统精确可信。应对测量系统进行的分析和验证包括：分辨力、准确度、精密度、测量流程能力。

3) 分析阶段：这个阶段需要对测量阶段中得到的数据进行收集和分析，并在分析的基础上找出波动源，提出并验证波动源与质量结果之间因果关系的假设。在因果关系明确之后，确定影响过程业绩的决定因素。这些决定因素将成为下一阶段——改进阶段关注的重点。这一阶段应完成的主要任务是把我要改进的问题，找出改进的切入点，即绩效结果的决定因素。

① 收集并分析数据。在测量阶段，以对过程业绩、产品特性等输出变量以及过程参数等输入变量进行了识别和测量。测量的目的是要充分利用这些数据，因此要制定好数据收集计划。计划中应包括数据收集的地点、具体收集方法、数据收集的人员等。针对收集到的数据要利用一定的工具进行处理，以便更清晰、直观地分析数据，找出数据变化的趋势。此时常用的工具有坐标图、直方图等。

② 提出并验证关于波动原因和因果关系的假设。掌握了数据（特性）的偏差状态之后，要对其有所改进，首先要了解哪些因素会造成波动，即哪些因素是这一特性的波动源。影响特性值的因素会有很多，可用头脑风暴法找出所有的相关因素。通过头脑风暴法可得出多个影响因素，要对这些因素进行调整，并进行一定的合并、归纳和分类。确定并解释这些因素之间的关系以及因素与因果之间的关系有助于问题的解决，可采用因果图。

③ 确定流程业绩的决定因素。找出影响因素和因果关系后，还要确定哪些是"关键的少数"因素。要集中力量改进那些能够产生明显效果的因素。排列图是进行这一步骤时常用的一种工具。排列图分析能帮助人们确定这些相对少数但重要的因素，以使人们把精力集中于这些问题的改进上。它是用来寻找影响产品质量的各种因素中主要因素的一种方法，由此来确定改进的切入点。

4) 改进阶段：改进是在分析的基础上，针对关键因素确立最佳改进方案。在此阶段，可通过质量工程能展开、试验设计、正交试验等手段来对关键问题进行调整和改善。此阶段需要注意，应从小问题入手，对关键问题逐一解决，切不可操之过急，影响整个设计或管理的发展方向。所有这些，也要建立在过程业绩的数学模型基础上，以确定输入的操作和范围及设定过程参数，并对输入的改进进行优化。

5) 控制阶段：主要是对关键因素进行长期控制并采取措施以维持改进结果。定期检测可能影响数据的变量和因素、制定计划时未曾预料的情况。在此阶段，要应用适当的质量原则和技术方法，关注改进对象数据，对关键变量进行控制，制定过程控制计划，修订标准操作程序和作业指导书，建立测量体系，监控工作流程，并制定一些对突发事件的应对措施。

（2）过程设计模式

当循序渐进的改进已不能满足顾客的需求，跟不上技术发展的速度时，需要对过程进行设计和再设计，这就要采用突破式改进。突破式改进的实施应遵循过程设计模式——DMADV（Define 定义—Measure 测量—Analyze 分析—Design 设计—Verify 验证）。应用这一模式实施过程再设计，可得到跳跃突破的改进效果。其实施步骤如图 5-16 所示。

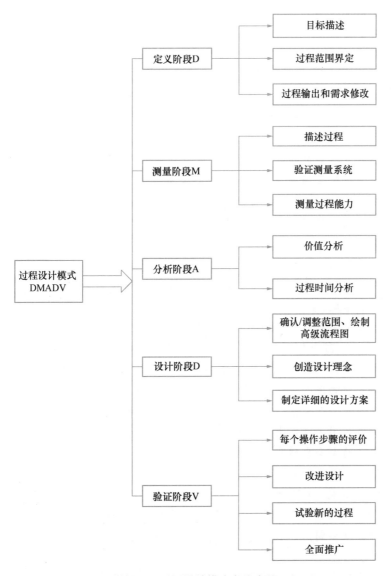

图 5-16 过程设计模式实施步骤

课后案例

PDCA 循环在洲头咀隧道工程项目中的应用

广州市洲头咀隧道工程第二标段项目，结构为沉管式管节对接过江隧道。位于广州市西南部三江交界处，东连海珠区内环路洪德立交，西接芳村区花蕾路，下穿越芳村大道、珠江。本工程隧道设计总长度为 1934m。其中穿越珠江水面沉管段长 340m，位于洲头咀客运码头和下芳村三码头之间。为有效确保工程项目的施工质量，应用 PDCA 循环模式进行施工质量的管理与控制。

1. 计划（Plan）

（1）现场安全分析

施工内容中涉及施工种类较多，结构类别各有不同，且地处环境为市中心航道，条件复杂。项目部建立安全管理体系后，项目经理组织所有管理人员对施工过程中的分项项目进行划分，并针对现场施工特点，分析安全形势。建立健全安全生产责任制和各项规章制度，不断完善安全生产工作机制，坚持"四不放过"原则，对险肇事故、未遂事故以及发生事故的班组和有关责任人进行严肃处理，总结原因、吸取教训、做好安全生产。

（2）施工项目危险源风险管理

项目开工后，针对现场项目划分种类及作业类别进行危险源风险分析，包括作业种类划分、导致事故发生的因素分析、事故的种类及防范措施。在结合分析数据后，针对危险较大的施工分部分项进行安全专项方案编制。

2. 实施（Do）

按照制定的策划内容，组织实际行动并严格保证计划的完整性。项目部把目标计划贯彻到分包、施工班组及施工相关人员。按照既定的工作计划实施操作。

（1）安全教育培训

从分析历来安全事故数据可以看出，人的不安全行为占事故比例88%，物的不安全状态占10%；环境的影响占2%。结合工种技能特点，帮助作业人员巩固生产技能的安全技术水平，在学习中提升技能安全操作技术。

（2）分项施工前的风险评估

结合计划中的危险源风险分析，洲头咀项目应用现场作业分析法（JSA）进行风险评估。项目部依据所应用安全防护用品的规定标准，在物资进场时评价和选择合格的供应商，检查验证用品的安全合格资料及性能。

（3）分包控制

本工程所有分项施工基本属于通过与外部建筑单位合作的模式进行运营。项目部根据局/处对分包管理控制的指示，在选择分包商前进行对该单位相关施工所需资料的审核，在施工前、签订分包合同后，独立签订一份施工安全协议书，每月进行考核。

（4）应急预案演练

洲头咀项目除了有分项施工的安全技术措施外，针对重点项目编制了船舶航行应急预案、现场综合应急员、现场各类事故处置方案、防台预案，且每年进行不少于一次的安全应急演练。

3. 检查（Check）

（1）安全检查

项目部建立安全检查制度，对施工现场的安全状况和业绩进行日常的理性检查，以掌握施工现场安全生产活动和结果的信息，保证安全管理目标实现。各部门、班组、工区做好日常自检或例检，及时制止违规现象和整改安全隐患，并保留书面记录。重点检查施工用电、起重作业、潜水作业、工程船舶。

（2）安全评估

项目部在施工节点或某阶段施工验收后，召开安全管理总结会议，安全部总结统计施工过程各个隐患次数，项目经理主持分析安全生产的不安全因素及相应杜绝、控制减低的办法。如未能解决，记录在案，纳入下一段施工计划中。

4. 处理（Action）

（1）分包的违章行为

在第二年的施工过程中除了经济处罚作为管理手段外，每日应增设安全会议以分析安全生产活动的隐患及解决方法；日常教育培训活动应组织丰富安全教育资源来提高安全管理质量。

（2）现场危险源辨识及方案措施的补充

在施工过程中，业主、设计等有关方在施工工艺、设计图纸上的改变，即形成原危险源分析的缺漏项。除原分析部署中列举的危险源项目外，在施工过程中发现的增设项目及合同外增设内容加入下一阶段的 PDCA 循环的内容中。同时针对性的方案及措施亦同步编制实施。

（3）隐患分析

在施工第一阶段，应用 PDCA 循环管理模式中，总结出应急部署的薄弱环节，人员应急处置的不足。结合日常检查的隐患内容，对一下阶段的实施内容进行演练内容的优化。其中用电作业、临水作业及起重作业的隐患次数相比较多，因此在第二阶段的 PDCA 循环中将以减少及杜绝为目标重点控制。

本工程项目实现计划中的管理目标，计划、实施、检查与处理 4 个阶段相互联系，有了开工前的策划部署，紧接着实施工作，检查工作，分析问题，总结经验，遗留问题融入下一阶段的工作计划内。以此模式类推下去，对于上一轮 PDCA 循环未解决的问题，应做好周详的记录，并转入下一轮 PDCA 质量循环进行持续改进。

【案例思考】

1. 阐述洲头咀隧道工程项目是如何进行质量改进的？
2. 通过本案例，结合所见所闻，说说你对质量改进的看法。

六西格玛在某桥梁墩柱外观质量控制中的应用

某桥梁为上、下行两座独立的结构，两座桥之间镂空 6.0 m。上、下行桥均采用 7 跨预应力混凝土连续箱梁桥，跨径布置为（24＋5×30＋24）m，桥梁总长 198 m。单幅桥结构宽 14 m，单箱单室斜腹板结构，梁高 1.75 m 等高度。下部结构桥墩采用双柱式墩，全桥横桥向 1~6 号墩，全桥墩柱共 22 个，墩柱为矩形圆角截面实心墩结构，设计混凝土强度等级为 C35。

针对本工程的特点，对影响墩柱外观质量的关键工艺进行分析，在桥梁墩柱施工过程中，将混凝土工、钢筋工等人员的操作流程分成相应的步骤，测量和统计分析各个步骤总的和出错的数据，计算各个工种的六西格玛（6σ）水平，再将这些数据结合起来分析和改进墩柱外观质量。大桥墩柱混凝土外观质量目标是一次性施工拆模后其结构外形轮廓分明、线型顺滑、混凝土表面平整、光洁、色泽自然、均匀一致，给人美观的视觉感受。

根据六西格玛（6σ）方法论，用质量改进过程方法 DMAIC 来实现工程质量的优化，即定义(D)—测量(M)—分析(A)—改进(I)—控制(C)。

1. 定义（Define）

确定质量改进的目标，并对项目自身和顾客期望值分析后找出产品的关键质量要素（CTQ），定义要改进项目的范畴。大桥墩柱设计上采用大体积混凝土，与一般混凝土性质相比，其特殊性主要表现在：体积大、水泥水化热释放比较集中、内部温升比较快、使用高大模板、浇筑与振捣困难等。因此，提高混凝土外观质量的有效方法，是必须严格控制模板安装和混凝土施工的工艺质量。

2. 测量（Measure）

测量目前阶段施工现场在 CTQ 方面的实际值。根据现场施工过程中的人、机、料、环、法等五个方面的因素进行测量和调查，逐项进行分析研究。

3. 分析（Analyze）

分析影响 CTQ 水平的原因，并确定"关键的少数"影响因素。通过对测量结果的分析，应用头脑风暴法对影响混凝土外观质量的因素和程度进行分析研究并统计出要因，通过对墩柱混凝土外观质量的问题进行影响分析（FMEA）和测量，找出影响墩柱混凝土外观质量的关键问题主要是混凝土配制及浇筑、模板安装、一次性成型以及养护条件等。

4. 改进（Improve）

寻找 CTQ 的最优值，确定对应于 CTQ 最优值的"关键少数"因素的对应水平。

（1）模板制作安装质量控制

模板宜采用优质大平面组合钢模板，或自身没有色差且高质量的竹胶模板，对使用的模板质量严格控制，同时保证模板具有足够的强度、刚度。模板在安装前，应均匀涂刷脱模剂，避免使用废机油等不合格材料作为脱模剂，影响混凝土表面色泽。模板支撑应牢固、接缝严密，不因模板漏浆产生蜂窝麻面、胀模产生混凝土表面翘曲、边线不顺等外观质量通病。安装完毕的模板放置时间不宜太长，应采取措施避免或减少下道工序操作时造成的污染。

（2）混凝土浇筑工艺质量控制

首先，在混凝土的配制上借鉴六西格玛（6σ）管理的质量控制方法，确保混凝土的和易性符合质量要求。其次，混凝土搅拌必须达到三个基本要求：计量准确、搅拌透彻、坍落度稳定。再者，就是浇筑与振捣。振捣要分段分层，限时接槎；浇前振后，避免早振；快插慢提，振速控制。

（3）墩柱养护

最后拆模时，混凝土抗压强度不小于 5.0 MPa；混凝土养护采用 1 mm 厚塑料薄膜螺旋式缠裹墩柱，薄膜断处采用不干胶粘牢，同时以防止上部结构施工时对墩身结构造成污染。确保养护温度，防止受冻，同时在混凝土中掺加高效减水剂，起到防冻的作用。

5. 控制阶段（Control）

将改善结果标准化并用控制工具进行监测。各工序按照作业指导书实施操作并严格监督管理。由质检员进行定期的操作检查，每月进行质量考核，加大奖罚力度，充分调动工人积极性。坚持每月进行专业操作培训并召开施工问题及解决方法总结会。

【案例思考】

1. 结合案例阐述如何改进墩柱外观质量？

2. 工程项目质量管理中是如何体现质量改进的？

复习思考题

1. 如何理解项目质量改进的内涵?
2. 项目质量改进的对象和主体各是什么?
3. 项目质量改进的原则有哪些?
4. 在项目的质量改进中体现了哪些观念的转变?
5. 简述项目质量改进的主要过程。
6. 如何营造项目质量持续改进的组织内部环境?
7. 简述质量改进与质量控制的异同点。
8. 6σ 管理的过程改进模式 DMAIC 与 PDCA 循环有何联系?
9. 简述 6σ 管理的基本原则,并与 TQM 比较分析。
10. 结合实际,谈谈质量策划、质量保证、质量控制与质量改进的关系。

第6章　工程项目施工阶段质量管理

引导案例

北京大兴国际机场的施工阶段质量管理

北京大兴国际机场作为大型国际枢纽机场，是首都的重大标志性工程，是展现中国国家形象的新国门，是推动京津冀协同发展的骨干工程。大兴机场航站楼，是目前全球最大规模的单体航站楼，其独特的造型设计、精湛的施工工艺、便捷的交通组织、先进的技术应用，创造了许多世界之最。北京大兴国际机场在建设过程中，通过了北京市建筑结构长城杯验收，并获得了中国钢结构金奖、钢结构杰出大奖等省部级、国家级荣誉。为保证工程质量管理水平，公司完善了质量体系与制度建设，适时开展各类质量管理活动，落实全员质量管理的核心思想，提升过程管理的精细化、标准化程度，并制定了全方位的质量管理体系。

为了进一步提高全局项目质量管理水平，注重指导项目施工质量前期策划、过程管理等内容，强化施工现场过程质量和相关评价，鼓励项目和成果总结，形成质量全过程管理的指导性文件，公司针对机场项目编制了《质量管理标准化示范工程实施指南》。该指南以"完善体系，策划先行，严控过程，落实职责，实时评价，一次成优"为主要原则，遵循施工现场质量工作围绕质量管理标准化的要求进行开展，推动企业质量管理工作"创新驱动、转型发展"的要求，创新施工过程质量监管模式，全面落实各级质量管理人员主体责任，强化施工过程动态控制，加速提升工程质量总体水平。

机场项目作为Z公司华北公司重点工程，使命和意义非常重大。华北公司成立专门的重点工程质量领导小组，定期（至少保证每周一次）对项目进行检查和指导。华北公司创新监督检查制度，公司质量主管部门创新工程质量监督检查方式，改变事先发通知、打招呼的检查方式，采取随机、飞行检查的方式，对工程质量实施有效监督。通过检查，及时发现过程中存在的质量问题，并监督和指导项目部积极采取有效措施进行整改和提高。为了保证监管的高效性和针对性，制定了详细的监管计划。

公司加强对各施工项目的工序质量进行有效监控，并将工序质量与施工项目的专业工程师、操作人员或分包方的经济利益挂钩，保证施工质量始终处于受控状态。建立完善的材料、成品、半成品及设备进场检验制度。切实做好计量管理工作，并制定相应的管理制度。坚持"样板制""三检制"等行之有效的过程质量控制措施和方法。积极开展群众性的质量管理（QC）小组活动，充分调动全体员工参与质量管理活动的积极性、创造性。

施工项目做好施工过程的检验与试验工作：依据相关规范及设计要求制定分部工程检验、试验计划；各项检验、试验均应编制专项方案；严格按批准的检验、试验方案进行检验与试验；规定需由第三方检验的试件，必须送具有相应认证资质的检测机构检验。各个项目应做好成品保护工作，并将其纳入项目质量管理策划中。

工程项目是一个渐进的过程，施工阶段质量管理是工程项目的核心、是决定工程建设成败的关键。要保证工程项目的稳步推进，就要加强施工阶段质量管理，提高工程项目的质量。

学习要点

1. 施工质量管理的依据；
2. 工程项目施工质量管理的工作程序；
3. 施工组织设计审查的基本内容与程序要求；
4. 施工方案审查的基本内容；
5. 巡视与旁站的定义及要点；
6. 见证取样的工作程序和要求；
7. 质量记录资料内容。

6.1　工程项目施工质量管理的依据和工作程序

6.1.1　工程项目施工质量管理的依据

项目监理机构施工质量管理的依据，大体上有以下 4 类：

1. 工程合同文件

建设工程监理合同、建设单位与其他相关单位签订的合同，包括与施工单位签订的施工合同，与材料设备供应单位签订的材料设备采购合同等。项目监理机构既要履行建设工程监理合同条款，又要监督施工单位、材料设备供应单位履行有关工程质量合同条款。因此，项目监理机构人员应熟悉这些相应条款，据以进行质量管理。

2. 工程勘察设计文件

工程勘察包括工程测量、工程地质和水文地质勘察等内容，工程勘察成果文件为工程项目选址、工程设计和施工提供科学可靠的依据，也是项目监理机构审批工程施工组织设计或施工方案、工程地基基础验收等工程质量管理的重要依据。经过批准的设计图纸和技术说明书等设计文件，是质量管理的重要依据。施工图审查报告与审查批准书、施工过程中设计单位出具的工程变更设计都属于设计文件的范畴，是项目监理机构进行质量管理的重要依据。

3. 有关质量管理方面的法律法规、部门规章与规范性文件

我国具有健全的工程质量管理法律法规体系，例如：

（1）法律：《中华人民共和国建筑法》《中华人民共和国刑法》《中华人民共和国防震减灾法》《中华人民共和国节约能源法》《中华人民共和国消防法》等。

（2）行政法规：《建设工程质量管理条例》《民用建筑节能条例》等。

（3）部门规章：《建筑工程施工许可管理办法》《建设工程质量检测管理办法》《房屋建筑和市政基础设施工程质量监督管理规定》《房屋建筑和市政基础设施工程竣工验收备案管理办法》《房屋建筑工程质量保修办法》等。

（4）规范性文件：《房屋建筑工程施工旁站监理管理办法（试行）》《工程质量安全手册（试行）》等。

此外，其他各行业如交通、能源、水利、冶金、化工等和省、市、自治区的有关主管部门，也均根据本行业及地方的特点，制定和颁发了有关的法规性文件。

4. 工程建设标准

工程建设的质量标准是针对不同行业、不同的质量管理对象而制定的，包括各种有关的标准、规范或规程。根据适用性，标准分为国家标准、行业标准、地方标准和企业标准。它们是建立和维护正常的生产和工作秩序应遵守的准则，也是衡量工程、设备和材料质量的尺度。对于国内工程，国家标准是必须执行与遵守的最低要求，行业标准、地方标准和企业标准的要求不能低于国家标准的要求。企业标准是企业生产与工作的要求与规定，适用于企业的内部管理。

项目监理机构在施工质量管理中，依据的工程建设的质量标准主要有以下几类：

(1) 工程项目施工质量验收标准

这类标准主要是由国家或部门统一制定的，用以作为检验和验收工程项目质量水平所依据的技术法规性文件。例如，《建筑工程施工质量验收统一标准》GB 50300—2013、《混凝土结构工程施工质量验收规范》GB 50204—2015、《建筑装饰装修工程质量验收标准》GB 50210—2018 等。对于其他行业如水利、电力、交通等工程项目的质量验收，也有与之类似的相应的质量验收标准。

(2) 有关工程材料、半成品和构配件质量管理方面的专门技术法规性依据

1) 有关材料及其制品质量的技术标准。例如：水泥、木材及其制品、钢材、砌块、石材、石灰、砂、玻璃、陶瓷及其制品，涂料、保温及吸声材料、防水材料、塑料制品、建筑五金、电缆电线、绝缘材料以及其他材料或制品的质量标准。

2) 有关材料或半成品等的取样、试验等方面的技术标准或规程。例如：木材的物理力学试验方法，钢材的机械及工艺试验取样法，水泥安定性检验方法等。

3) 有关材料验收、包装、标志方面的技术标准和规定。例如：型钢的验收、包装标志及质量证明书的一般规定，钢管验收、包装、标志及质量证明书的一般规定等。

5. 管理施工作业活动质量的技术规程

例如电焊操作规程、砌体操作规程、混凝土施工操作规程等，它们是为了保证施工作业活动质量在作业过程中应遵照执行的技术规程。

凡采用新工艺、新技术、新材料的工程，事先应进行试验，并应有权威性技术部门的技术鉴定书及有关的质量数据、指标，在此基础上制定相应的质量标准和施工工艺规程，以此作为判断与管理质量的依据。如果拟采用的新工艺、新技术、新材料，不符合现行强制性标准规定的，应当由拟采用单位提请建设单位组织专题技术论证，报批准标准的建设行政主管部门或者国务院有关主管部门审定。

6.1.2 工程项目施工质量管理的工作程序

人在施工阶段中，项目监理机构要进行全过程的监督、检查与管理，不仅涉及最终产品的检查、验收，而且涉及施工过程的各环节及中间产品的监督、检查与验收。这种全过程的质量管理一般程序简要框图如图 6-1 所示。

在工程开始前，施工单位须做好施工准备工作，待开工条件具备时，应向项目监理机构报送工程开工报审表及相关资料。专业监理工程师重点审查施工单位的施工组织设计是否已由总监理工程师签认，是否已建立相应的现场质量、安全生产管理体系，管理及施工

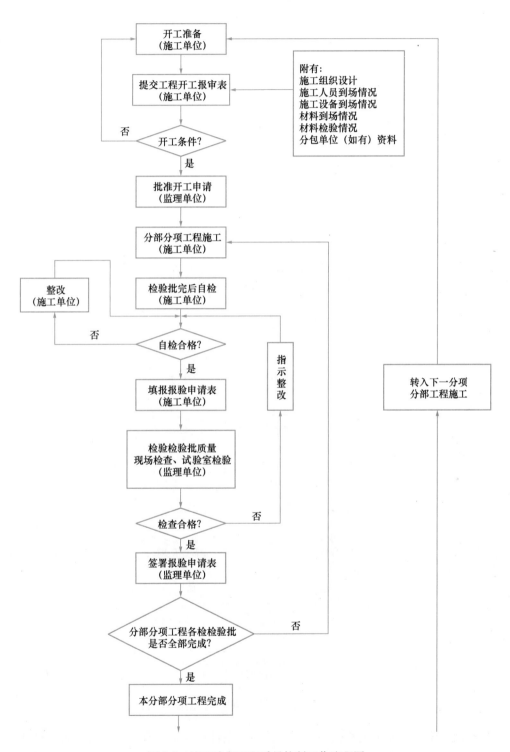

图 6-1　施工阶段工程质量控制工作流程图

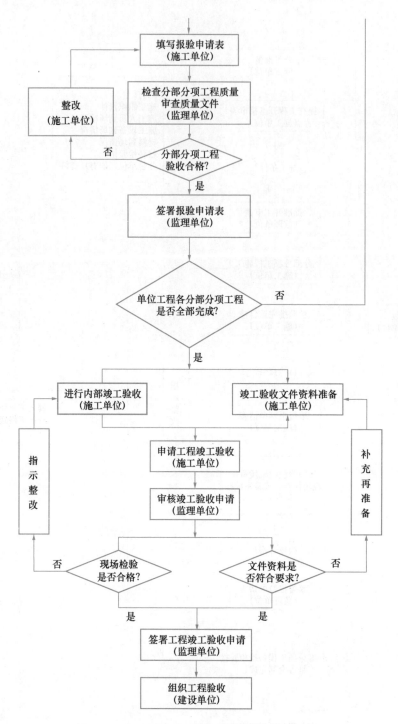

图 6-1 施工阶段工程质量控制工作流程图（续）

人员是否已到位，主要施工机械是否已具备使用条件，主要工程材料是否已落实到位。设计交底和图纸会审是否已完成；进场道路及水、电、通信等是否已满足开工要求。审查合格后，则由总监理工程师签署审核意见，并报建设单位批准后，总监理工程师签发开工令。否则，施工单位应进一步做好施工准备，待条件具备时，再次报送工程开工报审表。

在施工过程中，项目监理机构应督促施工单位加强内部质量管理，严格质量管理。施工作业过程均应按规定工艺和技术要求进行。在每道工序完成后，施工单位应进行自检，只有上一道工序被确认质量合格后，方能准许下道工序施工。当隐蔽工程、检验批、分项工程完成后，施工单位应自检合格，填写相应的隐蔽工程或检验批或分项工程报审、报验表，并附有相应工序和部位的工程质量检查记录，报送项目监理机构。经专业监理工程师现场检查及对相关资料审核后，符合要求予以签认。反之，则指令施工单位进行整改或返工处理。

施工单位按照施工进度计划完成分部工程施工，且分部工程所包含的分项工程全部检验合格后，应填写相应分部工程报验表，并附有分部工程质量管理资料，报送项目监理机构验收。由总监理工程师组织相关人员对分部工程进行验收，并签署验收意见。

在施工质量验收过程中，涉及结构安全的试块、试件以及有关材料，应按规定进行见证取样检测；对涉及结构安全和使用功能的重要分部工程，应进行抽样检测，承担见证取样检测及有关结构安全检测的单位应具有相应资质。

按照单位工程施工总进度计划，施工单位已完成施工合同所约定的所有工程量，并完成自检工作，工程验收资料已整理完毕，应填报单位工程竣工验收报审表，报送项目监理机构竣工验收。总监理工程师组织专业监理工程师进行竣工预验收，并签署验收意见。

6.2　工程项目施工准备阶段的质量管理

6.2.1　图纸会审与设计交底

1. 图纸会审

图纸会审与设计交底图纸会审是建设单位、监理单位、施工单位等相关单位，在收到施工图审查机构审查合格的施工图设计文件后，在设计交底前进行的全面细致的熟悉和审查施工图纸的活动。监理人员应熟悉工程设计文件，并应参加建设单位主持的图纸会审会议，建设单位应及时主持召开图纸会审会议，组织项目监理机构、施工单位等相关人员进行图纸会审，并整理成会审问题清单，由建设单位在设计交底前约定的时间内提交设计单位。图纸会审由施工单位整理会议纪要，与会各方会签。

总监理工程师组织监理人员熟悉工程设计文件是项目监理机构实施事前质量管理的一项重要工作。其目的：一是通过熟悉工程设计文件，了解设计意图和工程设计特点、工程关键部位的质量要求；二是发现图纸差错，将图纸中的质量隐患消灭在萌芽之中。监理人员应重点熟悉：设计的主导思想与设计构思，采用的设计规范、各专业设计说明等以及工程设计文件对主要工程材料、构配件和设备的要求，对所采用的新材料、新工艺、新技术、新设备的要求，对施工技术的要求以及涉及工程质量、施工安全应特别注意的事项等。

图纸会审的内容一般包括：

（1）审查设计图纸是否满足项目立项的功能、技术可靠、安全、经济适用的需求；

（2）图纸是否已经审查机构签字、盖章；

（3）地质勘探资料是否齐全，设计图纸与说明是否齐全，设计深度是否达到规范要求；

（4）设计地震烈度是否符合当地要求；

（5）总平面与施工图的几何尺寸、平面位置、标高等是否一致；

（6）人防、消防、技防等特殊设计是否满足要求；

（7）各专业图纸本身是否有差错及矛盾，结构图与建筑图的平面尺寸及标高是否一致，建筑图与结构图的表示方法是否清楚，是否符合制图标准，预留、预埋件是否表示清楚；

（8）工程材料来源有无保证，新工艺、新材料、新技术的应用有无问题；

（9）地基处理方法是否合理，建筑与结构构造是否存在不能施工、不便于施工的技术问题，或容易导致质量、安全、工程费用增加等方面的问题；

（10）工艺管道、电气线路、设备装置、运输道路与建筑物之间或相互间有无矛盾。

2. 设计交底

在工程施工前，设计单位就审查合格的施工图设计文件向建设单位、施工单位和监理单位作出详细说明。施工图设计交底按主项（装置或单元）分专业集中一次进行，遇有特殊情况，应建设单位要求也可按施工程序分次进行。施工图设计交底会原则上不重复召开，如果由于施工单位变更需要重复开会时，由建设单位和设计单位协商解决。

施工图设计交底有利于进一步贯彻设计意图和修改图纸中的错、漏、碰、缺；帮助施工单位和监理单位加深对施工图设计文件的理解，掌握关键工程部位的质量要求，确保工程质量。设计交底的主要内容一般包括：施工图设计文件总体介绍，设计的意图说明，特殊的工艺要求，建筑、结构、工艺、设备等各专业在施工中的难点、疑点和容易发生的问题说明；介绍同类工程经验教训，以及解答施工、监理和建设等单位提出的问题等。

建设单位应在收到施工图设计文件后 3 个月内组织并主持召开工程施工图设计交底会。除建设单位、设计单位、监理单位、施工单位及相关部门（如质量监督机构）参加外，还可根据需要邀请特殊机械、非标设备和电气仪器制造厂商代表参加。

设计交底会议的程序和内容如下：

（1）设计项目负责人介绍工程概况。

工程概况的内容包括：贯彻执行初步设计审查意见的情况，设计范围，设计文件的组成和查找办法，原料产品及生产技术特点，主要建安工作量或修正概算，与界区外工程的监理人关系和衔接要求。

（2）各专业设计负责人进行专业设计交底。

专业设计交底的内容包括：设计范围，设计文件的组成、查找办法和图例符号的工程意的事意义，技术特点及对工程的特殊要求，专业建安工作量或修正概算，施工验收应遵循的规范、标准和技术规定，与其他专业的交叉和衔接，对图纸会审提出的问题的处理意见，同类工程的经验教训等。

（3）设计方会同建设方将会议意见集中并形成会议纪要，经与会各单位负责人讨论确认后，在会上宣读。会议结束后，建设单位应将会议纪要发送至有关单位。

6.2.2 施工组织设计的审查

施工组织设计是指导施工单位进行施工的实施性文件。项目监理机构应审查施工单位报审的施工组织设计，符合要求时，应由总监理工程师签认后报建设单位。项目监理机构应要求施工单位按已批准的施工组织设计组织施工。施工组织设计需要调整时，项目监理机构应按程序重新审查。

1. 施工组织设计审查的基本内容与程序要求

（1）审查的基本内容

施工组织设计审查应包括下列内容：

1）编审程序应符合相关规定；

2）施工组织设计的基本内容是否完整，应包括编制依据、工程概况、施工部署、施工进度计划、施工准备与资源配置计划、主要施工方法、施工现场平面布置及主要施工管理计划等；

3）工程进度、质量、安全、环境保护、造价等方面应符合施工合同要求；

4）资金、劳动力、材料、设备等资源供应计划应满足工程施工需要，施工方法及技术措施应可行与可靠；

5）施工总平面布置应科学合理。

（2）审查的程序要求

施工组织设计的报审应遵循下列程序及要求：

1）施工单位编制的施工组织设计经施工单位技术负责人审核签认后，与施工组织设计报审表并报送项目监理机构；

2）总监理工程师应及时组织专业监理工程师进行审查，需要修改的，由总监理工程师签发书面意见退回修改；符合要求的，由总监理工程师签认；

3）已签认的施工组织设计由项目监理机构报送建设单位；

4）施工组织设计在实施过程中，施工单位如需做较大的变更，项目监理机构应按程序重新审查。

2. 施工组织设计审查监理工作要点

（1）受理施工组织设计。施工组织设计的审查必须是在施工单位编审手续齐全（即有编制人、施工单位技术负责人的签名和施工单位公章）的基础上，由施工单位填写施工组织设计报审表，并按合同约定时间报送项目监理机构；

（2）总监理工程师应在约定的时间内，组织各专业监理工程师进行审查，专业监理工程师在报审表上签署审查意见后，总监理工程师审核批准。需要施工单位修改施工组织设计时，由总监理工程师在报审表上签署意见，发回施工单位修改。施工单位修改后重新报审，总监理工程师应组织再审；

（3）施工组织设计应遵守工程建设有关的法律法规，应符合国家现行有关技术标准和技术经济指标，充分考虑施工合同约定的条件、施工现场条件和工程设计文件的要求；应针对工程的特点、难点及施工条件，具有可操作性，质量措施切实能保证工程质量目标，采用的新技术、新工艺、新材料和新设备应先进、适用、可靠；

（4）项目监理机构宜将审查施工单位施工组织设计的情况，特别是要求发回修改的情况及时向建设单位通报，应将已审定的施工组织设计及时报送建设单位。涉及增加工程措施费的项目，必须与建设单位协商，并征得建设单位的同意；

（5）经审查批准的施工组织设计，施工单位应认真贯彻实施，不得擅自任意改动。若需进行实质性的调整、补充或变动，应报项目监理机构审查同意。如果施工单位擅自改动，监理机构应及时发出监理通知单，要求按程序报审。

6.2.3 施工方案审查

总监理工程师应组织专业监理工程师审查施工单位报审的施工方案，符合要求后应予以签认。施工方案审查应包括的基本内容：①编审程序应符合相关规定；②工程质量保证措施应符合有关标准。

1. 程序性审查

应重点审查施工方案的编制人、审批人是否符合有关权限规定的要求。根据相关规定，通常情况下，施工方案应由项目技术负责人组织编制，并经施工单位技术负责人审批签字后提交项目监理机构。项目监理机构在审批施工方案时，应检查施工单位的内部审批程序是否完善、签章是否齐全，重点核对审批人是否为施工单位技术负责人。

2. 内容性审查

审查施工方案的基本内容是否完整，包括：

（1）工程概况：分部分项工程概况、施工平面布置、施工要求和技术保证条件；

（2）编制依据：相关法律法规、标准、规范及图纸（国标图集）、施工组织设计等；

（3）施工安排：包括施工顺序及施工流水段的确定、施工进度计划、材料与设备；

（4）施工工艺技术：技术参数、工艺流程、施工方法、检验标准等；

（5）施工保证措施：组织保障、技术措施、应急预案、监测监控等；

（6）计算书及相关图纸。

应重点审查施工方案是否具有针对性、指导性、可操作性；现场施工管理机构是否建立了完善的质量保证体系，是否明确工程质量要求及标准，是否健全了质量保证体系组织机构及岗位职责、是否配备了相应的质量管理人员；是否建立了各项质量管理制度和质量管理程序等；施工质量保证措施是否符合现行的规范、标准等，特别是与工程建设强制性标准的符合性。例如，审查建筑地基基础工程土方开挖施工方案，要求土方开挖的顺序、方法必须与设计工况相一致，并遵循"开槽支撑，先撑后挖，分层开挖，严禁超挖"的原则。在质量安全方面的要点是：①基坑边坡土不应超过设计荷载以防边坡塌方；②挖方时不应碰撞或损伤支护结构、降水设施；③开挖到设计标高后，应对坑底进行保护，验槽合格后，尽快施工垫层；④严禁超挖；⑤开挖过程中，应对支护结构、周围环境进行观察、监测，发现异常及时处理等。

3. 审查的主要依据

建设工程施工合同文件及建设工程监理合同，经批准的建设工程项目文件和勘察设计文件，相关法律、法规、规范、规程、标准图集等，以及其他工程基础资料、工程场地周边环境（含管线）资料等。

6.2.4 现场施工准备质量管理

1. 施工现场质量管理检查

工程开工前，项目监理机构应审查施工单位现场的质量管理组织机构、管理制度及专职管理人员和特种作业人员的资格，主要内容包括：

（1）质量管理组织机构，是否按相关规定和项目情况建立了组织机构，关键岗位人员的配置是否符合建设主管部门的规定，职责是否明确；

（2）现场质量管理制度，是否按相关规定建立了分包单位管理制度、物资采购管理制度、施工设施和机械设备管理制度、计量制度、检测试验管理制度、工程质量检查验收制度等；

（3）管理人员和特种作业人员的资格，施工项目负责人、技术负责人、质量负责人和施工质量关键岗位人员（质量员及试验检测、测量人员等）是否按规定持有执业证书，特种作业人员是否按规定持有上岗证。

2. 分包单位资质的审核确认

分包工程开工前，项目监理机构应审核施工单位报送的分包单位资格报审表及有关资料，专业监理工程师进行审核并提出审查意见，符合要求后，应由总监理工程师审批并签署意见。分包单位资质审核应包括的基本内容：①营业执照、企业资质证书；②安全生产许可文件；③类似工程业绩；④专职管理人员和特种作业人员的资格。

专业监理工程师应在约定的时间内，对施工单位所报资料的完整性、真实性和有效性进行审查。在审查过程中需与建设单位进行有效沟通，必要时会同建设单位对施工单位选定的分包单位的情况进行实地考察和调查，核实施工单位申报材料与实际情况是否相符。

专业监理工程师审查分包单位资质材料时，应查验《建筑业企业资质证书》《企业法人营业执照》及《安全生产许可证》。注意拟承担分包工程内容与资质等级、营业执照是否相符。分包单位的类似工程业绩，要求提供工程名称、工程质量验收等证明文件；审查拟分包工程的内容和范围时，应注意施工单位的发包性质，禁止转包、肢解分包、层层分包等违法行为。

总监理工程师对报审资料进行审核，在报审表上签署书面意见前需征求建设单位意见，如分包单位的资质材料不符合要求，施工单位应根据总监理工程师的审核意见，或重新报审，或另选择分包单位再报审。

3. 查验施工管理测量成果

专业监理工程师应检查、复核施工单位报送的施工管理测量成果及保护措施，签署意见，并应对施工单位在施工过程中报送的施工测量放线成果进行查验。施工管理测量成果及保护措施的检查、复核，包括：①施工单位测量人员的资格证书及测量设备检定证书；②施工平面管理网、高程管理网和临时水准点的测量成果及管理桩的保护措施。

项目监理机构收到施工单位报送的施工管理测量成果报验表后，由专业监理工程师审查。专业监理工程师应审查施工单位的测量依据、测量人员资格和测量成果是否符合规范及标准要求，符合要求的，予以签认。

专业监理工程师应检查、复核施工单位测量人员的资格证书和测量设备检定证书。根据相关规定，从事工程测量的技术人员应取得合法有效的相关资格证书，用于测量的仪器和设备也应具备有效的检定证书。专业监理工程师应按照相应测量标准的要求对施工平面管理网、高程管理网和临时水准点的测量成果及管理桩的保护措施进行检查、复核。例如，场区管理网点位，应选择在通视良好、便于施测、利于长期保存的地点，并埋设相应的标石，必要时还应增加强制对中装置。标石埋设深度，应根据冻土深度和场地设计标高确定。施工中，当少数高程管理点标石不能保存时，应将其引测至稳固的建（构）筑物上，引测精度不应低于原高程点的精度等级。

4. 施工试验室的检查

专业监理工程师应检查施工单位为本工程提供服务的试验室（包括施工单位自有试验室或委托的试验室）。试验室的检查应包括下列内容：①试验室的资质等级及试验范围；

②法定计量部门对试验设备出具的计量检定证明；③试验室管理制度；④试验人员资格证书。

项目监理机构收到施工单位报送的试验室报审表及有关资料后，总监理工程师应组织专业监理工程师对施工试验室审查。专业监理工程师在熟悉本工程的试验项目及其要求后对施工试验室进行审查。

根据有关规定，为工程提供服务的试验室应具有政府主管部门颁发的资质证书及相应的试验范围。试验室的资质等级和试验范围必须满足工程需要；试验设备应由法定计量部门出具符合规定要求的计量检定证明；试验室还应具有相关管理制度，以保证试验、检测过程和结果的规范性、准确性、有效性、可靠性及可追溯性，试验室管理制度应包括试验人员工作记录、人员考核及培训制度、资料管理制度、原始记录管理制度、试验检测报告管理制度、样品管理制度、仪器设备管理制度、安全环保管理制度、外委试验管理制度对比试验以及能力考核管理制度、施工现场（搅拌站）试验管理制度、检查评比制度、工作会议制度以及报表制度等。从事试验、检测工作的人员应按规定具备相应的上岗资格证书。专业监理工程师应对以上制度逐一进行检查，符合要求后予以签认。

另外，施工单位还有一些用于现场的计量设备，包括施工中使用的衡器、量具、计量装置等。施工单位应按有关规定定期对计量设备进行检查、检定，确保计量设备的精确性和可靠性。专业监理工程师应审查施工单位定期提交的影响工程质量的计量设备的检查和检定报告。

5. 工程材料、构配件、设备的质量控制

（1）工程材料、构配件、设备质量控制的基本内容

项目监理机构收到施工单位报送的工程材料、构配件、设备报审表后，应审查施工单位报送的用于工程的材料、构配件、设备的质量证明文件，并应按有关规定对用于工程的材料进行见证取样。用于工程的材料、构配件、设备的质量证明文件包括出厂合格证、质量检验报告、性能检测报告以及施工单位的质量抽检报告等。对于工程设备应同时附有设备出厂合格证、技术说明书、质量检验证明、有关图纸、配件清单及技术资料等。对已进场经检验不合格的工程材料、构配件、设备，应要求施工单位限期将其撤出施工现场。

（2）工程材料、构配件、设备质量控制的要点

1）对用于工程的主要材料，在材料进场时专业监理工程师应核查厂家生产许可证出厂合格证、材质化验单及性能检测报告，审查不合格者一律不准用于工程。专业监理工程师应参与建设单位组织的对施工单位负责采购的原材料、半成品、构配件的考察，并提出考察意见。对于半成品、构配件和设备，应按经过审批认可的设计文件和图纸要求采购订货，质量应满足有关标准和设计的要求。某些材料，诸如瓷砖等装饰材料，要求订货时最好一次性备足货源，以免由于分批而出现色泽不一的质量问题。

2）在现场配制的材料，施工单位应进行级配设计与配合比试验，经试验合格后才能使用。

3）对于进口材料、构配件和设备，专业监理工程师应要求施工单位报送进口商检证明文件，并会同建设单位、施工单位、供货单位等相关单位有关人员按合同约定进行联合检查验收。联合检查由施工单位提出申请，项目监理机构组织，建设单位主持。

4）对于工程采用新设备、新材料，还应核查相关部门鉴定证书或工程应用的证明材

料、实地考察报告或专题论证材料。

5）原材料、（半）成品、构配件进场时，专业监理工程师应检查其尺寸、规格、型号、产品标志、包装等外观质量，并判定其是否符合设计、规范、合同等要求。

6）工程设备验收前，设备安装单位应提交设备验收方案，包括验收方法、质量标准、验收的依据，经专业监理工程师审查同意后实施。

7）对进场的设备，专业监理工程师应会同设备安装单位、供货单位等的有关人员进行开箱检验，检查其是否符合设计文件、合同文件和规范等所规定的厂家、型号、规格、数量、技术参数等，检查设备图纸、说明书、配件是否齐全。

8）由建设单位采购的主要设备则由建设单位、施工单位、项目监理机构进行开箱检查，并由三方在开箱检查记录上签字。

9）质量合格的材料、构配件进场后，到其使用或安装时通常要经过一定的时间间隔。在此时间里，专业监理工程师应对施工单位在材料、半成品、构配件的存放、保管及使用期限实行监控。

6. 工程开工条件审查与开工令的签发

总监理工程师应组织专业监理工程师审查施工单位报送的工程开工报审表及相关资料，同时具备下列条件时，应由总监理工程师签署审查意见，并应报建设单位批准后，总监理工程师签发工程开工令：

（1）设计交底和图纸会审已完成；

（2）施工组织设计已由总监理工程师签认；

（3）施工单位现场质量、安全生产管理体系已建立，管理及施工人员已到位，施工机械具备使用条件，主要工程材料已落实；

（4）进场道路及水、电、通信等已满足开工要求。

总监理工程师应在开工日期 7 天前向施工单位发出工程开工令。工期自总监理工程师发出的工程开工令中载明的开工日期起计算。总监理工程师应组织专业监理工程师审查施工单位报送的开工报审表及相关资料，并对开工应具备的条件进行逐项审查，全部符合要求时签署审查意见，报建设单位得到批准后，再由总监理工程师签发工程开工令。施工单位应在开工日期后尽快施工。

6.3　工程项目施工过程质量管理

6.3.1　工程项目施工巡视与旁站

1. 巡视

（1）巡视的内容

巡视是项目监理机构对施工现场进行的定期或不定期的检查活动，是项目监理机构对工程实施建设监理的方法之一。

项目监理机构应安排监理人员对工程施工质量进行巡视。巡视应包括下列主要内容：

1）施工单位是否按工程设计文件、工程建设标准和批准的施工组织设计、（专项）施工方案施工。施工单位必须按照工程设计图纸和施工技术标准施工，不得擅自修改工程设计，不得偷工减料。

2）使用的工程材料、构配件和设备是否合格。应检查施工单位使用的工程原材料、构配件和设备是否合格。不得在工程中使用不合格的原材料、构配件和设备，只有经过复试检测合格的原材料、构配件和设备才能够用于工程。

3）施工现场管理人员，特别是施工质量管理人员是情况做好检查和记录。

4）特种作业人员是否持证上岗。应对施工单位特种作业人员是否持证上岗进行检查。根据《建筑施工特种作业人员管理规定》，对于建筑电工、建筑架子工、建筑起重机司索工、建筑起重机械司机、建筑起重机械安装拆卸工、高处作业吊篮安装拆卸工、焊接切割操作工以及经省级以上人民政府建设主管部门认定的其他特种作业人员，必须持施工特种作业人员操作证上岗。

（2）巡视要点

1）实体样板和工序样板

根据住房和城乡建设部颁发的《工程质量安全手册（试行）》，施工单位应实施样板引路制度，设置实体样板和工序样板。在分项工程大面积施工前，以现场示范操作、视频影像、图片文字、实物展示、样板间等形式直观展示关键部位、关键工序的做法与要求，使施工人员掌握质量标准和具体工艺，并在施工过程中遵照实施。

施工项目技术负责人应负责项目施工样板引路，组织项目相关人员编制引路方案，并经项目经理审批，报项目监理机构批准后实施。工程样板包括：材料样板、加工样板、工序样板、装修样板间等。下列项目必须设立样板：

① 材料、设备的型号、订货必须验收样板，并经建设单位和项目监理机构确认；

② 现场成品、半成品加工前，必须先做样板，根据样板质量的标准进行后续大批量的加工和验收；

③ 结构施工时每道工序的第一板块，应作为样板，并经过项目监理机构、设计代表和施工项目部的三方验收后，方可大面积施工；

④ 在装修工程开始前，要先做出样板间，样板间应达到竣工验收的标准，并经建设单位、项目监理机构、设计代表和施工项目部四方验收合格后，方可正式施工。

2）原材料

施工现场原材料、构配件的采购和堆放是否符合施工组织设计（方案）要求：其规格、型号等是否符合设计要求；是否已见证取样，并检测合格；是否已按程序报验并允许使用；有无使用不合格材料，有无使用质量合格证明资料欠缺的材料。

3）施工人员

① 施工现场管理人员，尤其是质检员、安全员等关键岗位人员是否到位，能否确保各项管理制度和质量保证体系是否落实；

② 特种作业人员是否持证上岗，人证是否相符，是否进行了技术交底并有记录；

③ 现场施工人员是否按照规定佩戴安全防护用具。

4）基坑土方开挖工程

① 土方开挖前的准备工作是否到位，开挖条件是否具备；

② 土方开挖顺序、方法是否与设计要求一致；

③ 挖土是否分层、分区进行，分层高度和开挖面放坡坡度是否符合要求，垫层混凝土的浇筑是否及时；

④ 基坑坑边和支撑上的堆载是否在允许范围，是否存在安全隐患；

⑤ 挖土机械有无碰撞或损伤基坑围护和支撑结构、工程桩、降压（疏干）井等现象；

⑥ 是否限时开挖，尽快形成围护支撑，尽量缩短围护结构无支撑暴露时间；

⑦ 每道支撑底面黏附的土块、垫层、竹笆等是否及时清理；每道支撑上的安全通道和临边防护的搭设是否及时、符合要求；

⑧ 挖土机械工作是否有专人指挥，有无违章、冒险作业现象。

5）砌体工程

① 基层清理是否干净，是否按要求用细石混凝土/水泥砂浆进行了找平；

② 是否有"碎砖"集中使用和外观质量不合格的块材使用现象；

③ 是否按要求使用皮数杆，墙体拉结筋形式、规格、尺寸、位置是否正确，砂浆饱满度是否合格，灰缝厚度是否超标，有无透明缝、"瞎缝"和"假缝"；

④ 墙上的架眼，工程需要的预留、预埋等有无遗漏等。

6）钢筋工程

① 钢筋有无锈蚀，有无被隔离剂和淤泥等污染的现象；

② 垫块规格、尺寸是否符合要求，强度能否满足施工需要，有无用木块、大理石板等代替水泥砂浆（或混凝土）垫块的现象；

③ 钢筋搭接长度、位置、连接方式是否符合设计要求，搭接区段箍筋是否按要求加密；对于梁柱或梁梁交叉部位的"核心区"有无主筋被截断、箍筋漏放等现象。

7）模板工程

① 模板安装和拆除是否符合施工组织设计（方案）的要求，支模前隐蔽内容是否已收合格；

② 模板表面是否清理干净、有无变形损坏，是否已涂刷隔离剂，模板拼缝是否严密，安装是否牢固；

③ 拆模是否事先按程序和要求向项目监理机构报审并签认，有无违章、冒险行为；模板捆扎、吊运、堆放是否符合要求。

8）混凝土工程

① 现浇混凝土结构构件的保护层是否符合要求；

② 拆模后构件的尺寸偏差是否在允许范围内，有无质量缺陷，缺陷修补处理是否符合要求；

③ 现浇构件的养护措施是否有效、可行、及时等；

④ 采用商品混凝土时，是否留置标养试块和同条件试块，是否抽查砂与石子的含泥量和粒径等。

9）钢结构工程

钢结构零部件加工条件是否合格（如场地、温度、机械性能等），安装条件是否具备（如基础是否已经验收合格等）；施工工艺是否合理、符合相关规定；钢结构原材料及零部件的加工、焊接、组装、安装及涂饰质量是否符合设计文件和相关标准、要求等。

10）屋面工程

① 基层是否平整坚固、清理干净；

② 防水卷材搭接部位、宽度、施工顺序、施工工艺是否符合要求，卷材收头、节点

细部处理是否合格；

③ 屋面块材搭接、铺贴质量如何，有无损坏现象等。

11）装饰装修工程

① 基层处理是否合格，是否按要求使用垂直、水平控制线，施工工艺是否符合要求；

② 需要进行隐蔽的部位和内容是否已经按程序报验并通过验收；

③ 细部制作、安装、涂饰等是否符合设计要求和相关规定；

④ 各专业之间工序穿插是否合理，有无相互污染、相互破坏现象等。

12）安装工程

重点检查是否按规范、规程、设计图纸、图集和批准的施工组织设计（方案）施工，是否有专人负责，施工是否正常等。

13）施工环境

① 施工环境和外界条件是否对工程质量、安全等造成不利影响，施工单位是否已采取相应措施；

② 各种基准控制点、周边环境和基坑自身监测点的设置、保护是否正常，有无被（损）现象；

③ 季节性天气中，工地是否采取了相应的季节性施工措施，比如暑期、冬期和雨期施工措施等。

2. 旁站

旁站是指项目监理机构对工程的关键部位或关键工序的施工质量进行的监督活动。

项目监理机构应根据工程特点和施工单位报送的施工组织设计，将影响工程主体结构安全的、完工后无法检测其质量的或返工会造成较大损失的部位及其施工过程作为旁站的关键部位、关键工序，安排监理人员进行旁站，并应及时记录旁站情况。旁站记录应按《建设工程监理规范》GB/T 50319—2013 的要求填写。

（1）旁站工作程序

1）开工前，项目监理机构应根据工程特点和施工单位报送的施工组织设计，确定旁站的关键部位、关键工序，并书面通知施工单位。

2）施工单位在需要实施旁站的关键部位、关键工序进行施工前书面通知项目监理机构。

3）接到施工单位书面通知后，项目机构应安排旁站监理人员实施旁站。

（2）旁站工作要点

1）编制监理规划时，应明确旁站的部位和要求。

2）根据部门规范性文件，房屋建筑工程旁站的关键部位、关键工序是：

基础工程方面包括：土方回填，混凝土灌注桩浇筑，地下连续墙、土钉墙、后浇带及其他结构混凝土、防水混凝土浇筑，卷材防水层细部构造处理，钢结构安装。

主体结构工程方面包括：梁柱节点钢筋隐蔽工程，混凝土浇筑，预应力张拉，装配式结构安装，钢结构安装，网架结构安装，索膜安装。

3）其他工程的关键部位、关键工序，应根据工程类别、特点及有关规定和施工单位报送的施工组织设计确定。

4）旁站人员的主要职责是：

① 检查施工单位现场质检人员到岗、特殊工种人员持证上岗及施工机械、建筑材料准备情况；

② 在现场监督关键部位、关键工序的施工执行施工方案以及工程建设强制性标准情况；

③ 核查进场建筑材料、构配件、设备和商品混凝土的质量检验报告等，并可在现场监督施工单位进行检验或者委托具有资格的第三方进行复验；

④ 做好旁站记录，保存旁站原始资料；

⑤ 对施工中出现的偏差及时纠正，保证施工质量。发现施工单位有违反工程建设强制性标准行为的，应责令施工单位立即整改；发现其施工活动已经或者可能危及工程质量的，应当及时向专业监理工程师或总监理工程师报告，由总监理工程师下达暂停令，指令施工单位整改；

⑥ 对需要旁站的关键部位、关键工序的施工，凡没有实施旁站监理或者没有旁站记录的，专业监理工程师或总监理工程师不得在相应文件上签字。工程竣工验收后，项目监理机构应将旁站记录存档备查；

⑦ 旁站记录内容应真实、准确并与监理日志相吻合。对旁站的关键部位、关键工序，应按照时间或工序形成完整的记录。必要时可进行拍照或摄影，记录当时的施工过程。

6.3.2　工程项目施工见证取样与平行检验

1. 见证取样

见证取样是指项目监理机构对施工单位进行的涉及结构安全的试块、试件及工程材料现场取样、封样、送检工作的监督活动。

（1）见证取样的工作程序

1）工程项目施工前，由施工单位和项目监理机构共同对见证取样的检测机构进行考察确定。对于施工单位提出的试验室，专业监理工程师要进行实地考察。试验室一般是和施工单位没有行政隶属关系的第三方。试验室要具有相应的资质，试验项目满足工程需要，试验室出具的报告对外具有法定效果。

2）项目监理机构要将选定的试验室报送负责本项目的质量监督机构备案，同时要将项目监理机构中负责见证取样的监理人员在该质量监督机构备案。

3）施工单位应按照规定制定检测试验计划，配备取样人员，负责施工现场的取样工作，并将检测试验计划报送项目监理机构。

4）施工单位在对进场材料、试块、试件、钢筋接头等实施见证取样前要通知负责见证取样的监理人员，在该监理人员现场监督下，施工单位按相关规范的要求，完成材料、试块、试件等的取样过程。

5）完成取样后，施工单位取样人员应在试样或其包装上作出标识、封志。标识和封志应标明工程名称、取样部位、取样日期、样品名称和样品数量等信息，并由见证取样的监理人员和施工单位取样人员签字，如钢筋样品、钢筋接头，贴上专用加封标志，然后送往试验室。施工单位应按照单位工程分别建立钢筋试样、钢筋连接接头试样、混凝土试样、砂浆试样及需要建立的其他试样台账，检测试验结果为不合格或不符合要求的，应在试样台账中注明处置情况。

（2）实施见证取样的要求

1）试验室要具有相应的资质并进行备案、认可。

2）负责见证取样的监理人员要具有材料、试验等方面的专业知识，并经培训考核合格，且要取得见证人员培训合格证书。

3）施工单位从事取样的人员一般应由试验室人员或专职质检人员担任。

4）试验室出具的报告一式两份，分别由施工单位和项目监理机构保存，并作为归档材料，是工序产品质量评定的重要依据。

5）见证取样的频率，国家或地方主管部门有规定的，执行相关规定；施工承包合同中如有明确规定的，执行施工承包合同的规定。

6）见证取样和送检的资料必须真实、完整，符合相应规定。

2. 平行检验

平行检验是指项目监理机构在施工单位自检的同时，按有关规定、建设工程监理合同约定对同一检验项目进行的检测试验活动。项目监理机构应根据工程特点、专业要求，以及建设工程监理合同约定，对施工质量进行平行检验。

平行检验的项目、数量、频率和费用等应符合建设工程监理合同的约定。对平行检验不合格的施工质量，项目监理机构应签发监理通知单，要求施工单位在指定的时间内整改并重新报验。

例如高速公路工程中，工程监理单位应按工程建设监理合同约定组建项目监理中心试验室进行平行检验工作。公路工程检验试验可分为验证试验、标准试验、工艺试验、抽样试验和验收试验。验证试验是对材料或商品构件进行预先鉴定，以决定是否可以用于工程。标准试验是对各项工程的内在品质进行施工前的数据采集，它是控制和指导施工的科学依据，包括各种标准击实试验、集料的级配试验、混合料的配合比试验、结构的强度试验等。工艺试验是依据技术规范的规定，在动工之前对路基、路面及其他需要通过预先试验方能正式施工的分项工程预先进行工艺试验，然后依其试验结果全面指导施工。抽样试验是对各项工程实施中的实际内在品质进行符合性的检查，内容应包括各种材料的物理性能、土方及其他填筑施工的密实度、混凝土及沥青混凝土的强度等的测定和试验。验收试验是对各项已完工程的实际内在品质作出评定。项目监理中心试验室进行平行检验试验的是：

（1）验证试验。材料或商品构件运入现场后，应按规定的批量和频率进行抽样试验，不合格的材料或商品构件不准用于工程。

（2）标准试验。在各项工程开工前合同规定或合理的时间内，应由施工单位先完成标准试验。监理中心试验室应在施工单位进行标准试验的同时或以后，平行进行复核（对比）试验，以肯定、否定或调整施工单位标准试验的参数或指标。

（3）抽样试验。在施工单位的工地试验室（流动试验室）按技术规范的规定进行全频率抽样试验的基础上，监理中心试验室应按规定的频率独立进行抽样试验，以鉴定施工单位的抽样试验结果是否真实可靠。当施工现场的监理人员对施工质量或材料产生疑问并提出要求时，监理中心试验室随时进行抽样试验。

6.3.3　工程项目施工工程变更的控制

施工过程中，由于前期勘察设计的原因，或由于外界自然条件的变化，未探明的地下障碍物、管线、文物、地质条件不符等，以及施工工艺方面的限制、建设单位要求的改变，均会涉及工程变更。做好工程变更的控制工作，是工程质量控制的一项重要内容。

工程变更单由提出单位填写，写明工程变更原因、工程变更内容，并附必要的附件，包括：工程变更的依据、详细内容、图纸；对工程造价、工期的影响程度分析，及对功能、安全影响的分析报告。

对于施工单位提出的工程变更，项目监理机构可按下列程序处理：

（1）总监理工程师组织专业监理工程师审查施工单位提出的工程变更申请，提出审查意见。对涉及工程设计文件修改的工程变更，应由建设单位转交原设计单位修改工程设计文件。必要时，项目监理机构应建议建设单位组织设计、施工等单位召开论证工程设计文件修改方案的专题会议。

（2）总监理工程师组织专业监理工程师对工程变更费用及工期影响作出评估。

（3）总监理工程师组织建设单位、施工单位等共同协商确定工程变更费用及工期变化，会签工程变更单。

（4）项目监理机构根据批准的工程变更文件监督施工单位实施工程变更。中资施工单位提出工程变更的情形一般有：①图纸出现错、漏、碰、缺等缺陷而无法施工；②图纸不便施工，变更后更经济、方便；③采用新材料、新产品、新工艺、新技术的需要；④施工单位考虑自身利益，为费用索赔而提出工程变更。

施工单位提出的工程变更，当为要求进行某些材料/工艺/技术方面的技术修改时，即根据施工现场具体条件和自身的技术、经验和施工设备等，在不改变原设计文件原则的前提下，提出的对设计图纸和技术文件的某些技术上的修改要求，例如，对某种规格的钢筋采用替代规格的钢筋、对基坑开挖边坡的修改等。应在工程变更单及其附件中说明要求修改的内容及原因或理由，并附上有关文件和相应图纸。经各方同意签字后，由总监理工程师组织实施。

当施工单位提出的工程变更要求对设计图纸和设计文件所表达的设计标准、状态有改变或修改时，项目监理机构经与建设单位、设计单位、施工单位研究并作出变更决定后，由建设单位转交原设计单位修改工程设计文件，再由总监理工程师签发工程变更单，并附设计单位提交的修改后的工程设计图纸交施工单位按变更后的图纸施工。

建设单位提出的工程变更，可能是由于局部调整使用功能，也可能是方案阶段考虑不周，项目监理机构应对于工程变更可能造成的设计修改、工程暂停、返工损失、增加工程造价等进行全面的评估，为建设单位正确决策提供依据，避免工程反复和不必要的浪费对于设计单位要求的工程变更，应由建设单位将工程变更设计文件下发项目监理机构，由总监理工程师组织实施。

如果变更涉及项目功能、结构主体安全，该工程变更还要按有关规定报送施工图原审查机构及管理部门进行审查与批准。

6.3.4 工程项目质量记录资料的管理

质量资料是施工单位进行工程施工或安装期间，实施质量控制活动的记录，还包括对这些质量控制活动的意见及施工单位对这些意见的答复，它详细地记录了工程施工阶段质量控制活动的全过程。因此，它不仅在工程施工期间对工程质量的控制有重要作用，而且在工程竣工和投入运行后，对于查询和了解工程建设的质量情况以及工程维修和管理提供大量有用的资料和信息。

下面是质量记录资料包括以下三方面内容：

1. 施工现场质量管理检查记录资料

施工现场质量管理检查记录资料主要包括施工单位现场质量管理制度，质量责任制；主要专业工种操作上岗证书；分包单位资质及总承包施工单位对分包单位的管理制度；施工图审查核对资料（记录），地质勘察资料；施工组织设计、施工方案及审批记录；施工技术标准；工程质量检验制度；混凝土搅拌站（级配填料拌合站）及计量设置；现场材料、设备存放与管理等。

2. 工程材料质量记录

工程材料质量记录主要包括进场工程材料、构配件、设备的质量证明资料；各种试验检验报告（如力学性能试验、化学成分试验、材料级配试验等）；各种合格证；设备进场维修记录或设备进场运行检验记录。

3. 施工过程作业活动质量记录资料

施工或安装过程可按分项、分部、单位工程建立相应的质量记录资料。在相应质量记录资料中应包含有关图纸的图号、设计要求；质量自检资料；项目监理机构的验收资料；各工序作业的原始施工记录；检测及试验报告；材料、设备质量资料的编号、存放档案卷号。此外，质量记录资料还应包括不合格项的报告、通知以及处理及检查验收资料等。

质量记录资料应在工程施工或安装开始前，由项目监理机构和施工单位一起，根据建设单位的要求及工程竣工验收资料组卷归档的有关规定，研究列出各施工对象的质量资料清单。以后，随着工程施工的进展，施工单位应不断补充和填写关于材料、构配件及施工作业活动的有关内容，记录新的情况。当每一阶段（如检验批，一个分项或分部工程）施工或安装工作完成后，相应的质量记录资料也应随之完成，并整理组卷。

施工质量记录资料应真实、齐全、完整，相关各方人员的签字齐备、字迹清楚、结论明确，与施工过程的进展同步。在对作业活动效果的验收中，如缺少资料和资料不全，项目监理机构应拒绝验收。

监理资料的管理应由总监理工程师负责，并指定专人具体实施。总监理工程师作为项目监理机构的负责人应根据合同要求，结合监理项目的大小、工程复杂程度配置一至多名专职熟练的资料管理人员具体实施资料的管理工作。对于建设规模较小、资料不多的监理项目，可以结合工程实际，指定一名受过资料管理业务培训，懂得资料管理的监理人员兼职完成资料管理工作。

除了配置资料管理员外，还需要包括项目总监理工程师、各专业监理工程师、监理员在内的各级监理人员自觉履行各自监理职责，保证监理文件资料管理工作的顺利完成。

课后案例

某酒店改造工程业主方全过程管理研究

位于北京昌平的某酒店是一家大型综合会议酒店，使用过程中发现现有设施不能满足使用要求，于是酒店进行了改造，但由于管理经验不足、管理方法选择不恰当等导致酒店改造过程中出现了诸多问题。

在工程项目施工前，只有给出明确的质量管理标准，才能确保施工单位按照业主方提出的质量标准施工，监理单位才能按照标准去实施监督，然而，在改造项目中，该酒店没有明确质量的总目标。除需要满足设计要求，还需符合国家建设规范及北京市、企业相关规范。项目质量等级为合格外，业主方还应明确其他特殊要求。如：达到"优质工程"标准。然而，在改造项目中，该酒店不但没有明确其他特殊要求，甚至整个项目的质量总目标都没有明确的定位。

由于没有进行正确的施工阶段质量管理，使得该酒店的改造项目不仅施工质量出现了很大问题，施工费用也严重超支。酒店装修改造是一个系统性的工程，涉及专业较多、技术含量较高，因此，酒店在改造时选择了三家设计单位同时进行设计，但由于酒店方缺乏管理经验，没有确定一家总设计单位，使得三家设计单位在公共区域做了重复设计，在各专业接口的地方又都推给对方来进行，最终导致三家设计单位之间工作界面不清、沟通协调不畅，多处出现重复设计及设计漏项等问题，不仅无形中增加了设计成本，也间接影响了施工进度和施工改造成本。

【案例思考】
1. 工程项目施工质量管理的依据通常有哪些？
2. 图纸会审的目的是什么？应该做好哪些工作？

北京大兴国际机场机坪加油管线项目施工过程质量管理

在民航机场供油工程中，航油管线工程是重要组成部分，与机场航油系统密切相关。机坪的航油管线作为机场建设中的一个配套工程，为机场的日常运行提供着不可或缺的油品保障和动力源。机坪航油管线是机场内唯一一条输送介质危险性大、运行工作压力高、全程为埋地敷设、后期维护维修难度大的管线，在施工过程中各项管理就显得尤为重要。

工程在正式施工前，施工单位应根据设计图纸技术要求、现行的国家质量验收规范、施工组织设计以及业主单位的要求，制定样板先行实施方案并报监理、业主审批；实施方案审批通过后，施工单位按照审批通过的样板方案，在指定区域内进行小规模规定内容施工，并经建设和监理单位检查评议验收，提出改进措施和要求后，确定整体工艺流程、资源配备和质量标准样板，作为在后期大面积施工时的参照标准。北京大兴国际机场机坪航油管线工程在现场主要实施了管沟1:1样板、阀门井样板、管道防腐样板、管道机器人内防腐样板、管道组对焊接样板等。实行施工样板制度，能够让施工人员更好地熟悉操作工艺和流程，同时给管理人员和工人们都提供一个动手实践的平台，对于一线作业人员来说更形象，更具体。对于管理者来说，样板也给大家提供了统一的管理参考标准，有利于保证建设过程中每一道工序的标准化施工，较好地杜绝了施工过程的质量隐患。

北京大兴国际机场机坪航油管线工程管线遍布新机场 $40km^2$ 的每一个机位；与施工现场 20 多家施工单位有着交叉施工关系。为了全面掌控施工现场情况，统筹管理每日的施工任务，妥善安排下一步的施工计划，项目部要求各专业负责人每天下班后汇报本专业的施工情况和进度安排，并由工程技术部负责统一整理汇总形成项目日志，项目生产经理负责审阅，以电子版的形式在规定的时间内分发至各专业负责人手中，更好地帮助各施工班组之间互相了解彼此的施工任务，衔接好施工先后顺序作业安排，在不断的磨合中形成流水作业。

项目部以月为单位，将本月项目日志进行打印装订整理；通过建立项目日志的形式，定期进行工程总结不断提高管理和专业技能水平。项目日志主要内容包括：施工当日的人机材、质量验收、安全文明施工、下道工序计划等方面进行收集整理网：①施工现场人员、机械的投入情况，主要记录的内容有各作业班组当日投入现场的作业人数及现场的主要机械设备；②施工现场进度完成情况，以各专业班组为单元，主要记录的内容有施工是否正常、有无意外停工、有无质量问题存在、监理到场及对工程认字情况等，细化到施工工序具体施工内容；③质量检验验收及领导检查情况，主要记录的内容有现场质量验收情况（包括材料进场、隐蔽验收等）、现场质量周（月）检查情况、领导质量检查工作等；④HSE执行情况，主要记录的内容有日常安全巡检情况、现场安全周（月）检查情况、领导安全检查工作等；⑤下道工序计划，以各专业班组为单元，主要记录的内容有明日计划施工的区域及施工内容、明日计划需要其他专业班组配合施工的情况、明日计划需要使用的机械设备的情况等。

全方位项目日志精细化的管理是北京大兴国际机场机坪航油管线项目管理工作中的一大创新，在项目顺利开展过程中起到举足轻重的作用，并得到了建设方、监理方及其他各参建单位的一致认可，大大提升了项目部的管理水平。

【案例思考】

1. 巡视要点包括哪些内容？

2. 为什么对工程项目施工中的质量资料进行记录，质量记录资料包括哪些内容？

复习思考题

1. 请简述工程项目施工质量管理的依据。

2. 请简述图纸会审目的。

3. 请简述设计交底的主持单位及目的。

4. 请简述施工组织设计审查的基本内容。

5. 请简述施工方案审查的基本内容。

6. 请简述施工方案审查的依据。

7. 请简述分包单位资质审核内容。

8. 请简述巡视和旁站的概念。

9. 请简述见证取样的工作程序。

10. 请简述工程项目变更的处理流程。

第7章 工程项目施工质量验收

引导案例

港珠澳大桥主体工程荷载试验完成 全面进入验收期

港珠澳大桥是中国境内一座连接香港、广东珠海和澳门的桥隧工程，位于中国广东省珠江口伶仃洋海域内。港珠澳大桥东起香港国际机场附近的香港口岸人工岛，向西横跨南海伶仃洋水域接珠海和澳门人工岛，止于珠海洪湾立交；桥隧全长55km；桥面为双向六车道高速公路，大桥建成通车后，开车从香港到珠海的时间将从目前的3h缩减至30min，真正实现港珠澳30min交通圈。

港珠澳大桥因其超大的建筑规模、空前的施工难度和顶尖的建造技术而闻名世界。而验收作为工程竣工的最后一环，其作用不容忽视。

港珠澳大桥在施工的过程中，针对每一个环节，都做了详细的原始记录，尤其针对一些技术攻关。港珠澳大桥于2017年7月7日实现主体工程全线贯通，为了验证大桥的实际承载能力，总监理工程师、建设单位项目技术负责人以及施工单位项目经理和技术、质量负责人等对大桥进行了荷载试验，以此获得位移变形的具体数据，这也是未来通车的准入证。

港珠澳大桥荷载试验从2017年10月底正式启动，先后对大桥桥面、钢箱梁、索塔等关键部件进行了外观和静态载重及动态载重的压力测试。根据现有数据判断，各项指标完全符合设计要求。港珠澳大桥建设完成之际，经过二十多天的荷载试验，大桥主体工程最后一段桥面荷载试验结束，大桥进入全面的交付验收阶段。

2018年2月6日，港珠澳大桥主体工程交工验收会议在珠海召开。会议当天，由香港路政署、澳门建设发展办公室、广东省交通运输厅、港珠澳大桥三地联合工作委员会办公室、珠海边检总站、港珠澳大桥管理局、主体工程各参建单位等共43家单位150余名代表负责交工验收。

验收会上，首先听取总承包单位项目负责人汇报了项目的总体概况及工程施工过程中的亮点工作。随后，5个验收组共计57人分别针对旅检A区、旅检B区、机电工程、市政工程、工程资料进行验收。验收组成员通过对现场实体工程查看验收、工程资料核查，最后，业主、施工、设计、监理、勘测五方责任主体单位负责人全体同意本工程竣工验收。会议认为，港珠澳大桥主体工程质量保证体系完善，符合设计及技术规范要求，工序控制严格，工程质量可靠。根据验收办法的有关规定，具备通车试运营条件，同意交付使用。

学习要点

1. 工程项目施工质量验收层次划分；

2. 工程项目施工质量验收基本规定；

3. 工程项目质量验收程序及组织；

4. 隐蔽工程质量验收；

5. 分部工程质量验收；

6. 单位工程质量验收。

7.1 工程项目施工质量验收层次划分

7.1.1 工程项目施工质量验收层次划分目的

为了便于质量管理和验收，人为地将工程项目划分为单位工程、分部工程、分项工程和检验批。检验批是分项工程分批验收的单元，其质量指标与分项工程大致相间。

一个房屋建筑（构筑）物的建成，由施工准备工作开始到竣工交付使用，要经过若干工序、若干工种的配合施工。所以，一个工程质量的优劣，取决于各个施工工序和各工程的操作质量。因此，为了便于控制、检查和验收每个施工工序和工种的质量，就把这些叫作分项工程。

为了能及时发现问题及时纠正，并能反映出该项目的质量特征，又不花费太多的人力物力，分项工程分为若干个检验批来验收，为了方便施工组织管理，检验批划分的数量不宜太多，工程量也不宜太大或大小悬殊。

同一分项工程的工种比较单一，因此往往不易反映出一些工程的全部质量面貌，所以又按建筑工程的主要部位、系统用途划分为分部工程来综合分项工程的质量。

单位工程竣工交付使用是建筑企业把最好的产品交给用户，在交付使用前应对整个建筑工程（构筑物）进行质量验收。

分项、分部（子分部）和单位（子单位）工程的划分目的是方便质量管理和控制工程质量，根据某项工程的特点，将其划分为若干个分项、分部（子分部）工程、单位（子单位）工程以对其进行质量控制和阶段验收。

特别应该注意的是，不论如何划分检验批、分项工程，都要有利于质量控制，能取得较完整的技术数据质量指标，而且要防止造成检验批、分项工程的大小过于悬殊，影响施工组织的科学性及质量验收结果的可比性。

7.1.2 工程项目单位工程的划分

1. 单位工程划分的原则

（1）具备独立施工条件并能形成独立使用功能的建筑物或构筑物为一个单位工程。

（2）对于规模较大的单位工程，可将其能形成独立使用功能的部分划分为一个子单位工程。

2. 房屋建（构）筑物单位工程

房屋建（构）筑物的单位工程是由建筑与结构及建筑设备安装工程共同组成，目的是突出房屋建筑（构筑）物的整体质量。

一个独立的、单一的建（构）筑物均为一个单位工程，如在一个住宅小区建筑群中，每一个独立的建（构）筑物，即一栋住宅楼、一个商店、锅炉房、变电站，一所学校的一个教学楼，一个办公楼、传达室等均各为一个单位工程。

一个单位工程有的是由地基与基础、主体结构、屋面、装饰装修 4 个建筑与结构分部工程，以及建筑设备安装工程的建筑给水排水与供暖、燃气、建筑电气、通风与空调、电梯、智能建筑 6 个分部工程和建筑节能分部工程，共 11 个分部工程组成，不论其工程量大小，都作为一个分部工程参与单位工程的验收。但有的单位工程中，不一定全有这些分部工程。如有些构筑物可能没有装饰装修分部工程；有的可能没有屋面工程等。对建筑设备安装工程来讲，一些高级宾馆、公共建筑可能有 6 个分部工程，有的工程可能没有通风与空调、电梯分部工程，有的构筑物可能连建筑给水排水及供暖也没有，只有建筑与结构分部工程。所以说，房屋建（构）筑物的单位工程目前最多是由 11 个分部工程所组成。

3. 房屋建筑子单位工程

为了考虑大体量工程的分期验收，充分发挥基本建设投资效益，凡具有独立施工条件并能形成独立使用功能的建筑物及构筑物为一个单位工程。对建筑规模较大的单位工程，可将其能形成独立使用功能的部分划分为一个子单位工程。这样大大方便了大型、高层及超高层建筑的分段验收。如一个公共建筑有 30 层塔楼及裙房，该业主在裙房施工完，具备了使用功能后，就计划先投入使用，即可以将裙房先以子单位工程进行验收；如果塔楼 30 层分 2 个或 3 个子单位工程验收也是可以的。各子单位工程验收完，整个单位工程也就验收完了，并可以为子单位工程办理竣工验收备案手续。施工前可由建设、监理、施工单位协商确定，并据此验收和整理施工技术资料。

子单位工程具备独立使用功能，具备了生产、生活的使用条件，并且应包括消防、环卫等在内，否则不能划分为子单位工程。

7.1.3　工程项目分部工程的划分

1. 分部工程划分的原则

（1）可按专业性质、工程部位确定。

（2）当分部工程较大或较复杂时，可按材料种类、施工特点、施工程序、专业系统及类别将分部工程划分为若干子分部工程。

建筑与结构按主要部位划分为地基与基础、主体结构、装饰装修及屋面工程 4 个分部工程，为了方便管理又将每个分部工程分为若干个子分部工程。

2. 建筑与结构分部工程划分

（1）地基与基础分部工程又划分为地基、基础、基坑支护、地下水控制、土方、边坡、地下防水等子分部工程。

（2）主体结构分部工程凡在 ±0.000 以上承重构件划为主体分部。对非承重结构的规定，凡使用板块材料，经砌筑、焊接、铆接的隔墙纳入主体分部工程，如各种砌块、加气条板等；凡铁钉、螺钉或胶类粘结的均纳入装饰装修分部工程，如轻钢龙骨、木龙骨的隔墙、石膏板隔墙等。主体结构分部工程按材料不同又划分为混凝土结构、砌体结构、钢结构、钢管混凝土结构、劲钢混凝土结构、铝合金结构、木结构等子分部工程。

（3）装饰装修分部工程又划分为地面工程、抹灰工程、外墙防水、门窗、吊顶、轻质隔墙、饰面板（饰面砖）、幕墙、涂饰、裱糊与软包、细部等子分部工程。

（4）屋面分部工程包括基层与保护、保温与隔热、防水与密封、瓦面与板面、细部构造等子分部工程。对地下防水、地面防水、墙面防水应分别列入所在部位的"地基与基础""装饰装修""主体结构"分部工程。

另外，对有地下室的工程，除防水部分的分项工程列入"地基与基础"分部工程外，其他结构工程、地面、装饰、门窗等分项工程仍纳入主体结构，建筑装饰装修分部工程验收。

3. 建筑设备安装分部工程划分

建筑设备安装工程按专业划分为建筑给水排水与供暖、建筑电气、通风与空调、电梯、智能建筑、燃气共 6 个分部工程。

（1）建筑给水排水与供暖分部工程，划分为室内给水系统、室内排水系统、室内热水系统、卫生器具、室内供暖系统、室外给水管网、室外供热管网、建筑饮用水供应系统、建筑中水系统及雨水利用系统、游泳池及公共浴池水系统、水景喷泉系统、热源及辅助设备、监测与控制仪表等子分部工程。

（2）建筑电气分部工程，划分为室外电、变配电室、供电干线、电气动力、电气照明、备用和不间断电源、防雷及接地等子分部工程。

（3）通风与空调分部工程又划分为送风系统、排风系统、防排烟系统、除尘系统、舒适性空调系统、净化空调系统、恒温恒湿空调系统、地下人防通风系统、真空吸尘系统、冷凝水系统、空调（冷、暖）水系统、冷却水系统、土壤源热泵换热系统、水源热泵换水系统、蓄能系统、压缩式制冷（热）设备系统、吸收式制冷设备系统、多联机（热泵）空调系统、太阳能供暖空调系统、设备自控系统等子分部工程。

（4）电梯分部工程划分为电力驱动的曳引式或强制式电梯、液压电梯、自动扶梯、自动人行道等子分部工程。

（5）智能建筑分部工程是常称的弱电部分形成一个独立的分部工程，划分为智能化集成系统、信息接入系统、用户电话交换系统、信息网络系统、综合布线系统、移动通信室内信号覆盖系统、卫星通信系统、有线电视及卫星电视接收系统、公共广播系统、会议系统、信息导引及发布系统、时钟系统、信息化应用系统、建筑设备监控系统、火灾自动报警系统、安全技术防范系统、应急响应系统、机房、防雷与接地等子分部工程。

（6）燃气分部工程包括室内燃气工程、室外燃气工程等两个子分部工程。

4. 建筑节能分部工程

建筑节能分部工程包括范围广，但按其性能划分为围护系统节能、供暖空调设备及管网节能、电气动力节能、监控系统节能和可再生能源等子分部工程。

7.1.4 工程项目分项工程的划分

1. 分项工程划分的原则

分项工程可按主要工种、材料、施工工艺、设备类别进行划分。

2. 分项工程的划分

分项工程划分应由各专业质量验收的规范来划分。分项工程是落实工程质量验收指标的载体，其主控项目、一般项目都按分项工程设定。

分项工程的划分一定要能体现其质量指标，是制定质量指标的重点。《建筑工程施工质量验收统一标准》GB 50300—2013 对分项工程名称都作了规定。但这是基本的划分，为了落实质量指标，各专业质量验收规范又把分项工程具体化。具体分项工程要以各专业质量验收规范为准。如《混凝土结构工程施工质量验收规范》GB 50204—2015，将钢筋分项工程，具体分为原材料、钢筋加工、钢筋连接和钢筋安装 4 个分项工程。分项工程的名称可见《建筑工程施工质量验收统一标准》GB 50300—2013 的附录 B 中的表。

7.1.5　工程项目检验批的划分

检验批是分项工程分批验收的单元，其划分可根据施工、质能控制和专业验收的需要，按工程量、楼层、施工流水段、变形缝等进行划分。

分项工程是一个比较大的概念，在工程质量实际评定和验收中，为了能及时检查发现问题并纠正。一个分项工程应分为多次验收，如一个 5 层的砖混结构住宅工程，其砌砖分项工程不能在 1～5 层全部砌完后再检查验收，应分层验收，以便质量控制。分层验收的内容是分项工程的一部分，这就是"检验批"。检验批的质量指标与分项工程基本相同，是分项工程分批验收的单元。

分项工程划分在《建筑工程施工质量验收统一标准》GB 50300—2013 附录 B 中都已列出，可查用。检验批的划分要由施工、建设、监理单位在施工前协商划分。其方案应由施工单位提出，监理审查认可。

由于检验批是工程质量控制的基本单元，又是工程质量管理的基本单元，为了均衡施工，方便组织施工及管理，也便于劳动力及物资的组织调配等。在划分时除了遵循划分规定外，还应注意划分不要大小相差太悬殊，以免影响均衡生产，及检验批之间的可比性。

7.2　工程项目施工质量验收基本规定和程序

7.2.1　工程项目施工质量验收基本规定

1. 建筑工程施工质量验收一般要求

（1）工程质量验收均应在施工单位自检合格的基础上进行。

验收前施工单位应自己检验评定合格，这是验收的基本要求，施工单位自己要保证质量符合规范规定，再交给建设单位或监理单位验收，质量验收是合同双方的基本工作。施工单位必须自行进行施工过程的质量控制。完工后自行检验评定合格，如检验评定时，发现质量问题，要进行整改，交给建设单位或监理单位验收是符合标准的工程。施工单位要自己检查达到标准，建设单位验收要按标准，双方都要坚持标准。这样可分清责任，提高验收效率，还可证明双方都是贯彻执行国家标准的。

（2）参加工程施工质量验收的各方人员应具备相应的资格。

工程质量验收是专业性很强的工作，其检验评定和验收都必须由专业人员来负责。专业人员要有相应的岗位资格。建筑工程质量验收程序：

1）检验批质量检验评定应由项目专业质量检查员、专业工长进行，检验评定合格后交监理验收。检验批质量验收应由专业监理工程师组织施工单位专业质量检查员、专业工长等进行验收。

2）分项工程质量检验评定应由专业质量检查员、项目专业技术负责人进行检验评定合格后，交监理验收。由专业监理工程师组织施工单位项目专业技术负责人等进行验收。

3）分部工程质量检验评定应由专业项目技术负责人、专业质量检查员、专业工长进行检验评定，评定合格后，交监理验收。分部工程质量验收应由总监理工程师组织施工单位项目负责人和项目技术负责人等进行验收。

勘察、设计单位项目负责人和施工单位技术、质量部门负责人应参加地基分部工程的验收。

设计单位项目负责人和施工单位技术、质量部门负责人应参加主体结构、节能分部工程验收。

4）单位工程中的分包工程（分项工程、分部工程、子分部工程）完成后，分包单位应对所承包的工程项目进行自检，并应按规定程序进行验收。验收时，总包单位应派人参加，分包单位应将所分包工程的质量控制资料整理完整，并移交给总包单位。

5）单位工程完工后，施工单位应组织有关人员进行自行检验评定。总监理工程师组织各专业监理工程师对工程质量进行施工预验收。存在施工质量问题时，应由施工单位进行整改，整改完毕后，由施工单位向建设单位提交工程竣工报告，申请工程竣工验收。

6）建设单位收到工程竣工报告后，应由建设单位项目负责人组织监理、施工、设计、勘察等单位项目负责人进行单位工程验收。

各项工程验收要突出专业方面的要求，需要由不同岗位的专业人员参加，以保证验收的结果。组织验收单位要对相应的验收结果负责，参加验收的专业技术人员也要对验收的结果负责。

（3）检验批的质量应按主控项目和一般项目验收。

检验批验收项目有主控项目、一般项目。主控项目是对安全、节能、环境保护和主要使用功能起决定性作用的检验项目，要求全部合格；一般项目是除主控项目以外的检验项目，允许存在一定的不合格点，但合格点率应符合专业验收规范要求，不合格点应当有限值要求，且不能存在严重缺陷。

（4）对涉及结构安全、节能、环境保护和主要使用功能的试块、试件及材料，应在进场时或施工中按规定进行见证检验。

见证检验的项目、内容、程序抽样数量等应符合国家、行业或地方有关规范的规定。根据《房屋建筑工程和市政基础设施工程实行见证取样和送检的规定》（建建〔2000〕211号）的要求，在建设工程质量检测中实行见证取样和送检制度，即在建设单位或监理单位人员见证下，由施工人员在现场取样、制作，送至试验室进行试验。

1）见证取样和送检的主要内容：

① 用于承重结构的混凝土试块；

② 用于承重墙体的砌筑砂浆试块；

③ 用于承重结构的钢筋及连接接头试件；

④ 用于承重墙的砖和混凝土小型砌块；

⑤ 用于拌制混凝土和砌筑砂浆的水泥；

⑥ 用于承重结构的混凝土中使用的掺加剂；

⑦ 地下、屋面、厕浴间使用的防水材料；

⑧ 国家规定必须实行见证取样和送检的其他试块、试件和材料。

2）建筑工程检测试验见证管理应符合以下规定：

① 见证检测的检测项目应符合国家有关行政法规及标准的要求规定。

② 见证人员应由具有建筑施工检测试验知识的专业技术人员担任。

③ 见证人员发生变化时，监理单位应通知相关单位，办理书面变更手续。

④ 需要见证检测的检测项目，施工单位应在取样及送检前通知见证人员。

⑤ 见证人员应对见证取样和送检的全过程进行见证并填写见证记录。

⑥ 检测机构接收试样时应核实见证人员及见证记录，见证人员与备案见证人员不符或见证记录无备案见证人员签字时不得接收试样。

⑦ 见证人员应核在见证检测的检测项目、数量和比例是否满足有关规定。

3）在现场检测中也要求见证检验时应在承包合同中说明。

（5）隐蔽工程在隐蔽前应由施工单位通知监理单位进行验收，并应形成验收文件，验收合格后方可继续施工。

隐蔽工程在隐蔽后难以检验，因此要求隐蔽工程在隐蔽前应进行验收，验收合格后方可继续施工，并做好记录。常见的具体项目包括：

1）基坑、基槽验收

建筑物基础或管道基槽按设计标高开挖后，施工单位应通知监理单位组织验槽，项目工程部工程师、监理工程师、施工单位、勘察、设计单位要现场确认土质是否满足承载力的要求，如需加深等处理则可通过工程联系单方式经设计签字确认进行处理。基坑或基槽验收记录要经上述五方会签，验收后应尽快隐蔽，避免被雨水浸泡。

2）基础回填隐蔽验收

基础回填工作要按设计要求的土质或材料分层夯填，而且按规范规定，取土进行击实和干密度试验，其干密度、夯实系数要达到设计要求，以确保回填土不产生较大沉降。

3）混凝土工程的钢筋隐蔽验收

对钢筋原材料合格证要注明规格、型号、炉号、批号、数量及出厂日期、生产厂家。安装中有特殊要求的部位应进行隐蔽工程验收，施工单位应事前告知监理单位。

4）混凝土结构的预埋管、预埋铁件及水电管线的隐蔽验收

混凝土结构预埋套管、预埋铁件、电气管线、给水排水管线等需隐蔽验收时，施工单位应事前告知监理单位，在混凝土浇筑前要对其进行隐蔽验收，主要检查套管、铁件及所用材料规格及加工是否符合设计要求；同时要核对其放置的位置、标高、轴线等具体位置是否准确无误；并检查其固定方法是否可靠，能否确保混凝土浇筑过程中不变形、不移位。

5）混凝土结构及砌体工程装饰前的隐蔽验收

混凝土结构及砌体在装饰抹灰前需要进行隐蔽验收的项目，施工单位应在事前告知监理单位。

参加验收的人员，验收合格后填写《隐蔽验收记录表》，共同会签。另外，监理要求的项目，也应进行隐蔽工程验收。隐蔽工程验收都应形成验收文件，必要时可有照片、录像等。

（6）对涉及结构安全、节能、环境保护和使用功能的重要分部工程，应在验收前按规定进行抽样检验。

此条款提出了分部工程验收前对涉及结构安全、节能、环境保护和使用功能重要的项目进行检测、试验的要求，施工单位施工前应作出计划，需要委托检测单位检测的，由建设单位委托。有些项目可由施工单位自行完成，检查合格后填写检查记录，有些项目专业性较强，需要由专业检测机构完成，出具检测报告。检查记录和检测报告应整理齐全，供

验收时核查。

验收时还应对部分项目进行抽查。目前各专业验收规范对本项要求比较重视，提出更多检查、检测项目，应按相应的专业验收规范执行。

（7）工程的观感质量应由验收人员现场检查，并应共同确认。

观感质量可通过观察和简单的测试确定，是工程完工后的一个全面的综合性检查。验收的综合评价结果应由各方共同确认并达成一致。对影响安全及使用功能的项目应进行返修，对质量评价为差的点可进行返修。

2. 建筑工程施工质量验收规定

首先，符合工程勘察、设计文件的要求；第二，符合标准和相关专业验收规范的规定，这是验收合格的基本要求。满足《建筑工程施工质量验收统一标准》GB 50300—2013 第 306 条验收的基本要求，是建筑工程质量验收的统一要求。

建筑工程的施工质量应符合勘察、设计要求和符合《建筑工程施工质量验收统一标准》GB 50300—2013 和相关专业验收的规定，这项原则要求已执行多年，已被广大从业人员所接受，是建筑工程质量验收的统一准则，供各专业规范使用，重点说明工程质量验收合格的要求。验收合格应符合统一标准和其配套的专业验收规范的规定，同时要符合设计文件和勘查的要求。设计文件是工程施工的依据，验收必须达到设计要求。对工程勘察报告所提供的关于工程地质资料、地基承载力、地质构造、水文资料、水位、水质、工程地质的地下地上的既有建筑设施情况、工程周边的安全评价等，不只是设计需要的地基承载力，桩基需要的断面构造。而且施工地基及基桩都要了解地质资料、施工方案、施工现场总平面设计，防洪、防雨、防地质灾害，地基基坑挖掘施工，防塌方、防水、防流砂、防止影响周边既有建筑及设施的安全措施等。这些都需要工程勘察提供，所以，在《建筑工程施工质量验收统一标准》GB 50300—2013 第 301 条和附录 A 中列出地质勘察资料，作为开工技术准备的内容。这里又强调施工质量验收也要符合其要求，也是各专业质量验收规范应重视的一项基本的统一准则。

另外，有的工程项目在施工合同中有质量要求时也应执行。如要求建成优良工程，以及优质工程。所以，建筑工程质量验收时还应符合施工合同的要求。

（1）检验批的质量检验抽样方法规定的 5 种方式

由于抽样方法对判定质量合格的公平性关系较大，实际应用时应按各专业质量验收规范的规定执行，不能自行决定。各专业的检验批具体抽样应按相应各质量验收规范的规定执行，抽样应随机抽取。满足分布均匀，具有代表性的要求。抽样报告应符合有关质量验收规范的要求。检验批验收时的抽样数量应符合规定，既不能太多，也不能太少，抽样数量太多会造成工程成本增加，验收人员工作量增加；抽样数量太少不能很好地代表检验批的整体质量，造成漏判或错判。

验收抽样要事先制定方案、计划，可以抽签确定验收点位，也可以在图纸上根据平面位置随机选取，最好是验收前由各方验收人员在办公室共同完成，尽量不要在现场随走随选，避免样本选取的主观性。

（2）出现质量不符合要求时的处理方法

建筑工程质量不符合要求是指工程质量差，质量资料不完整、验收不合格，对一般项目而言，如果不合格点数和程度在允许范围以内，仍可以验收，但如超过限度，或有主控项目不合格，则发生非正常验收，主要是因为原材料、施工条件、设备、气候、人员操作、责任主体工作不到位等因素影响，使工程质量波动幅度过大造成的不合格，应按规定进行处理，共有 4 种情况：第 1 种是能通过正常验收的，第 2 种是有管理缺陷，第 3 种是有一定保留的，第 4 种是特殊情况的处理，虽达不到验收规范的要求，但经过加固补强等措施能保证结构安全和使用功能。建设单位与施工单位可以协商，根据协商文件进行验收，是让步接受或有条件验收。通常这样的事故发生在检验批或分项工程。当检验批、分项工程质量不符合要求时，通常应该在检验批质量验收过程中发现，对不符合要求的过程要进行分析，找出是哪个项目达不到质量标准的规定，其中包括检验批的主控项目、一般项目有哪些条款不符合标准规定，影响到结构的安全和使用功能，造成不符合规定的原因很多，有操作技术方面的，也有管理不善方面的，还有材料质量方面的。因此，一旦发现工程质量任一项不符合规定时，必须及时组织有关人员，分析原因，并按有关技术管理规定，通过有关方面共同商量，制定补救方案，及时进行处理。经处理后的工程，再确定其质量是否可通过验收。

1）经返工或返修的检验批，应重新进行验收。这款主要是主控项目的严重问题应返工重做，包括全部或局部推倒重来及更换设备、器具等的处理，处理或更换后的验收，也包括一般问题的返修应重新按程序进行验收。如某住宅楼一层砌砖，验收时发现砖的强度等级为 MU5，达不到设计要求的 MU10，推倒后重新使用 MU10 砖砌筑，其砖砌体工程的质量，应重新按程序进行验收。

重新验收质量时，要对该项目工程按规定重新抽样、选点、检查和验收，重新填写检验批质量验收记录表。

2）经有资质的检测机构检测鉴定能够达到设计要求的检验批，应予以验收。这种情况多是某项质量性能指标缺乏资料，多数是留置的试块失去代表性或因故缺少试块的情况；试块试验报告缺少某项有关主要内容；以及对试块或试验结果报告有怀疑时，经有资质的检测机构，对工程质量进行检验测试，其测试结果证明，该检验批的工程质量能够达到原设计要求的，这种情况应按正常情况给予验收。当资料缺失时抽样检测的数量不能过少。虽均经处理属于合格工程，但管理上存在缺陷，是需要经过检测通过的。

3）经有资质的检测机构检测鉴定达不到设计要求，但经原设计单位核算认可能够满足安全和适用功能的检验批，可予以验收。

这种情况与第 2 种情况一样，多是某项质量指标达不到规范的要求，多数也是指留置的试块失去代表性或是因故缺少试块的情况；以及试块试验报告有缺陷，不能有效证明该项工程的质量情况；对该试验报告有怀疑时，要求对工程实体质量进行检测。经有资质的检测机构检测鉴定达不到设计要求，但这种数据达到设计要求的差距不大。针对经现场检测确定未达到设计及规范要求的检验批，也就是不合格的检验批，可以由原设计单位核算，如果可以满足结构安全和使用功能要求也可以不进行处理并通过验收。对建筑物来说，规范的要求是安全和性能的最低要求，而设计要求一般会高于规范要求，这两者之间的差异就是通常说的安全储备，利用了该储备，核算的项目就要全面，不能漏项，要涵盖规范要求的各项规定。按最弱的部位或构件核算，能达到设计核算值时，则允许不进行结构加固，检验批可以通过验收。对一些特定问题，不能简单地通过验算解决或建设、监理等单位对构件安全性存在疑虑，还可以通过现场实荷试验判定，作为核算方式的拓展和补充。经过原设计单位进行验算，认为仍可满足结构安全和使用功能，可不进行加固补强。如某五层砖混结构，1、2、3层用M10砂浆砌筑，4、5层用M5砂浆砌筑，在施工过程中，由于管理不善等，其三层砂浆强度仅达到8.6MPa，没有达到设计要求，按规定应不能验收，但经过原设计单位验算，砌体强度尚可满足结构安全和使用功能，可不返工和加固。由设计单位承担责任，并出具正式的认可证明，由注册结构工程师签字并加盖单位公章。由设计单位承担责任，实际上是没达到设计及规范规定。因为设计责任就是设计单位负责，出具认可证明，也在其质量责任范围内，可进行验收，但是设计单位出具的认可证明，其核算认可结论应为能够满足安全和使用功能，不能认可为能满足设计要求。这是存在质量缺陷的合格工程，应在竣工验收报告中注明。

4）经返修或加固处理的分项、分部工程，能满足安全及使用功能要求的，可按技术处理方案和协商文件的要求予以验收。

这种情况多数是某项质量指标达不到验收规范的要求，如同第2）、3）种情况，经过有资质的检测机构检测鉴定达不到设计要求，由其设计单位经过验算，也认为达不到要求，经过验算和事故分析，找出事故原因，分清质量责任。同时，经过建设单位、施工单位、监理单位、设计单位等协商，同意进行加固补强，并协商好加固费用的来源及加固后的验收等事宜。由原设计单位出具加固技术方案，通常由原施工单位进行加固，可能改变了个别建筑构件的外形尺寸，或留下永久性的缺陷，包括改变结构的用途在内，应按协商文件予以有条件地验收，由责任方承担经济损失或赔偿等。这种情况实际是工程质量达不到验收规范的合格规定，应为不合格工程的范围。但《建设工程质量管理条例》的第二十四条、第八十二条等都对不合格工程的处理作出了规定，根据这些条款，提出技术处理方案，最后能达到保证安全和使用功能，也是可以通过验收的。为了维护国家利益，不能出了质量事故就报废。为减少社会财富的巨大损失，对建筑物可以通过专门的加固或处理。加固的方法很多，如加大截面、增加配筋、施加预应力和改变传力途径等。处理后的建筑物将发生改变，不能仅依据原有设计要求进行验收，需要按技术处理方案和协商文件的要求验收。对一些特殊情况，经各方协商一致，可以采用降低使用功能变更用途的方式保证建筑物的安全和功能要求，例如降低使用荷载等。无论采用哪种方法，处理后即使满足安全使用的基本要求，大部分情况也会改变建筑物外形，增大结构尺寸，减小使用面积，影响一些次要的使用功能，因此对加固处理的方案要仔细研究、慎重选取，尽量采用对功能影响小的处理方案。对于不合格工程、可利用的工程，补救方案、补救后的验收结果、资料应列入竣工验收资料。

几种处理情况，但第1）、2）款和第3）、4）款的语气是不同的。第1）、2）款规定的是"应"予以验收，第3）款规定的是"可"予以验收。第4）款是按处理方案和协商文件的要求予以验收，是不合格工程的利用。其中第1）、2）款是过程质量符合合格条件，第3）、4）款是工程质量不合格，且不管通过何种途径处理，都还是降低了原设计的安全度或功能性。另外，对第3）、4）款的情况应慎重处理，不能作为降低施工质量、变相通过验收的一种出路，允许建设单位保留进一步索赔的权利。

造成永久性缺陷是指通过加固补强后，只是解决了结构性能问题，而其本质并未达到原设计要求，属于造成永久性缺陷。该工程的质量不能正常验收，由于其尚可满足结构安全和使用功能要求，对这样的工程质量，可按协商验收。在工业生产中称为让步接受，就是某产品虽有个别质量指标达不到产品合同的要求，但在使用中，可考虑将这项质量指标降低要求。但产品的价格也应相应地调整。经处理的工程必须有详尽的记录资料、处理方案等，原始数据应完整、准确，能确切说明问题的演变过程和结论，这些资料不仅应纳入工程质量验收资料中，而且还应纳入单位工程质量事故处理资料中。对协商验收的有关资料，要经监理单位的总监理工程师签字验收，并将资料归纳在竣工资料中，以便在工程销售、使用、管理、维修及改建、扩建时作为参考等。

5）经返修或加固处理仍不能满足安全或重要使用要求的分部工程及单位工程，严禁验收。

属于强制性条文，必须严格执行。设置的目的是不能让不合格的工程进入社会，给社会造成巨大的安全隐患。这种工程一旦出现，势必会造成巨大的经济损失，因此对造成严重后果的单位和责任人还要进行相应的处罚。

返修方式对于各分部工程有所不同，空调、电气等设备专业如果通过调试不能解决问题，可以直接更换；装修工程不合格也可以拆除重做。但对地基基础、主体结构工程则不可以随意拆除、更换。通过返修、加固达到安全和功能要求是解决不合格工程的一种出路，加固只适用于局部构件，不适合结构整体，结构整体加固的施工难度较大、成本较高、效果有限，例如高层建筑因为桩基问题导致整体倾斜、主体结构因为混凝土强度普遍偏低导致承载力不足等，整体加固的难度较大或费用较高，一般选择返工重建。

6）工程质量控制资料应齐全完整。当部分资料缺失时，应委托有资质的检测机构按有关标准进行相应的实体检验或抽样试验。

工程质量验收，从原则上讲，施工资料必须完整。这是各环节质量验收的必要条件，正常情况下不允许施工资料的任意缺失。但资料缺失的问题不能完全避免，主要有两种情况：一是施工单位因为经验不足、管理不善导致施工资料丢失或必要的试验少做、漏做；二是一些工程项目因故停工一段时间，有的建设单位、施工单位变更，导致施工资料缺失。这两种情况都会影响工程正常的竣工验收。

资料缺失一般不能原样恢复，而资料不全又不能正常验收，为解决这一矛盾，标准规定可以委托有资质的检测机构按有关检测类标准的要求对资料缺失的项目进行实体检验或抽样试验，出具检验报告，检验报告中需要明确检测结果是否符合设计及规范要求，检验报告可用于各环节验收。目前全国各地对类似工程已按本条规定的原则操作，《建筑工程施工质量验收统一标准》GB 50300—2013 修订中予以明确。

这里强调质量控制资料的重要性，当资料缺失时，应由有资质的检测机构对工程实体检验或抽样试验，来补充资料缺失的不足。资料对工程质量管理、验收都是十分重要的，因工程质量不便整体产品检测，只能由各方面的检测来汇总其质量要求。之前认为资料是证明工程质量的客观见证，现在有的人认为资料就是工程质量的一部分，工程质量由工程实体和工程资料组成。

实际工程控制资料缺失，在前期工程质量不符合要求的情况下，已有些资料缺失。这里进一步强调资料的重要性，说明资料不完整工程不能验收。

7.2.2　工程项目质量验收程序及组织

1. 生产者自行检验

生产者自行检验是工程质量验收的基础，标准规定工程质量的验收应在班组自行质量检查、企业专职质量员进行检查评定合格的基础上，监理工程师或总监理工程师组织有关人员进行验收。

（1）工程质量验收首先是班组在施工过程中的自我质量控制，自我控制就是按照施工操作工艺的要求，边操作边检查，将有关质量要求及误差控制在规定的限制内。这就要求施工班组做好自检。自检主要是在本班组范围内进行，由承担检验批、工序、分项工程施工的工种工人和班组进行。在施工操作过程中或工作完成后，对产品进行自我检查和互相检查，及时发现问题并进行整改。在施工过程中控制质量，经过自检、互检使工程质量达到合格标准。工程项目专业质量检查员组织有关人员（专业工长、班组长、班组质量员），对检验批质量进行检查评定，由项目专业质量检查员评定。作为检验批、分项工程质量向下一道工序交接的依据，自检、互检突出了生产过程中加强质量控制。从检验批、分项工程开始加强质量控制，要求本班组工人在自检的基础上，互相之间进行检查督促，取长补短，由生产者本身把好质量关，把质量问题和缺陷解决在施工过程中。

（2）自检、互检是班组在分项工程交接（检验批、分项完工或中间交工验收）前，由班组先进行的检查；也可是分包单位在交给总包之前，由分包单位先进行的检查；还可以是由工程项目管理者组织有关班组长及有关人员参加的交工前的检查，对工程的观感和使用功能等方面，尤其是各工种、分包之间的工序交叉可能发生建筑成品损坏的部位，易出现的质量通病和遗留问题，均要及时发现问题及时改进。力争工程一次验收通过。《建筑工程施工质量验收统一标准》GB 50300—2013 提出了施工企业检验批质量验收时，检查评定要做好验收检查原始记录，交监理验收时进行复查，这是要求施工加强质量控制的一项重要措施。交接检是各班组之间，工程完毕之后，下一道工序工程开始之前，共同对前道工序、检验批、分项工程的检查，经后一道工序认可，并为他们创造了合格的工作条件。例如，工程的瓦工班组把某层砖墙交给木工班组支模，木工班组把模板交给钢筋班组绑扎钢筋。钢筋班组把钢筋交给混凝土班组浇筑混凝土等。交接检通常由工程项目负责人主持，由有关班组长或分包单位参加，是下道工序对上道工序质量的验收。也是班组之间的检查、监督和互相把关，交接检是保证下一道工序顺利进行的有力措施，有利于分清质量责任和成品保护，可以防止下道工序对上道工序成品的损坏，也促进了质量的控制，共同把工程质量做好。

在检验批、分项工程、分部（子分部）工程完成后，由施工企业项目专业质量检查员，对工程质量进行检查评定。其中地基与基础分部工程、主体分部工程，由企业技术、质量部门组织的施工现场检查评定，以保证达到标准的规定，以便顺利进行下道工序。项目专业质量检查员能正确掌握国家验收标准和企业标准，是做好质量管理的一个重要方面。

（3）以往单位工程质量检查达不到标准，其中一个重要原因就是自检、交接检执行不认真，检查流于形式，有的根本不进行自检、交接检，做成什么样算什么样。有的工序、检验批、分项、分部以及分包之间，不检查、不验收、不交接就进行下道工序，单位工程不自检就交竣工验收，结果是质量粗糙、使用功能差、质量不好、责任不清。

质量检查首先是班组在生产过程中的自我检查，就是一种自我控制性的检查，是生产者应该做的工作。按照操作规程进行操作，依据标准进行工程质量检查，使生产出的产品达到标准规定，然后交给工程项目专业质量员、专业技术负责人，组织进行检验批、分项、分部（子分部）工程质量检查评定。

（4）施工过程中，操作者按规范要求随时检查，体现了谁生产谁负责质量的原则。工程项目专业质量检查员和技术负责人组织检查评定检验批、分项工程、分部（子分部）工程质量的检查评定，项目技术负责人组织单位工程质量的检查评定。在有分包的工程中总包单位对工程质量应全面负责，分包单位应对自己承建的分项、分部、子分部工程的质量负责，这些都体现了谁生产谁负责质量的原则。好的质量是施工出来的，操作人员没有质量意识，管理人员没有质量观念，不从自己的工作做起，想做好质量是不可能的。所以，这次标准修订过程，贯彻了《建设工程质量管理条例》落实质量责任制、对质量终身负责的要求，规定了各质量责任主体都要承担质量责任，各自做好自身的工作，从检验批、分项工程就严格掌握标准，加强控制，把质量问题消灭在施工过程中，而且层层把关，各负其责，做好工程质量。

（5）检验批工程质量检查评定由企业专职质量检查员负责检查评定。这是企业内部质量部门的检查，也是质量部门代表企业验收产品质量、保证企业生产合格的产品。检验批、分项工程的质量不能由班组来自我评定，应以专业质量检查员评定的为准。企业的质量部门要起到督促检查的作用。达不到标准的规定，生产者要负责任，企业的专职质量检查员也必须掌握企业标准和国家质量验收规范的要求，经过培训持证上岗。

施工企业对检验批、分项工程、分部工程、单位工程，都应按照施工控制措施、企业标准操作。按质量验收规范检查评定合格之后，将各验收记录表填写好。再交监理单位的监理工程师、总监理工程师进行验收。企业的自我检查评定是工程质量验收的基础。

（6）有分包单位时，分包单位承担自己所分包的工程质量的验收工作。由于工程规模的增大，专业的增多，工程中的合理分包是正常的也是必要的，这是提高工程质量的重要措施，分包单位对所承担的工程项目质量负责。并应按规定的程序进行自我检查评定，总包单位应派人参加。分包工程完成后，应将工程的有关资料交总包单位。监理、建设单位进行验收时，总包单位、分包单位的有关人员都应参加验收，以便对不足之处及时进行返修。

检验批、分项工程、分部（子分部）工程和单位工程生产者都必须先自己检验评定合格，才能交给监理单位验收，这是落实生产责任的重要步骤，生产者为产品质量负责，生产的产品达到国家标准规定，才能交出，才算完成生产者的责任。

2. 监理单位的验收

施工企业的质量检查人员（包括各专业的项目质量检查员），将企业检查评定合格的检验批、分项工程，填好表格后及时交监理单位。对一些政策允许的建设单位自行管理的工程，应交建设单位。这是分清质量责任的做法。监理单位或建设单位的有关人员应及时组织有关人员到工地现场，对该项工程的质量进行验收。监理或建设单位应加强施工过程的监督检查，对工程质量进行全面了解，验收时可采取抽样方法、宏观检查的方法，必要时进行抽样检测，来确定是否通过验收。由于监理人员或建设单位的现场质量检查人员，在施工过程中进行旁站、平行或巡回检查，根据自己对工程质量了解的程度，对检验批的质量可以抽样检查或抽取重点部位或是认为必要查的部位进行检查，如果认为在施工过程中已对该工程的质量情况掌握了，也可以减少一些现场检查。

在对工程进行检查后，确认其工程质量符合标准规定，由有关人员签字认可。否则，不得进行下道工序的施工。

如果认为有的项目或部位不能满足验收规范的要求时，应及时提出，让施工单位进行返修。监理单位按国家标准进行验收，是监理单位的责任，必须尽到责任。

监督单位应按检验批、分项工程、分部（子分部）工程、单位工程验收。检验批质量验收是质量控制的基础，必须控制好分部（子分部）工程质量验收，检验资料必须完整，单位工程要全面达到合同要求。

3. 验收程序及组织

（1）验收程序

为了方便工程的质量管理，根据工程的特点，把工程划分为检验批、分项、分部和单位工程。验收的顺序首先验收检验批、分项工程质量验收，再验收分部工程质量，最后验收单位工程的质量。

对检验批、分项工程、分部工程、单位工程的质量验收，都是先由施工企业检查评定合格后，再由监理或建设单位进行验收。

（2）验收主体

标准规定，检验批、分项、分部和单位工程分别由监理工程师或建设单位的项目质量负责人、总监理工程师或建设单位项目技术负责人负责组织验收。

检验批、分项工程由监理工程师、建设单位项目质量负责人组织施工单位的项目专业质量负责人等进行验收。

分部工程由总监理工程师、建设单位项目技术负责人组织施工单位项目经理和技术、质量负责人等进行验收。地基基础分部工程勘察、设计单位工程项目负责人应参加验收，主体结构、节能分部工程设计单位项目负责人应参加验收。这是符合当前多数企业质量管理的实际情况的，这样做也突出了分部工程的重要性。

一些有特殊要求的建筑设备安装工程，以及一些使用新技术、新结构的项目，应按设计和主管部门要求组织有关人员进行验收。

建设单位收到工程竣工报告后，应由建筑单位项目负责人组织监理、施工、设计、勘察等单位项目负责人进行单位工程验收。验收程序与组织一览表见表7-1。

验收程序与组织一览表　　　　　　　　　　　表 7-1

验收次序	验收对象	实施验收的组织
①	检验批	监理工程师、建设单位项目质量负责人组织施工单位的项目专业质量负责人等进行验收
②	分项工程	监理工程师、建设单位项目质量负责人组织施工单位的项目专业质量负责人等进行验收
③	分部工程	总监理工程师、建设单位项目技术负责人组织施工单位项目经理和技术、质量负责人等进行验收
④	单位工程	建筑单位项目负责人组织监理、施工、设计、勘察等单位项目负责人进行单位工程验收

（3）验收细则

1）检验批验收细则

检验批应由专业监理工程师组织施工单位项目专业质量检查员、专业工长等进行验收。

检验批验收是建筑工程施工质量验收最基础的层次，是单位工程质量验收的基础。检验批的质量主要依靠施工企业的自行质量控制，在工序施工时做好操作质量，进行自检，达到质量指标，达不到的进行修理。完工后由施工企业专业质量检查员，会同专业工长、施工的班组长等进行检查评定，并将检查评定的主要事项做好记录，检查操作依据执行情况，说明主控项目抽样的方法和评定情况、一般项目的抽样情况、有无严重缺陷、有无返修的情况等。施工单位自行检查评定合格，填写好检验批验收表格，附上过程控制操作依据及现场质量检查记录，申请专业监理工程师组织验收。验收时施工企业专业质量检查员、专业工长等应到场参加验收。若出现有不达标的项目，施工单位应及时进行修理或返工，并查找原因，修正操作依据。

这里要强调的是检验批验收是控制质量的重点，只有控制好检验批质量，分项工程的质量才有保证，分部工程和单位工程的质量才有保证。施工单位要认真把控好质量，监理单位认真按标准验收质量。

2）分项工程验收细则

分项工程应由专业监理工程师组织施工单位项目专业技术负责人等进行验收。

分项工程质量验收，也是单位工程施工质量验收的基础，主要有两个方面的工作，一是将检验批验收结果核查汇总，核查检验批质量控制及验收的结果，有无不正确的，是否将工程都覆盖；二是现场检查，检验批的质量内容虽与分项工程的质量内容基本相同，但分项工程的有些质量指标在检验批是无法检查的，如砌体工程的全高垂直度、外墙上下窗口偏移；混凝土结构现浇结构，全高垂直度；钢结构的整体垂直度和整体平面弯曲偏差的检查等，都要在分项工程质量验收时检查。所以，分项工程还有自己的检查项目要检查，同时检查各检验批的交接检部位宏观质量，如砌体的整个墙面的观感质量等，都需要在分项工程验收时检查。当然，如果在核验检验批质量验收结论有疑问或异议时，也应对该检验批的质量进行现场检查核实。

分项工程的质量验收，也是应由施工单位的项目专业技术负责人、专业质量检查员先对检验批验收结果核查、汇总，对在分项工程验收的项目进行验收，对现场检验批交接检部位及宏观质量进行检查。不得有严重缺陷，有一般缺陷的，能修整的应进行修理。然后填写好分项工程验收表格，并将检验批的表格及现场检查质量记录，一并申请专业监理工程验收。专业监理工程师应在施工单位自检合格的基础上，按相应的规范组织施工项目专业技术负责人等，进行分项工程验收。

3）分部工程验收细则

分部工程应由总监理工程师组织施工单位项目负责人和项目技术负责人等进行验收。

勘察、设计单位项目负责人和施工单位技术、质量部门负责人应参加地基与基础分部工程的验收。

设计单位项目负责人和施工单位技术、质量部门负责人应参加主体结构、节能分部的验收。

检验批质量验收是建筑工程质量控制的重要环节，做好检验批验收是质量控制措施的落实。分部工程质量验收是验收中的重要环节，由于多数分部工程质量体现了单位工程某个方面的质量指标，而有些质量指标到单位工程验收时，已不方便检查和验收了。而有些分部工程由专业施工单位施工，其验收相当于竣工验收。分部工程由于专业的不同质量要求也不同，验收时需要有不同的专业人员参加，由于施工单位的不同，重要程度不同，参加验收的人员要求也不同。房屋建筑工程包含 11 个分部工程。分部工程质量验收由总监理工程师组织各专业监理工程师参加相应专业工程的分部工程质量验收。施工单位及勘察设计单位参加验收的人员大致可分为 3 种情况。

① 地基与基础分部工程情况复杂，专业性强，且关系到整个工程的安全，为保证质量，严格把关，由总监理工程师组织，勘察、设计单位项目负责人应参加验收，施工单位技术、质量部门负责人也应参加验收。

② 主体结构直接影响工程的使用安全，建筑节能是基本国策，直接关系到国家资源战略、可持续发展等，故这两个分部工程，设计单位项目负责人应参加验收，施工单位技术、质量部门负责人也参加验收。

③ 所有分部工程的质量验收，施工单位项目负责人和项目技术负责人都应参加。参加验收的人员，除规定的人员必须参加外，允许其他人员共同参加验收，如地基与基础、主体结构、建筑节能分部工程质量验收，专业质量检查员、专业施工工长也应参加。

勘察、设计单位项目负责人应为勘察、设计单位负责本工程项目的专业负责人。在总监理工程师组织验收前，各分部工程相应的施工单位项目负责人和项目技术负责人、项目质量负责人，应组织专业质量检查员、专业工长，对分部工程质量进行检查评定，达到合格标准，整理好相关资料，送监理单位申请验收。然后总监理工程师再组织上述相关人员进行验收。

在分部工程质量验收中，对施工单位自行检查评定资料进行核查，并对施工现场的实体工程质量进行观感质量检查。实体质量的观感检查，实际上是对这部分工程质量全面的宏观的检查，包括能动的、可操作的项目实际操作等，从而全面核查验收项目、验收资料的真实性、相符性等。

分部工程的验收是验收的重点，因为多数分部工程验收就是竣工验收，其是否达到设计要求和规范规定，是验收的重点，其质量指标多数是要检测确定的，所以，分部工程验收其检测资料必须达到要求，资料必须完整。

4）单位工程验收细则

单位工程验收应由建设单位项目负责人组织监理、施工、设计、勘察等单位项目负责人进行。

单位工程完工后，施工单位应组织有关人员进行自检。总监理工程师应组织各专业监理工程师对工程质量进行竣工预验收。存在施工质量问题时，应由施工单位整改。整改完毕后，由施工单位向建设单位提交工程竣工报告，申请工程竣工验收。

单位工程完工后，施工单位应首先依据验收规范、设计图纸、施工合同组织有关人员进行自检，对检查发现的问题进行整改。监理单位应根据《建设工程监理规范》GB/T 50319—2013 的要求进行竣工预验收。符合规定后由施工单位向建设单位提交工程竣工报告和完整的质量控制资料，申请建设单位组织竣工验收。为一次顺利通过验收创造条件，工程竣工预验收由总监理工程师组织，各专业监理工程师参加，施工单位由项目经理、项目技术负责人等参加。竣工预验收除参加人员与竣工验收不同外，其方法、程序、要求等均应与工程竣工验收相同。竣工预验收的表格格式可参照工程竣工验收的表格格式，也可对照施工单位提交的相应表格进行核查核对，对不足的项目由施工单位整改。

单位工程中的分包工程完工后，分包单位应对所承包的工程项目进行自检，并应按规定的程序进行验收。验收时，总包单位应派人参加。分包单位应将所分包工程的质量控制资料整理完整，并移交给总包单位。

《建设工程承包合同》的双方主体是建设单位和总承包单位，总承包单位应按照承包合同的权利义务对建设单位负责。总承包单位可以根据需要将建设工程的一部分依法分包给其他具有相应资质的单位，分包单位应符合分包的条件，其资质应符合《专业承包企业资质等级标准》的规定。分包单位应对总承包单位负责，亦应对建设单位负责。总承包单位就分包单位完成的项目进行验收时，总承包单位应参加，检验合格后，分包单位应将工程的有关资料整理完整后移交给总承包单位。总承包单位检查评定单位工程过程要分包单位参加时，分包单位相关人员应参加检查评定及做相应的资料整理，单位工程合格后，整理完整有关资料，提请建设单位组织验收。建设单位组织单位工程质量验收时分包单位相关负责人还应参加验收。

单位工程竣工验收是依据国家有关法律、法规及规范、标准的规定，全面考核建设工作成果，检查工程质量是否符合设计文件和合同约定的各项要求。竣工验收通过后，工程将投入使用，发挥其投资效益，也将与使用者的人身健康或财产安全密切相关。因此工程建设的参与单位应对竣工验收给予足够的重视。

单位工程质量验收应由建设单位项目负责人组织，由于勘察、设计、施工、监理单位是责任主体，各单位都应出具质量评估报告，施工单位出具工程报告，因此各单位项目负责人应参加验收。

在同一个单位工程中，对满足生产要求或具备使用条件，施工单位已自行检验，监理单位已预验收的子单位工程，建设单位可组织进行验收。由几个施工单位负责施工的单位工程，当其中的子单位工程已按设计要求完成，并经自行检验，也可按规定的程序组织正式验收，办理交工手续。

单位工程竣工验收通过后，应形成单位工程竣工验收报告等竣工文件。

7.3　工程项目施工质量验收

7.3.1　检验批质量验收

检验批施工完工后，首先由工程项目专业质量检查员、专业工长及施工班组长等人，对工程质量进行检验评定，评定合格后，用验收表格及施工控制措施，检验评定的原始记录，交专业监理工程师组织验收。

1. 现场验收原始记录

施工现场施工班组完成检验批交给专业质量检查员和专业工长进行检验评定。专业质量员要到工地实地进行抽样检验评定。

施工企业自行检验评定检验批质量时，为能正确检验评定，应做好检验评定的原始记录，包括每个质量项目的抽样点数、点的位置及检验结果，供监理验收时核查。这是加强施工过程质量控制的重要环节，也是规范施工单位质量检验评定的过程。

"现场验收检查原始记录"，目前有两种形式：一是使用"移动验收终端原始记录"，这个软件已有商家开发，可购买使用；二是"手写检查原始记录"。

（1）使用移动验收终端原始记录，实际是利用移动互联网计算技术，实现施工现场质量状况图形化显示在设计图纸上，有明显的检查点位置和真实的照片及数据。这个原始记录是全过程的，可保存和追溯，有条件的建议使用。

1）施工单位自行检验评定形成"现场质量验收检查原始记录"，依据过程的要求，说明检查评定真实过程，专业监理工程师验收时核查，可了解企业质量检查评定控制的情况，保证验收顺利进行，提高工作效率。

2）检查记录的主要内容

① 检验批、分项、子分部层次清晰，名称、编号准确。

② 检验批部位、检验批容量设置及抽样明确。

检验批容量具体抽样还应按专业质量验收规范的规定进行。

③ 检查点必须在电子图纸上进行标识，验收数据齐全，终端应有电子图纸功能。应在电子图纸上标出抽查的房间、部位，各项验收的项目。

④ 对于验收过程中发现的质量问题可直接拍照，留存证据。

有问题的项目，部位记录清楚。如需整改的应提出整改要求，整改完后需复查的应说明，并应提供复查结果资料。

⑤ 数据自动汇总、评定和保存，严禁擅自修改。

⑥ 主控项目和一般项目分别列出，并有重点，检验内容齐全，验收有据可依。

⑦ 原始记录必须有效存储，可以采用云存储方式，也可以存储于终端本机或 PC 机上。

⑧ 将验收结果直接导入工程资料管理软件检验批表格内，保证资料数据真实（详细可参照软件技术说明书使用）。

⑨ 目前规范组已推荐有配套软件可选择使用。

（2）手写现场验收检查原始记录

手写现场验收检查原始记录格式见《建筑工程施工质量验收统一标准》GB 50300—2013。该现场验收检查原始记录应由施工单位专业质量检查员、专业工长共同检查填写和签署，必须手填，禁止机打，在检验批验收时由专业监理工程师核查认可并签署，并在单位工程竣工验收前存档备查，以便建设、施工、监理等单位对验收结果进行追溯、复核，单位工程竣工验收后可由施工单位继续保留或销毁。现场验收检查原始记录的格式可在已有的基础上深化设计，由施工、监理单位自行确定，但应包括所有的检查项目、检查位置、检查结果等内容。

手写现场验收检查原始记录表，施工单位和监理单位可自行设计，只要把检查位置、检查结果标写清楚，监理可以核查即可，由于不是存档资料，只要监理认可就行，但企业内部应统一。

1）填写依据及说明

① 单位（子单位）工程名称、检验批名称及编号按对应的《检验批验收记录表》

填写。

②　验收项目：按对应的《检验批验收记录表》的验收项目顺序，填写现场实际检查的验收项目的内容。

③　编号：填写验收项目对应的规范条文号。

④　验收部位：填写本条验收的各个检查点的部位，每个检查项目占用一格，下个项目另起一行。

⑤　验收情况记录：采用文字描述、数据说明或者打"√"的方式，说明本部位的验收情况，不合格和超标的必须明确指出；对于定量描述的抽样项目，直接填写检查数据。

⑥　备注：发现明显不合格的检查点，要标注是否整改、复查是否合格。

⑦　校核：监理单位现场验收人员签字。

⑧　检查：施工单位现场验收人员签字。

⑨　记录：填写本记录的人签字。

⑩　验收日期：填写现场验收当天日期。

⑪　对验收部位，可在图上编号，不一定按本示例这样标注，只要说明部位就行。

⑫　抽样仍按《砌体结构工程施工质量验收规范》GB 50203—2011 的规定抽样。

现场验收检查原始记录要记得非常详细很难，很费时间及精力。要求填写这个表的目的，是防止施工企业检查不到现场，挑选好的来评定，这是一种控制的要求，有些企业讲诚信，工程质量控制到位，很多项目是全部达到规范规定的，不管抽查哪里都是符合规定的，他们取得信誉，不填这个表，监理认可，也是可以的。

2. 检验批质量验收合格规定

检验批质量验收合格应符合下列规定：

（1）主控项目的质量经抽样检验均应合格。

主控项目是指建筑工程中对安全、节能、环境保护和主要使用功能起决定性作用的检验项目。主控项目是对检验批的基本质量起决定性影响的检验项目，是保证工程安全和使用功能的重要检验项目，必须从严要求，因此要求主控项目必须全部符合有关专业验收规范的规定。主控项目如果达不到有关专业验收规范规定的质量指标，降低要求就相当于降低该工程的性能指标，就会严重影响工程的安全性能。这意味着主控项目不允许有不符合要求的检验结果，必须全部合格，如混凝土、砂浆强度等级是保证混凝土结构、砌体强度的重要性能，必须全部达到有关专业验收规范规定的质量要求。

为了使检验批的质量满足工程安全和使用功能的基本要求，保证工程质量，各专业工程质量验收规范对各检验批主控项目的合格质量给予明确的规定，如钢筋安装时的主控项目：受力钢筋的品种、级别、型号和数量必须符合设计要求。

（2）一般项目的质量经抽样检验合格。

一般项目是指除主控项目以外的检验项目。当采用计数抽样时，合格点率应符合有关专业验收规范的规定，且不得存在严重缺陷。对于计数抽样的一般项目，正常检验一次、二次抽样的判定标准，见表 7-2、表 7-3。

（3）具有完整的施工操作依据、质量验收记录。

质量控制资料反映了检验批从原材料到最终验收的各施工工序的操作依据、检查情况以及保证工程质量所必需的管理制度等。对其完整性的检查，实际是对过程控制的确认，这是检验批质量合格的前提。

一般项目正常检验一次抽样判定 　　表 7-2

样本容量	合格判定数	不合格判定数	样本容量	合格判定数	不合格判定数
5	1	2	32	7	8
8	2	3	50	10	11
13	3	4	80	14	15
20	5	6	125	21	22

一般项目正常检验一次抽样判定 　　表 7-3

抽样次数	样本容量	合格判定数	不合格判定数	抽样次数	样本容量	合格判定数	不合格判定数
(1)	3	0	2	(1)	20	3	6
(2)	6	1	2	(2)	40	9	10
(1)	5	0	3	(1)	32	5	9
(2)	10	3	4	(2)	64	12	13
(1)	8	1	3	(1)	50	7	11
(2)	16	4	5	(2)	100	18	19
(1)	13	2	5	(1)	80	11	16
(2)	26	6	7	(2)	160	26	27

注：（1）和（2）表示抽样次数，（2）对应的样本容量为两次抽样的累计数量。

通常，质量控制资料主要包括：

1）图纸会审记录、设计变更通知单、工程洽商记录。

2）工程定位测量、放线记录。

3）原材料出厂合格证书及进场检验、试验报告。

4）施工试验报告及见证检测报告。

5）隐蔽工程验收记录。

6）施工记录。

7）按有关专业工程质量验收规范规定的抽样检测资料、试验记录。

8）分项、分部工程质量验收记录。

9）工程质量事故调查处理资料。

10）新技术论证、备案及施工记录。

3. 检验批质量验收记录

（1）《建筑工程施工质量验收统一标准》GB 50300—2013 的标准样见表 7-4。

（2）检验批质量验收记录填写示例可手工填写，或电脑打印。

（3）填写依据及说明

检验批施工完成，施工单位自检合格后，应由项目专业质量检查员填报《检验批质量验收记录》。按照《建筑工程施工质量验收统一标准》GB 50300—2013 规定，检验批质量验收由专业监理工程师组织施工单位项目专业质量检查员、专业工长等进行验收。

检验批质量验收记录编号　　　　　　　　　　　表 7-4

单位（子单位）工程名称					
分部（子分部）工程名称				验收部位	
施工单位				项目经理	
分包单位				分包项目经理	
施工执行标准名称及编号					
施工质量验收规范的规定			施工单位检查评定记录	监理（建设）单位验收记录	
主控项目	1				
	2				
	3				
	4				
	5				
一般项目	1				
	2				
	3				
	4				
	5				
施工单位检查结果	专业工程（施工员）		施工班组长		
	项目专业质量检查员：　　　　　　　　　　　　　年　　月　　日				
监理（建设）单位验收结论	专业监理工程师：　　　　　　　　　　　　　　年　　月　　日				

　　《检验批质量验收记录》的检查记录应与《现场验收检查原始记录》相一致，原始记录是验收记录的辅助记录。检验批里的非现场验收内容，如材料质量，《检验批质量验收记录》中应填写依据的资料名称及编号，并给出结论。《检验批质量验收记录》作为检验批验收的成果，若没有《现场验收检查原始记录》，则《检验批质量验收记录》视同作假。

　　1）检验批名称及编号

　　① 检验批名称：按验收规范给定的分项工程名称，填写在表格名称前划线位置处。

　　② 检验批编号：检验批表的编号按《建筑工程施工质量验收统一标准》GB 50300—2013 附录 B 规定的分部工程、子分部工程、分项工程的代码、检验批代码（依据专业验收规范）和资料顺序号统一为 11 位数的数码编号写在表的右上角，前 8 位数字均印在表上，后留下划线空格，检查验收时填写检验批的顺序号。其编号规则具体说明如下：

　　第 1、2 位数字是分部工程的代码；

　　第 3、4 位数字是子分部工程的代码；

　　第 5、6 位数字是分项工程的代码；

　　第 7、8 位数字是检验批的代码；

第 9、10、11 位数字是各检验批验收的顺序号。

同一检验批表格适用于不同分部、子分部、分项工程时，表格分别编号，填表时按实际类别填写顺序号加以区别；编号按分部、子分部、分项、检验批序号的顺序排列。

2）表头的填写

① 单位（子单位）工程名称填写全称，如为群体工程，则按群体工程名称—单位工程名称形式填写，子单位工程标出该部分的位置。

② 分部（子分部）工程名称按《建筑工程施工质量验收统一标准》GB 50300—2013 划定的分部（子分部）名称填写。

③ 分项工程名称按《建筑工程施工质量验收统一标准》GB 50300—2013 附录 B 的规定填写。

④ 施工单位及项目负责人："施工单位"栏应填写总包单位名称，或与建设单位签订合同的专业承包单位名称，宜写全称，并与合同上公章名称一致，并应注意各表格填写的名称应相互一致。

"项目负责人"栏填写合同中指定的项目负责人的名字，表头中人名由填表人填写即可，只是标明具体的负责人，不用签字。

⑤ 分包单位及分包单位项目负责人："分包单位"栏应填写分包单位名称，即与施工单位签订合同的专业分包单位名称，宜写全称，并与合同上公章名称一致，并应注意各表格填写的名称应相互一致。

"分包单位项目负责人"栏填合同中指定的分包单位项目负责人的名字，表头中人名由填表人填写即可，只是标明具体的负责人，不用签字。

⑥ 检验批容量：指本检验批的工程量，按工程实际填写，计量项目和单位按专业验收规范中对检验批容量的规定填写。

⑦ 检验批部位是指一个分项工程中验收检验批的抽样范围，要按实际情况标注清楚。

⑧ "施工依据"栏，应填写施工执行标准的名称及编号，可以填写所采用的企业标准、地方标准、行业标准或国家标准；要将标准名称及编号填写齐全；也可以是技术交底或企业标准、工艺规范、工法等。

⑨ "验收依据"栏，填写验收依据的标准名称及编号。

3）"验收项目"的填写

"验收项目"栏制表时按 4 种情况印刷：

① 直接写入：当规范条文文字较少，或条文本身就是表格时，按规范条文写入。

② 简化描述：将质量要求作简化描述主题的内容，作为检查的提示。

③ 填写条文号：在后边附上条文内容。

④ 将条文项目直接写入表格。

4）"设计要求及规范规定"栏的填写

① 直接写入：当条文中质量要求的内容文字较少时，直接将条文写入；当混凝土、砂浆强度符合设计要求时，直接写入设计要求值。

② 写入条文号：当文字较多时，只将条文号写入。

③ 写入允许偏差：对定量要求，将允许偏差直接写入。

5）"最小/实际抽样数量"栏的填写

① 对于材料、设备及工程试验类规范条文，非抽样项目，直接写入"/"。

② 对于抽样项目且样本为总体时，写入"全/实际数量"，例如"全/10"，"10"指本检验批实际包括的样本总量。

③ 对于抽样项目且按工程量抽样时，写入"最小/实际抽样数量"，例如"5/5"，即按工程量计算最小抽样数量为 5，实际抽样数量为 5。

④ 本次检验批验收不涉及此验收项目时，此栏写入"/"。

⑤ 检验批的容量和每个检查项目的容量，通常是不一致的，检验批是整个项目的范围，常常可以用工程量来表示，具体检查项目，用"件""处""点"来表示。

6) "检查记录"栏填写

① 对于计量检验项目，采用文字描述方式，说明实际质量验收内容及结论；此类多为对材料、设备及工程试验类结果的检查项目。

② 对于计数检验项目，必须依据对应的《检验批验收现场检查原始记录》中验收情况记录，按下列形式填写：

A. 抽样检查的项目，填写描述语，例如"抽查 5 处，合格 4 处"，或者"抽查 5 处，全部合格"。

B. 全数检查的项目，填写描述语，例如"共 5 处，检查 5 处，合格 4 处"，或者"共 5 处，检查 5 处，全部合格"。

C. 本次检验批验收不涉及此验收项目时，此栏写入"/"。

7) 对于"明显不合格"情况的填写要求

① 对于计量检验和计数检验中全数检查的项目，发现明显不合格的个体，此条验收就不合格。

② 对于计数检验中抽样检验的项目，明显不合格的个体可不纳入检验批，但应进行处理，使其满足有关专业验收规范的规定，对处理的情况应予以记录并重新验收；"检查记录"栏填写要求如下：

A. 不存在明显不合格的个体的，不做记录。

B. 存在明显不合格的个体的，按《检验批验收现场检查原始记录》中验收情况记录填写，例如"一处明显不合格，已整改，复查合格"，或"一处明显不合格，未整改，复查不合格"。

8) "检查结果"栏填写

① 采用文字描述方式的验收项目，合格打"√"，不合格打"×"。

② 对于抽样项目且为主控项目，无论定性还是定量描述，全数合格为合格，有 1 处不合格即为不合格，合格打"√"，不合格打"×"。

③ 对于抽样项目且为一般项目，"检验结果"栏填写合格率，例如"100%"。

定性描述项目所有抽查点全部合格（合格率为 100%），此条方为合格。

定量描述项目，其中每个项目都必须有 80% 以上（混凝土保护层为 90%）检测点的实测数值达到规范规定，其余 20% 按各专业施工质量验收规范规定，不能大于 1.5 倍，钢结构为 1.2 倍，就是说有数据的项目，除必须达到规定的数值外，其余可放宽的，最大放宽到 1.5 倍。

④ 本次检验批验收不涉及此验收项目时，此栏写入"/"。

9）"施工单位检查结果"栏的填写

施工单位质量检查员按依据的规范、规程判定该检验批质量是否合格，填写检查结果。填写内容通常为"符合要求""不符合要求""主控项目全部合格，一般项目符合验收规范（规程）要求"等评语。

如果检验批中含有混凝土、砂浆试件强度验收等内容，应待试验报告出来后再作判定，或暂评符合要求。

施工单位专业质量检查员和专业工长应签字确认并按实际填写日期。

10）"监理单位验收结论"的填写

应由专业监理工程师填写。填写前，应对"主控项目""一般项目"按照施工质量验收规范的规定逐项抽查验收，独立得出验收结论。认为验收合格，应签注"合格"或"同意验收"。如果检验批中含有混凝土、砂浆试件强度验收等内容，可根据质量控制措施的完善情况，暂备注"同意验收"。应待试验报告出来后再作确认。

检验批的验收是过程控制的重点，一定要正确按规范来检查，其质量指标必须满足规范规定和设计要求。

7.3.2 分项工程质量验收

分项工程的质量验收是以检验批为基础进行的，一般情况下，检验批和分项工程两者具有相同或相近的性质。分项工程质量合格的条件是构成分项工程的各检验批质量验收资料齐全完整，且各检验批质量均已验收合格。

分项工程与检验批是一个质量指标，检验批的质量指标就是分项工程的质量指标，但一些检验批不能将分项工程的质量指标都检验到，如墙体的全高垂直度，在每个检验批中就查不到；外墙上下窗口偏移，就必须待墙体都砌完后才能检查，以及砌筑砂浆强度的评定，要按批来评定等。分项工程与检验批的关系，检验批是分项工程分批验收的单元，分项工程是检验批的汇总，但检验批无法查的项目，必须在分项工程中才能检查，现以六层砖混结构墙砌体主体结构为例，说明分项工程的验收。

1. 分项工程质量验收

（1）在检验批中未验收项目的检查验收

1）墙体全高垂直度，墙体共6个大角，抽查3个大角检测，一个大角测2点共6点：抽A①角，A向16mm，①向18mm；抽C③角，C向15mm，③向14mm；抽B②角，B向16mm，②向18mm。全部小于20mm。

2）外墙上下窗口偏移，抽查7处，共6面墙面，A面抽2处，其余封面各抽1处。

以端墙第3个窗口为抽查点，每窗抽查靠端墙一侧，以A、B、C、①、②、③轴线顺序，6层最大偏差为10mm、8mm、15mm、6mm、18mm、24mm。

3）水泥砂浆M10，含基础1组，共7组，平均值为11.13MPa，符合规范规定。

（2）填写分项工程质量验收表格

6个检验批的验收结果都合格，都经过专业监理工程师检验认可，填入表内。检验批质量验收表、全高垂直度检测记录、上下窗口偏移记录、砂浆试验报告及强度评定记录。

2. 表格填写及说明

分项工程完成，及分项工程所包含的检验批均已完工，施工单位自检合格后分项工程检验的项目已检验完成，并达到标准要求。应由专业质量检查员填报《分项工程质量验收记录》。分项工程应由专业监理工程师组织施工单位项目专业技术负责人等进行验收。

（1）表格名称及编号

1）表格名称：按验收规范给定的分项工程名称，填写在表格名称前的划线位置处。

2）分项工程质量验收记录编号：编号按"建筑工程的分部工程、子分部工程、分项工程划分"《建筑工程施工质量验收统一标准》GB 50300—2013 的附录 B 规定的分部工程、子分部工程、分项工程的代码编写，写在表的右上角。对于一个单位工程而言，一个分项只有一个分项工程质量验收记录，所以不编写顺序号。其编号规则具体说明如下：

① 第 1、2 位数字是分部工程的代码。

② 第 3、4 位数字是子分部工程的代码。

③ 第 5、6 位数字是分项工程的代码；同一个分项工程有的适用于不同分部、子分部工程时，填表时按实际情况填写其编号。

（2）表头的填写

1）单位（子单位）工程名称填写全称，如为群体工程，则按群体工程～单位工程名称形式填写，子单位工程标出该部分的位置。

2）分部（子分部）工程名称按《建筑工程施工质量验收统一标准》GB 50300—2013 划定的分部（子分部）名称填写。

3）分项工程数量：指本分项工程的数量，通常一个分部工程中，同样的分项工程是一个，不同分项工程按工程实际填写。

4）检验批数量指本分项工程包含的实际发生的所有检验批的数量。

5）施工单位及项目负责人、项目技术负责人："施工单位"栏应填写总包单位名称，宜写全称，并与合同上公章名称一致，并应注意各表格填写的名称应相互一致。

"项目负责人"栏填写合同中指定的项目负责人姓名；"项目技术负责人"栏填写本工程项目的技术负责人姓名；表头中人名由填表人填写即可，只是标明具体的负责人，不用签字。

6）分包单位及分包单位项目负责人："分包单位"栏应填写分包单位名称，即与施工单位签订合同的专业分包单位名称，宜写全称，并与合同上公章名称一致，并应注意各表格填写的名称应相互一致；"分包单位项目负责人"栏填写合同中指定的分包单位项目负责人姓名；表头中人名由填表人填写即可，只是标明具体的负责人，不用签字。

7）分包内容：指分包单位承包的本分项工程的范围，有的工程这个分项工程全由其分包。

（3）"序号"栏的填写

按检验批的排列顺序依次填写，检验批项目多于一页的，增加表页，顺序排号。

（4）"检验批名称、检验批容量、部位/区段、施工单位检查结果、监理单位验收结论"栏的填写

1）检验批名称按本分项工程汇总的所有检验批依次排序，并填写其名称。

2）检验批容量按相应专业质量验收规范检验批填的容量填写，通常检验批的容量和主控项目、一般项目抽样的容量不一致，按各检查项目的具体容量分别进行抽样。部位、区段，按实际验收时的情况逐一填写齐全，一般指这个检验批在这个分项工程中的部位/区段。

3）"施工单位检查结果"栏，由填表人依据检验批验收记录填写，填写"符合要求"或"验收合格"；在有混凝土、砂浆强度等项目时，待其评定合格，确认各检验批符合要求后，再填写检查结果。

4）"监理单位验收结论"栏，由专业监理工程师依据检验批验收记录填写，检查同意后填写"合格"或"符合要求"，有混凝土、砂浆强度项目时，待评定合格，再填写验收结论，如有不同意项，项目应做标记但暂不填写。

（5）"说明"栏的填写

1）如有不同意项应做标记但暂不填写，待处理后再验收；对不同意项，监理工程师应指出问题，明确处理意见和完成时间。

2）通常情况下，可填写验收过程的一些表格中反映不到的情况，如检验批施工依据、质量验收记录、所含检验批的质量验收记录是否完整等的情况。

（6）表下部"施工单位检查结果"栏的填写

1）由施工单位项目技术负责人填写，填写"符合要求"或"验收合格"，填写日期并签名。

2）分包单位施工的分项工程验收时，分包单位人员不签字，但应将分包单位名称及分包单位项目负责人、分包内容填写到对应的栏格内。

（7）表下部"监理单位验收结论"栏的填写

由专业监理工程师在确认各项验收合格后，填入"验收合格"，填写日期并签名。

（8）注意事项

1）核对检验批的部位、区段是否全部覆盖分项工程的范围，有无遗漏的部位。

2）一些在检验批中无法检验的项目，在分项工程中直接验收，如检查有砂浆强度要求的检验批，到龄期后评定结果能否达到设计要求；砌体的全高垂直度检测结果等。

3）检查各检验批的验收资料完整并统一整理，为下一步验收打下基础。有关资料附在分项工程质量验收的记录表后。

7.3.3 分部工程质量验收

1. 分部工程质量验收合格规定

分部工程质量验收合格应符合下列规定：

（1）所含分项工程的质量均应验收合格。

（2）质量控制资料应完整。

（3）有关安全、节能、环境保护和主要使用功能的抽样检验结果应符合相应规定。

（4）观感质量应符合要求。观感质量验收，这类检查往往难以定量，只能以观察、触摸或简单量测的方式进行观感质量验收，并结合验收人的主观判断，检查结果并不给出"合格"或"不合格"的结论，而是由各方协商确定，综合给出"好""一般""差"的质量评价结果。对于"差"的检查点应进行返修处理。所谓"好"是指在观感质量符合验收规范的基础上，能到达精致、流畅的要求，细部处理到位、精度控制好；所谓"一般"是指观感质量能符合验收规范的要求；所谓"差"是指观感质量勉强达到验收规范的要求，或有明显的缺陷，但不影响安全或使用功能。

2. 分部工程质量验收

以主体结构为例，在其所有分项工程全部验收合格后，待检测的项目由施工单位自己或有资质的检测机构检测符合设计要求和规范规定，并出具检测报告，对观感质量进行了检查，并形成表格。对工程质量控制资料、安全和功能检测报告进行审查后，可填写分部工程质量验收记录表。分部工程由施工单位项目负责人和技术、质量负责人负责。主体结构由勘察、设计单位项目负责人，施工单位质量、技术部门负责人参加，由总监理工程师组织验收。

（1）由于分部工程完工多数分部工程已形成其使用功能，有的项目是竣工验收，若是分包的工程分部工程验收完，施工单位即离开施工现场。所以，分部工程验收是工程验收的重点，是形成工程使用功能的重点环节，其检查验收要重点注意。对其安全、功能检测结果要重点关注；对观感质量要全面检查，其检查结果即单位工程的检查结果，因为有些项目单位完工时已检查不到了，由施工单位自己检验评定合格后，由监理工程师组织验收。

1）对分部工程包含的分项工程质量验收记录表全面检查，查看其包含的范围应覆盖分部工程，其验收全部合格。

2）分部工程的检测项目是否全部检测、并符合设计要求和规范规定。检验报告应完整。

3）观感质量检查应全面、检查记录表完整清楚。

4）有关质量控制资料应完整。

（2）填写分部工程质量验收记录表（表 7-5）。

主体结构分部工程质量验收记录　　　　　　　　　　表 7-5

工程名称		机构类型		层数		地下　　　层 地上　　　层
施工单位			单位技术部门 负责人（签名）			
序号	子分部工程名称	分项工程数		施工单位检查结果		验收组验收意见
1	混凝土工程					
2	劲钢（管）混凝土结构					所含子分部工程无遗漏并且全部合格，本分部合格，同意验收
3	砌体结构					
4	钢结构					
5	木结构					
6	网架和索膜结构					
质量控制资料检查结论	共　项，经查符合要求　项，经核定符合规范要求　项		安全和功能检验（检测）报告检查结论			共　项，符合要求　项，经返工处理符合规范要求　项
观感质量验收结果	1. 共抽查　项，符合要求　项，不符合要求　项。 2. 观感质量评价：					
施工单位		设计单位	监理单位		建设单位	
项目经理： （公章） 　年　月　日		项目负责人： （公章） 　年　月　日	总监理工程师： （公章） 　年　月　日		项目专业负责人： （公章） 　年　月　日	

3. 表格填写及说明

分部（子分部）工程完成，施工单位自检合格后，应填报《分部工程质量验收记录》。分部工程应由总监理工程师组织施工单位项目负责人和施工项目技术负责人等进行验收。勘察、设计单位项目负责人和施工单位技术、质量部门负责人应参加地基与基础分部工程的验收。设计单位项目负责人和施工单位技术、质量部门负责人应参加主体结构、节能分部工程的验收。

（1）表格名称及编号

1）表格名称：按《建筑工程施工质量验收统一标准》GB 50300—2013 附录 B 表 B 给定的分部工程名称，填写在表格名称前划线位置处。

2）分部工程质量验收记录编号：编号按《建筑工程施工质量验收统一标准》GB 50300—2013 的附录 B 规定的分部工程代码编写，写在表的右上角。对于一个工程而言，一个工程只有一个分部工程质量验收记录，所以不编写顺序号。其编号为两位。

（2）表头的填写

1）单位（子单位）工程名称填写全称，如为群体工程，则按群体工程名称～单位工程名称形式填写，子单位工程时应标出该子分部工程的位置。

2）子分部工程数量：指本分部工程包含的实际发生的所有子分部工程的数量。

3）分项工程数量：指本分部工程包含的实际发生的所有分项工程的总数量。

4）施工单位及施工单位项目负责人，施工单位技术、质量、部门负责人："施工单位"栏应填写总包单位名称，宜写全称，并与合同上公章名称一致，并应注意各表格填写的名称应相互一致；施工单位项目负责人填写合同指定的施工单位项目负责人，"技术、质量、负责人"栏应填写施工单位技术、质量、部门负责人；表头中人名由填表人填写即可，只是标明具体的负责人，不用签字。

5）分包单位及分包单位项目负责人，分包单位技术、质量负责人："分包单位"栏应填写分包单位名称，宜写全称，并与合同上公章名称一致，并应注意各表格填写的名称应相互一致；"分包单位项目负责人"栏填写合同中指定的分包单位项目负责人；表头中人名由填表人填写即可，只是标明具体的负责人，不用签字；没有分包工程分包单位可不填写。

6）分包内容：指分包单位承包的本分部工程的范围，应如实填写。没有时不填写。

（3）"序号"栏的填写

按子分部工程的排列顺序依次填写，分项工程项目多于一页的，增加表格，顺序排号。

（4）"子分部工程名称、分项工程名称、检验批数量、施工单位检查结果、监理单位验收结论"栏的填写

1）填写本分部工程汇总的所有子分部工程名称、分项工程名称并列在子分部工程后依次排序，并填写其名称，检验批只填写数量，注意要填写完整。

2）"施工单位检查结果"栏，由填表人依据分项工程验收记录填写，填写"符合要求"或"合格"。

3）"监理单位验收结论"栏，由总监理工程师检查同意验收后，填写"合格"或"符合要求"。

（5）质量控制资料

1）"质量控制资料"栏应按《单位（子单位）工程质量控制资料核查记录》相应的分部工程的内容来核查，各专业只需要检查该表内对应于本专业的那部分相关内容，不需要全部检查表内所列内容，也未要求在分部工程验收时填写该表。

2）核查时，应对资料逐项核对检查，应核查下列内容：

① 查资料是否完整，该有的项目是否都有了，项目中该有的资料是否齐全，有无遗漏。

② 资料的内容有无不合格项，资料中该有的数据和结论是否有了。

③ 资料是否相互协调一致，有无矛盾。

④ 各项资料签字是否齐全。

⑤ 资料的分类整理是否符合要求，案卷目录、份数、页数等有无缺漏。

3）当确认能够基本反映工程质量情况，达到保证结构安全和使用功能的要求，该项即可通过验收。全部项目都通过验收，即可在"施工单位检查结果"栏内填写检查结果，标注"检查合格"，并说明资料份数，然后送监理单位或建设单位验收。监理单位总监理工程师组织核查，如认为符合要求，则在"验收意见"栏内签注"验收合格"或"符合要求"意见。

4）对一个具体工程，是按分部还是按子分部进行资料验收，需要根据具体工程的情况自行确定。通常可按子分部工程进行资料验收。

（6）"安全和功能检验结果"栏应根据工程实际情况填写安全和功能检验，以及指按规定或约定需要在竣工时进行抽样检测的项目。这些项目凡能在分部（子分部）工程验收时进行检测的，应在分部（子分部）工程验收时进行检测。具体检测项目可按《单位（子单位）工程安全和功能检验资料核查及主要功能抽查记录》中相关内容在开工之前加以确定。设计有要求或合同有约定的，按要求或约定执行。在核查时，要检查开工之前确定的检测项目是否全部进行了检测。要逐一对每份检测报告进行核查，主要核查每个检测项目的检测方法、程序是否符合有关标准规定；检测结论是否达到设计及规范的要求；检测报告的审批程序及签字是否完整等。

如果每个检测项目都通过核查，施工单位即可在检查结果栏签注"合格"或"符合要求"，并说明资料份数。由项目负责人送监理单位验收，总监理工程师组织核查，认为符合要求后，在"验收意见"栏内签注"合格"或"符合要求"意见。

（7）"观感质量检验结果"栏的填写应符合工程的实际情况只作定性评判，不作量化打分。观感质量等级分为"好""一般""差"共3档。"好""一般"均为合格；"差"为不合格，需要修理或返工。

观感质量检查的主要方法是观察。但除了检查外观外，还应检查整个工程宏观质量、下沉、裂缝、色泽等。还应对能启动、运转或打开的部位进行启动或打开检查。能简单量测的项目，也可借助检测工具量测。并注意应尽量做到全面检查，对屋面、地下室及各类有代表性的房间、部位都应查到。观感质量检查首先由施工单位项目负责人组织施工单位人员进行现场检查，检查合格后填表，由项目负责人签字后交监理单位验收。

监理单位总监理工程师组织专业监理工程师对观感质量进行验收，并确定观感质量等级。认为达到"好""一般",均视为合格,在"观感质量"验收意见栏内填写"好""一般"。评为"差"的项目,应由施工单位修理或返工。只要不影响安全和功能的项目,不严重影响外观的,不修理也可验收。

(8) "综合验收结论"的填写

由总监理工程师与各方协商,确认符合规定,取得一致意见后。可在"综合验收结论栏"填入"××分部工程验收合格"。

当出现意见不一致时,应由总监理工程师与各方协商,对存在的问题,提出处理意见或解决办法,待问题解决后再填表。

(9) 签字栏

制表时已经列出了需要签字的参加工程建设的有关单位。应由各方参加验收的代表亲自签名,以示负责,通常不需盖章。勘察、设计单位需参加地基与基础分部工程质量验收,由其项目负责人亲自签认。

设计单位需参加主体结构和建筑节能分部工程质量验收,由设计单位的项目负责人亲自签认。

施工方总承包单位由项目负责人亲自签认,分包单位不用签字,但必须参与其负责的那个分部工程的验收。

监理单位作为验收方,由总监理工程师签认验收。未委托监理的工程,可由建设单位项目负责人签认验收。

(10) 注意事项

1) 核查各分部工程所含分项工程是否齐全,有无遗漏。

2) 核查质量控制资料是否完整,分类整理是否符合要求。

3) 核查安全、功能的检测是否按规范、设计、合同要求检测项目全部完成,未做的应补做,核查检测结论是否符合规定。

4) 对分部工程应进行观感质量检查验收,观感质量应全面检查。在全面检查的基础上,还应主要检查分项工程验收后到分部工程验收之间,工程实体质量有无变化,如有,应修补达到合格,才能通过验收。

7.3.4 单位工程质量验收

单位工程质量验收也称质量竣工验收,是建筑工程投入使用前的最后一次验收,也是最重要的一次验收。参建各方责任主体和有关单位及人员,应给予足够的重视,认真做好单位工程质量竣工验收,把好工程质量竣工验收关。

1. 单位工程质量验收合格规定

单位工程质量验收合格应符合下列规定:

(1) 所含分部工程的质量均应验收合格。

(2) 质量控制资料应完整。

(3) 所含分部工程中有关安全、节能、环境保护和主要使用功能的检验资料应完整。

(4) 主要使用功能的抽查结果应符合相关专业质量验收规范的规定。

(5) 观感质量应符合要求。

2. 单位工程质量验收

单位工程质量验收是一个工程项目或施工合同从执行到完成交接验收,是一个工程综合验收。

（1）施工单位按照施工合同约定，完成了合同约定工程项目的施工任务；经过检验批质量验收，分项工程质量验收，分部工程质量验收，直到施工任务完成，达到国家规定的质量标准、交付使用的标准，应进行单位工程的综合验收，即竣工验收。

（2）单位工程竣工验收，除了工程质量，还有合同约定的竣工结算、交付使用、以及合同约定的工期等。但主要内容还是工程质量，达到工程的使用功能的目标。

（3）施工单位按合同约定完成工程项目，要组织工程项目的技术、质量有关人员进行自检，进行工程资料整理。有分包单位时，分包项目完工后，分包单位应按规定进行验收，总包单位应派人参加，分包单位还应将承包工程的质量控制资料整理完整，移交总包单位。总包单位经过自检达到设计要求、规范规定和合同约定，整理完毕后，由施工单位向建设单位提交工程竣工报告。

（4）施工单位自检后，由监理单位总监理工程师组织各专业监理工程师，依据验收标准和《建设工程监理规范》GB/T 50319—2013 的规定对工程进行预验收。符合规定后，由建设单位组织竣工验收。

（5）单位工程竣工验收是依据国家有关法律、法规及规范标准的规定，全面考核建设成果，检查工程质量是否符合设计文件和合同约定的各项要求。竣工验收通过后，将交付使用，发挥投资效益，这关系使用者的人身健康的生命财产安全，各参与工程竣工验收的人员应给予足够的重视。

（6）单位工程竣工验收应由建设单位项目负责人组织勘察、设计、施工、监理单位参加，因为各单位都是工程项目的质量责任主体，其项目负责人都应参加，除施工单位的项目经理，项目技术、质量负责人参加外，企业技术、质量负责人也应参加验收。

（7）单位工程竣工验收要对工程质量按标准全面检查验收，要对工程质量控制资料、工程安全、功能检测资料进行审查核对，经正式验收通过，写出竣工验收报告，各方签字盖章，办理交工手续。

3. 表格填写及说明

《单位工程质量竣工验收记录》是一个建筑工程项目的最后一道验收，应先由施工单位检查合格后填写，提交监理单位、建设单位组织验收，先由监理单位由总监理工程师组织预验收，再由建设单位组织正式验收。单位工程质量验收表及填写示例见表 7-6。

单位工程完工，施工单位组织自检合格后，由施工单位填写《单位工程质量验收记录》，并整理好相关的控制资料和检测资料等。报请监理单位进行预验收，通过后向建设单位提交工程竣工验收报告，建设单位应组织设计、监理、施工、勘察等单位项目负责人进行工程质量竣工验收，验收记录上各单位必须签字并加盖公章，验收签字人员应是单位法人代表书面授权的项目负责人。

进行单位工程质量竣工验收时，施工单位应同时填报《单位工程质量控制资料核查记录》《单位工程安全和功能检验资料核查及主要功能抽查记录》《单位工程观感质量检查记录》，作为《单位工程质量竣工验收记录》的配套附表。

单位工程质量竣工验收记录　　　　　　表 7-6

工程名称	××住宅楼工程	结构类型	砖混结构	层数/建筑面积	地下三层地上十层/6000m²
施工单位	××建筑公司	技术负责人		开工日期	
项目负责人		项目技术负责人		竣工日期	

序号	项目	验收记录	验收结论
1	分部工程验收	共 8 个分部，经核查符合设计及标准规定 8 个分部（无通风与空调、智能、有燃气未检查）	所有 8 个分部工程质量验收合格
2	质量控制资料核查	共 29 项，经核查符合 29 项	实际发生的 29 项，质量控制资料全部符合有关规定
3	安全及使用功能核查及抽查结果	共 24 项，经核查符合规定 24 项，共抽查 6 项，符合规定 6 项，经返工处理符合规定 0 项	核查及抽象项目全部符合有关规定
4	观感质量验收	共抽查 17 项，达到"好"和"一般"的 17 项，经返修处理符合要求的 0 项	好

综合验收结论	工程质量合格				
参加验收单位	建设单位	监理单位	施工单位	设计单位	勘察单位
	（公章）项目负责人：×××　×年×月×日	（公章）项目负责人：×××　×年×月×日	（公章）项目负责人：×××　×年×月×日	（公章）项目负责人：×××　×年×月×日	（公章）项目负责人：×××　×年×月×日

（1）表头的填写

1）工程名称：应填写单位工程的全称，应与施工合同中的工程名称相一致。

2）结构类型：应填写施工图设计文件上确定的结构类型，子单位工程不论其是哪个范围，也是照样填写。

3）层数/建筑面积：说明地下几层地上几层，建筑面积填竣工决算的建筑面积。

4）施工单位、技术负责人、项目负责人、项目技术负责人："施工单位"栏应填写总承包单位名称，宜写全称，并与合同上公章名称一致，并注意各表格填写的名称应相互一致；"技术负责人"应为施工单位的技术负责人姓名；"项目负责人"栏填写合同中指定的项目负责人姓名；"项目技术负责人"栏填写本工程项目的技术负责人姓名。

5）开、竣工日期：开工日期填写"施工许可证"的实际开工日期；完工日期以竣工验收合格、参验人员签字通过日期为准。

（2）"项目"栏按单位工程验收的内容逐项填写，并与"验收记录""验收结论"栏，一并相应地填写；"分部工程验收"栏根据各《分部工程质量验收记录》填写。应对所含各分部工程。

（3）"分部工程验收"栏由竣工验收组成员共同逐项核查。对表中内容如有异议，应对工程实体进行检查或测试。

核查并确认合格后，由监理单位在"验收记录"栏注明共验收了几个分部，符合标准及设计要求的有几个分部，并在右侧的"验收结论"栏内，填入具体的验收结论。

（4）"质量控制资料核查"栏根据《单位工程质量控制资料核查记录》的核查结论填写。

建设单位组织由各方代表组成的验收组成员，或委托总监理工程师，按照《单位工程质量控制资料核查记录》的内容，对实际发生的项目进行逐项核查并标注。确认符合要求后，在"验收记录"栏填写共核查××项，符合规定的××项，并在"验收结论"栏内填写具体实际核查的项目符合规定的验收结论。

（5）"安全及使用功能核查及抽查结果"栏根据《单位工程安全和功能检验资料核查及主要功能抽查记录》的核查结论填写。对于分部工程验收时已经进行了安全和功能检测的项目，单位工程验收时不再重复检测。但要核查以下内容：

1）单位工程验收时按规定、约定或设计要求，需要进行的安全功能抽测项目是否都进行了检测；具体检测项目有无遗漏。

2）抽测的程序、方法及判定标准是否符合规定。

3）抽测结论是否达到设计要求及规范规定。

对实际发生的检测项目进行逐项核查并标注，认为符合要求的，在"验收记录"栏填写核查的项数及符合项数，抽查项数及符合规定的项数，没有返工处理项，并在"验收结论"栏填入核查、抽测项目数符合要求的结论。如果发现某些抽测项目不全，或抽测结果达不到设计要求，可进行返工处理。

（6）"观感质量验收"栏根据《单位工程观感质量检查记录》的检查结论填写。参加验收的各方代表，在建设单位主持下，对观感质量抽查，共同作出评价。如确认没有影响结构安全和使用功能的项目，符合或基本符合规范要求，应评价为"好"或"一般"。如果某项观感质量被评价为"差"，应进行修理。如果确定难修理时，只要不影响结构安全和使用功能的，可采用协商解决的方法进行验收，并在验收表上注明。

观感质量验收不只是外观的检查，实际是实物质量的一个全面检查，能启动的启动一下，有不完善的地方可记录下来，如裂缝、损缺等，实际是对整个工程的一个综合的实地的总体质量水平的检查。

对观感质量验收检查抽查的点（项）数，达到"好""一般"的在"验收记录"栏记录。并在"验收结论"栏填写"好"或"一般"。

"综合验收结论"栏应由参加验收各方共同商定，并由建设单位填写，主要对工程质量是否符合设计和规范要求及总体质量水平作出评价。

课后案例

三峡二期工程分部（分项）工程验收的组织与实施

三峡二期工程分部（分项）工程验收按照《三峡水利枢纽组合同项目验收规程》要求，监理单位受业主单位委托主持分部（分项）工程的验收工作。

三峡二期工程泄洪坝段与左厂 11~14 号坝段工程开工初期，监理单位根据二期工程的工程特点，依据水利水电工程质量检验规程划分专业编制监理工作实施细则，将合同项目工程划分为 4 个单位工程、61 个分部工程和若干分项工程。

监理按照工程项目施工总进度计划编制分部（分项）工程验收工作计划，并对照验收工作计划定期和不定期检查、督促和指导验收工作，以及按照工程项目施工进展情况适时调整分部（分项）工程的验收计划。

承建单位上报分部（分项）工程的预验收资料，监理工程师按照分部（分项）验收资料有关要求和三峡工程档案管理办法的有关规定，重点检查上报验收资料的真实性和完整性，对于不具备和不符合分部（分项）工程验收条件的分部（分项）工程督促承建单位限期补充完成。

在通过工程验收资料的预验后，与业主、设计和施工等单位协商后，及时进行分部（分项）工程的验收。监理部在征得有关各方意见的基础上，编制分部（分项）工程验收工作计划，经报请业主单位确认后，组织实施。联合验收的主要任务有：确认报送资料完整性、真实性；确认施工质量是否符合设计要求，评定质量等级；确认施工中出现的质量缺陷或事故进行的处理是否满足设计要求；对现场进行检查，对于检查中发现质量有疑问的部位，进一步督促承建单位进行必要的测试和抽样检查，以便对分部（分项）工程整体质量作出符合实际的评价；编写联合验收签证书。

分部（分项）工程验收工作，贯穿于水利水电工程的始终，使得分部（分项）工程验收工作的顺利进展。三峡二期工程验收过程中，按照《三峡水利枢纽合同项目验收规程》的规定，监理单位作为联合验收组组长并组织设计、施工和业主有关人员主持分部（分项）工程验收工作。

【案例思考】
1. 结合材料，简要分析三峡二期工程分部分项验收的程序。
2. 结合所学，验收出现质量不符合要求时，该如何处理？

工程项目验收资料管理

现如今，我国的建筑行业迅速发展，取得了显著的成就，在建筑的质量方面，不断增强管理机制。对于建筑工程的质量控制可从两个方面进行：一方面，监督管理。有专业的监督人员全方位地监督工程施工过程、施工进度；另一方面就是验收资料，通过验收资料也可以有效控制建筑的质量，下面将谈论验收资料对建筑工程的重要性。

验收资料的管理是工程的重要工作之一。通常情况下，一项工程从初期规划阶段就已经存在工程的相关资料，详细记录工程的各个环节和相关要求，并由相关人员进行管理保存。待施工开始后，这些资料会不断添加、不断完善，随着工程的持续推进，资料会更加细化，详细记录各个环节的施工标准，并且，在施工中的决策都包含在内，不仅如此，在施工中遇到突发状况或者需要更改原计划的相关情况都会记录在内，对整个工程非常重要。倘若忽视资料的记录与管理，在施工中就会造成多种问题，比如，出现问题不能及时找到根源，影响工程的整体进度。况且详细的资料记录能够为工程井然有序进行提供有效的保障。在我国，有部分少数民族有着独特的建筑结构，但其在相关资料的记录方面存在欠缺，这导致这些特有建筑一旦毁灭就很难再重建。

　　验收资料的质量可反映出工程自身的质量。在过去，对于建筑工程进行质量测评时往往需要实地勘察，在质量测评时，往往不够严格规范，大多数情况下，测评人员是凭借自己的经验进行感性分析，不够严谨，而且，很多时候部分工程环节是无法直观观察的，这就导致工程质量可能会存在一定的隐患。随着社会的不断发展，人们对于这方面的要求变得更高，而且国家也加强这方面的管控，对于工程质量的检测与评价要理性，运用相关设备和资料，以具体的数据和视频资料作为测评依据，这样的测评结果更具说服力、更加权威。而且，这样可以有效解决后期测评不能直观检测的部分环节，检测更加具体、更加详细，通过检测所有环节的施工质量，进而确保建筑整体的质量，给出最佳的测评结果，这些信息都可以通过详细的验收资料获得，可见验收资料对于工程整体的质量的重要性。况且现阶段的一些工程奖项的评比都相当重视验收材料，事实上工程验收资料间接地反映了整个工程的质量，一旦遇到这类奖项的评比，相关负责人都会将验收资料仔细核对并进行整理，会非常重视验收材料，通过提高验收材料的真实性、完整性、精确性来表现工程的整体质量，提高自身的竞争力。

【案例思考】

　　1. 对于一项工程项目而言，其完整的验收资料组成有哪些？

　　2. 结合上述材料，试分析为什么说"验收资料的质量可反映出工程自身的质量"？

复习思考题

　　1. 工程项目施工质量验收划分层次有哪些？以及它们之间有什么联系？

　　2. 工程项目施工质量验收为什么要层次划分？

　　3. 工程项目施工质量验收有哪些基本规定？

　　4. 什么是隐蔽工程验收？常见的隐蔽工程验收项目有哪些？

　　5. 简要描述工程项目验收的程序及验收组织。

　　6. 谈谈对感官质量验收的认识。

　　7. 工程项目完整的验收资料由哪些组成？

第8章 质量管理的工具和方法

引导案例

上海中心大厦桁架层安装施工质量控制

上海中心大厦工程位于上海市陆家嘴金融中心区,与金茂大厦、上海环球金融中心组成"品"字形建筑群。大厦塔楼采用了"巨型框架+核心筒+伸臂桁架"的抗侧力结构体系。在1~8区的顶部设置8道设备层,设备层由2层高的外伸臂桁架、环带桁架和1层高的楼面径向桁架组成,环带桁架与巨型柱形成外围巨型框架。

超高层钢结构施工具有工期紧、工序多、各工序之间衔接紧密等特点,为确保桁架层施工顺利进行,质量可控,根据施工工序及流程,制定如图8-1所示的钢结构现场安装控制矩阵流程图。根据施工工序特点,与施工方商定,确立了7个工序停止检查点:①构配件进场检查;②构件安装复测(标高、垂直度等);③焊前除锈、错边、间隙、预热等检查;④焊缝外观质量验收;⑤高强螺栓摩擦面浮锈清理检查;⑥高强螺栓终拧验收;⑦压型钢板及栓钉施工验收。

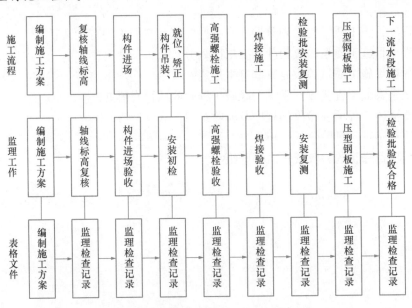

图 8-1　钢结构现场安装控制矩阵流程图

通过钢结构现场安装控制矩阵流程图,各方的相互配合,上海中心工程进展顺利。1、2区桁架层施工完成,构件安装精度在可控范围,所有构件均一次顺利吊装就位。桁架层施工的质量控制措施取得了预期的效果。

学习要点

1. 质量变异及特性；
2. 质量数据的图表描述和数值描述；
3. 质量数据常见的概率分布；
4. 排列图和因果图的绘制步骤及观察分析；
5. 直方图和控制图的观察分析；
6. 质量管理的新七种方法。

8.1　质量变异及特性

8.1.1　质量变异的分类

所谓质量变异，指同一批量的产品，即使所采用的原材料、生产工艺和操作方法相同，其中每个产品的质量也不可能丝毫不差、完全相同，它们之间或多或少总会有些差别，这种差别称为变异。

1. 变异源

产生变异的原因在于产品的生产过程中存在着太多的变异源，变异源主要来自以下 6 个方面：

（1）人（Man），操作者的质量意识、技术水平、熟练程度、正确作业及身体素质的差别等。

（2）机器（Machine），机器设备、工夹具的精度及维护保养状况的差别等。

（3）材料（Material），材料的化学成分、物理性能及外观质量的差别等。

（4）方法（Method），生产工艺、操作规程及工艺装备选择的差别等。

（5）测量（Measure），测量工具、测量方法的差别等。

（6）环境（Environment），工作地的温度、湿度照明、噪声及清洁条件的差别等。

通常把上述因素称为造成产品质量变异的六大因素，简称"5M1E"，生产中的各种要素如原材料、工艺方法、操作者、机器设备、检测方法和环境等都存在着变异性(图 8-2)。

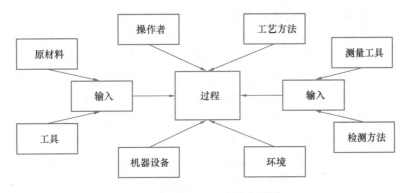

图 8-2　制造过程中的变异图

人们经过反复的实践和研究，对变异达成了以下的共识：

（1）一个过程中存在着很多变异源；

（2）每个变异源的发生都是随机的；

（3）质量产生变异是正常现象，没有变异反倒是虚假现象；

（4）完全消灭变异是不可能的，但减少变异却是可能的。

2. 质量变异的分类

为了进一步认识变异和减少变异，人们又把质量变异分为正常变异和异常变异。

（1）正常变异。产品质量的正常变异是指由生产过程中的偶然性因素引起的变异。这些因素的特点是数量多、来源广，表现形式多种多样，大小和方向有随机性变化，作用时间没有一定的规律，但对产品质量的影响均较小，不会因此造成不合格产品。如原材料、成品、半成品及构配件的物理、化学性能，化学成分，表面形状的微小差异；机械设备、工具的正常磨损；模具、量具的微小变形；工人操作的微小变化；温度、湿度的微小变动；载荷、计量、精度的微小偏差等都属于偶然性因素。偶然性因素在加工过程中几乎是不可避免的。这里所说的不可避免并不是说完全不可避免，而指的是在现有条件下没有很好的办法对这些偶然性因素加以消除，或者即使可以消除也会因为代价太大而不值得这么做。事实上，大多数产品产生变异，就是因为有偶然性因素的存在。生产过程中只存在偶然性因素影响的状态称为稳定状态或统计控制状态。

（2）异常变异。产品质量的异常变异是指由生产过程中的系统性因素引起的变异。如混入不同规格成分的原材料、设备过度耗损或者调整不准确、不同人员进行操作等。这类因素的特点是数目不多但对产品质量的影响却很大，可能造成不合格产品，但在一定条件下却可以发现并能相对经济地消除。生产过程中存在系统性因素影响的状态称为非稳定状态或非统计控制状态。

偶然性因素和系统性因素之间的关系也是相对而言的，在一定条件下，偶然性因素引起的正常变异可以转化为异常变异，对微小的、不可控的偶然性因素缺乏有效的控制，常常会累积成或诱发出系统性因素，从而导致异常变异。技术和管理的进步，使得原来难以识别和消除的正常变异变得可以识别和消除，这时，原来的正常波动在新的生产技术条件下将转化为异常变异。为了不断提高生产过程质量控制的水平，在有效控制正常变异和及时消除异常变异的基础上，应当通过质量改进，使一些不可控随机性因素逐渐成为可控的系统性因素，以不断提高质量管理的水平。

8.1.2 质量变异的规律

在产品生产过程中，对单个产品来说，偶然性因素作用的结果是随机的，但对同一批量产品来说，却有一定的规律可循。概率论的中心极限定理告诉我们：n 个相互独立的、具有同分布的随机变量之和的分布趋于正态分布。也就是说，在生产过程中，当众多彼此相互独立的偶然性因素共同对生产对象产生影响时，由于彼此之间的相互作用、相互抵消，而最终使产品的质量特性呈正态分布。因此，如图 8-3 所示（图中 μ 为质量特性值的均值，σ 为其标准偏差），在正常生产的情况下，质量特性值在区间 $\mu \pm \sigma$ 上的产品有68.25%；在区间 $\mu \pm 2\sigma$ 上的产品有 95.45%；在区间 $\mu \pm 3\sigma$ 的产品有 99.73%。这说明凡是在 $\mu \pm 3\sigma$ 范围内的质量差异都是正常的，不可避免的，是偶然性因素作用的结果。如果质量差异超过这个界限，则是由系统性因素造成的。

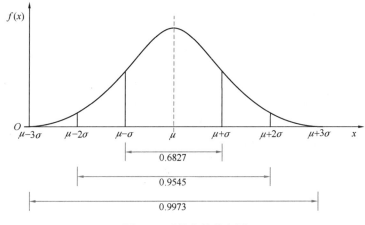

图 8-3　质量变异分布图

8.1.3　过程状态的模式

通常把只有正常变异的过程状态称为统计控制状态，简称稳定状态；把有异常变异的过程状态称为非统计控制状态，简称失控状态；过程处于统计控制状态且又能满足规定的要求，则称为受控状态。

对建筑施工过程的质量控制就是要使过程始终处于稳定的受控状态，以确保产品和服务符合规定要求。处于稳定状态下的过程应具备以下 3 个条件：

（1）原材料或上一过程的半成品按照标准要求供应；

（2）本过程按作业标准实施、并应在影响过程质量各主要因素无异常的条件下进行；

（3）过程完成后，产品检测按标准要求进行。

8.1.4　质量控制的数据

1. 数据的分类

质量管理中的数据可以分成两大类：计量值数据和计数值数据。计量值数据是指可以用仪器测量的连续性数据，如长度、重量、时间、温度等；计数值数据是指不能连续取值，只能用自然数表示的数据，如不合格品数、混凝土构件表面蜂窝数等。计数值数据还可以分为计件值数据和计点值数据。计件值数据是按产品个数记数的数据，如不合格品数等；计点值数据是按点记数的数据，如混凝土构件表面蜂窝数。

2. 数据的统计规律

产品质量数据的变异一般表现为分散性和集中性两种基本特性。数据的分散性是由正常变异和异常变异引起的。当收集的数据足够多时，就会发现所有数据都在一定范围内聚集在一个中心值周围，越靠近中心值，数据越多；越偏离中心值，数据越少。数据的这种规律称为数据的集中性。

3. 数据的统计特征

质量数据有两类常用的统计特征：一类是表示数据集中性的特征数，如均值、中位数等；另一类是表示数据分散程度的特征数，如极差、标准差等。

（1）均值 $\bar{x}$。设 n 个数据为 $x_1, x_2, \cdots, x_n$，则均值为 $\bar{x}$：

$$\overline{x} = \frac{\sum_{i=1}^{n} x_i}{n} \tag{8-1}$$

（2）中位数 X 。将一组数据从小到大顺序排列，位于中间位置的数称为中位数。但当 n 为偶数时，中位数为两个中间位置数据的平均值。

（3）极差 R 。一组数据中最大值 $X_{\max}$ 与最小值 $X_{\min}$ 之差。

$$R = X_{\max} - X_{\min} \tag{8-2}$$

（4）标准差 S 。反映一组数据以什么样的密集程度集中在均值周围。

$$S = \sqrt{\frac{\sum_{i=1}^{n} (x_i - \overline{x})^2}{n-1}} \tag{8-3}$$

标准差 S 反映了数据的离散程度。由于它的计算利用了每个数据的值，所以它比极差 R 更能反映数据离散程度的实际情况。S 值越大，数据越分散，密集程度越低；S 值越小，数据越集中，密集程度越高。

8.2 质量管理的 7 种传统工具

质量管理的 7 种传统工具包括分层法、检查表法、排列图法、因果图（石川馨图）法、散点图法、直方图法、控制图法。这 7 种工具在使用中有一定的逻辑顺序。如图 8-4 所示，首先用分层法和检查表法收集、整理过程数据，而数据的分析则由直方图法、散点图法和控制图法来完成，因果图法用于分析问题的根本原因，最后用排列图法对原因进行排序。

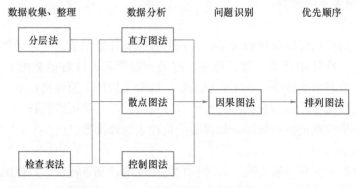

图 8-4　质量管理 7 种传统工具的逻辑关系

8.2.1 分层法

分层法又称数据分层法、分类法，是质量管理中常用来分析影响质量因素的重要方法。分层法是指把性质相同的问题点，在同一条件下收集的数据归纳在一起，以便进行比较分析的一种方法。分层的结果是数据各层间的差异凸显出来，各层内的差异减少，从而更容易发现问题的关键所在。分层的目的不同，分层的标志也不同。

分层法的一个重要原则是，使同一层内数据波动幅度尽可能小，而层与层之间的差距尽可能大，以达到归类汇总的作用。分层法经常同质量管理中的其他方法一起使用，如将数据分层之后再进行加工整理成分层排列图、分层直方图、分层控制图和分层散布图等。

常见的分层标志有：

（1）按操作班组或操作者分层；

（2）按使用机械设备型号分层；

（3）按操作方法分层；

（4）按原材料供应单位、供应时间或等级分层；

（5）按施工时间分层；

（6）按检查手段、工作环境等分层。

【例 8-1】钢筋焊接质量的调查分析，共检查了 50 个焊接点，其中不合格 19 个，不合格率为 38%。存在严重的质量问题，试用分层法分析质量问题的原因。

现已查明这批钢筋的焊接是由 A、B、C 三位操作者操作的，而焊条是由甲、乙两个厂家提供的。因此，分别按操作者和焊条生产厂家进行分层分析，即考虑一种因素单独的影响，见表 8-1 和表 8-2。

按操作者分层

表 8-1

操作者	不合格	合格	不合格率（%）
A	6	13	32
B	3	9	25
C	10	9	53
合计	19	31	38

按焊条生产厂家分层

表 8-2

工厂	不合格	合格	不合格率（%）
甲	9	14	39
乙	10	17	37
合计	19	31	38

由表 8-1 和表 8-2 分层分析可见，操作者 B 的质量较好，不合格率 25%；而不论是采用甲厂还是乙厂的焊条，不合格率都很高且相差不大。为了找出问题之所在，再进一步采用综合分层进行分析，即考虑两种因素共同影响的结果，见表 8-3。

综合分层分析焊接质量

表 8-3

操作者	焊接质量	甲厂		乙厂		合计	
		焊接点	不合格率（%）	焊接点	不合格率（%）	焊接点	不合格率（%）
A	不合格	6	75	0	0	6	32
	合格	2		11		13	
B	不合格	0	0	3	43	3	25
	合格	5		4		9	
C	不合格	3	30	7	78	10	53
	合格	7		2		9	
合计	不合格	9	39	10	37	19	38
	合格	14		17		31	

从表 8-3 的综合分析法分析可知，在使用甲厂的焊条时，应采用 B 操作者的操作方法为好；在使用乙厂的焊条时，应采用 A 操作者的操作方法为好，这样会使合格率大大地提高。

分层法是质量控制统计分析方法中最基本的一种方法。其他统计方法一般都要与分层法配合使用，常常是首先利用分层法将原始数据分门别类，然后再进行统计分析。

8.2.2 检查表法

检查表（Check Sheet）又称为统计分析表，是用来调查、收集、整理数据为其他数理统计方法提供数据和粗略分析原因的一种工具，是为了调查客观事物、产品和工作质量，或为了分层收集数据而设计的图表。统计分析表法把可能出现的情况及分类列成统计调查表，在检查产品时将相应信息记录在统计调查表中，并从调查表中粗略分析原因，为下一步的统计分析奠定基础。

检查表法是质量管理 7 种工具中最简单也是使用最多的方法，具有如下的优点及缺点。

检查表法的优点有：

（1）事先编制完成检查表，有利于节省检查过程的时间，提前明确可能导致危险的关键因素，在检查过程中着重注意。

（2）编制检查表的过程是一个系统安全分析的过程，可以使检查人员对系统有一个全面的认识，有利于检查人员发现危险因素。

（3）编制检查表时常采用问答方法或现场检查方法，使人印象深刻，从而起到一定的安全教育作用。

检查表法的缺点有：

（1）只能做一些定性或半定量的评价，不能给出定量的评价结果。

（2）只能对已存在的对象进行评价，对于处于设计阶段的对象则只能依照相似对象进行评价。

1. 检查表类型

为了使调查结果具有更好的可比性和准确性，检查表的设计应简单明了，填写方便，突出重点。常用的有以下几类。

（1）缺陷位置检查表。这种检查表是为了调查显示产品各个部位的缺陷情况，检查表常以展开图或示意图的形式，如很多构件会存在"蜂窝""麻面""空洞""气泡"等外观质量缺陷。

这种检查表能够记录所有缺陷的分布位置、数量和集中程度，便于进一步发现问题，解决问题，见表 8-4。

（2）不良品调查表。不良品是指产品生产过程中不符合图纸、工艺流程和技术标准的不合格品和缺陷品的总称，包括废品、返修品和次品。不良品调查表具体有以下 3 类：

1）不良原因检查表。为了调查不良品产生的原因，需要按照设备、操作者、时间等标志进行调查，填写不良原因调查表（表 8-5）。

2）不良项目检查表。一个工序或一种产品不能满足标准要求的质量项目称为不良项目。为了调查生产中出现的各种不良项目，以及各种不良项目出现的比率有多大，以便在技术上和管理上采取改进措施，减少不良品的出现，可以采用这种检查表。例如，表 8-6

是某建筑施工项目中混凝土预制板不良项目检查表。

混凝土结构表面缺陷位置检查表　　　　　　　　　　　　　表8-4

（蜂窝、麻面、空洞、气泡、缺陷、错台、挂帘）

工程名称：某医院新建工程二标段　　监理单位：某建设监理有限公司　　　　施工单位：某建筑有限公司

缺陷名称	位置	形态	长（mm）	宽（mm）	深度（厚度）（mm）	备注
1. 麻面	住院楼2区三层框柱	螺杆部位漏浆出现露石的麻面	200	10	10	已落实整改
2. 胀模	住院楼3区二层剪力墙	施工缝界面处模板未采取加固措施混凝土凸出	800	40	10	已落实整改
3. 挂帘	住院楼3区二层剪力墙	施工缝界面处模板拼缝不严导致挂帘	400	90	5	已落实整改
4. 冷缝	住院楼2区二层顶板	施工缝凿毛清理不到位导致出现冷缝	6000	10	10	已落实整改
5. 夹渣	住院楼1区四层剪力墙	施工缝界面处施工垃圾清理不到位	500	15	100	已落实整改

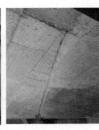

检查人（签名）　　　　　　　　　　　　　　　　　　　　　检查时间：202×年×月×日

不良原因检查表　　　　　　　　　　　表8-5

序号	检验数	不良品数	批次不良品率（%）	不良品原因					
				设计不合理	工序操作不当	设备问题	现场管理	材料	其他
1	1000	3	0.3	1	1			1	
2	1000	2	0.2	1		1			
3	1000	3	0.3		2			1	
4	1000	4	0.4	1			2		1
5	1000	2	0.2	1				1	
6	1000	1	0.1		1				
7	1000	2	0.2		1	1			
合计	7000	17	0.243	4	4	3	2	3	1

混凝土预制板不良项目检查表   表 8-6

序号	项目	检查结果	小计	备注
1	蜂窝麻面	正正正正正	25	
2	强度不足	正正正	14	
3	局部露筋	正正下	13	
4	横向裂缝	正丁	7	
5	纵向裂缝	正	5	

3）不良类型检查表。为了调查生产过程中出现了哪种不良品及它们的比例而采用的调查表为不良类型检查表，举例见表 8-7。

不良类型检查表   表 8-7

序号	成品数	不良品数	不良品类型		
			废品数	次品数	返修品数
1	1000	8	3	3	2
2	1000	6	2	1	3
3	1000	7	4	2	1
4	1000	8	4	2	2
合计	4000	29	13	8	8

2. 检查表的制定步骤

（1）确定对象。首先确定检查对象，检查对象可以是整个建设项目，也可以是系统中的一部分。然后组织相关团队成员。

（2）收集资料。熟悉被调查的对象，针对调查对象的不安全因素收集相关的规范、标准、制度等。

（3）编制检查表。根据具体情况和要求编制检查表。

（4）实施检查。评价人员根据检查表实施检查，在调查的过程中不断修改和完善检查表。

应当指出，调查表法往往同分层法结合起来应用，可以更好、更快地找出问题的原因，以便采取改进的措施。

8.2.3 排列图法

排列图又称主次因素分析图或帕累托图（Pareto Chart），是用来寻找影响产品质量的各种因素中主要因素的一种方法。将影响工程质量的各个因素，按照出现的频数从大到小的顺序排列在横坐标上，在右纵坐标上标出因素出现的累计频数，并画出对应的变化曲线即为排列图法。意大利经济学家帕累托最先用排列图来分析社会财富分布状况，他发现社会的大部分财富都掌握在少数人手里，即所谓的"关键的少数和次要的多数"的关系。后来，美国质量管理学家朱兰把这一原理应用到质量管理中，作为寻找主要因素改善质量活动的一种工具。

1. 排列图的构成

排列图的格式如图 8-5 所示。排列图由两个纵坐标、一个横坐标，几个直方块和一条

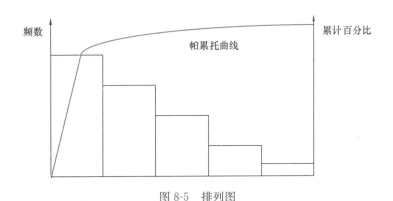

图 8-5　排列图

曲线所构成。排列图的横坐标表示影响产品质量的各个因素或项目，按其影响程度大小，从左到右依次排列。左边的纵坐标表示频数（如件数、金额、工时、吨位等），右边的纵坐标表示频率以累计百分比的形式表示，有时为了方便，也可以把两个纵坐标都画在左边。直方块的高度表示某个因素影响大小，从高到低，从左到右，顺序排列。曲线表示影响因素大小的累计百分数，是由左到右逐渐上升的，这条曲线就称为帕累托曲线。

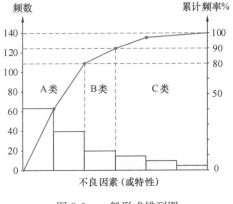

图 8-6　一般形式排列图

如图 8-6 所示，通常把因素分成 A、B、C 三类：A 类为主要因素，是指累计百分数在 80% 以下的诸因素；B 类为次要因素，是指累计百分数在 80%～90% 的诸因素；C 类为更次要因素，是指累计百分数在 90%～100% 的诸因素。

2. 排列图的作图步骤

（1）在一定时期内收集有关质量问题的数据。

（2）将收集到的数据资料，按不同的问题进行分层处理，每一层作为一个项目。然后统计出每一个项目反复出现的频数，一些小问题可以合并在一起统称为"其他"项。最后将这些项目和相应的频数按照频数的大小列成数据表，作为计算和作图的依据。

（3）计算数据表中每个项目的频数占总频数的百分比和累计百分数，把这些数据填在记录表中。

（4）画两根纵轴和一根横轴。左边纵轴，标上频数的刻度，最大刻度为总频数；右边纵轴，标上频率的刻度，最大刻度为 100%；在横轴上按频数大小依次列出各项。

（5）在横轴上按频数大小画出直方柱。

（6）在每个直方柱右侧上方，按累计值描点并用直线连接，画出排列线。

3. 排列图作图的注意事项

（1）一般来说，主要原因有一两个，至多不能超过三个，就是说它们所占的频数必须高于 50%（项目少时，则应高于 70% 或 80%），否则就失去了找出主要问题的意义，要考虑重新进行分类。

（2）纵坐标可以用件数或金额表示，也可以用时间表示，也有用可能性来表示的。原则是以能够较好地找出主要问题为准。

（3）不重要的项目很多时，为了避免横坐标过长，通常合并列入"其他"栏内。并置于最末一项。对于一些较小的问题，如果不容易分类，也可将其归入"其他"项里。如"其他"项的频数太多，则需要考虑重新分类。

（4）为做排列图获取数据时，在考虑不同的原因、状况和条件后对数据进行分类，如按时间、设备、工序、人员等分类，以获得更多有效的信息。

4. 排列图的应用

排列图可以形象、直观地反映主次因素。其主要应用有：

（1）按不合格点的内容分类，可以分析出造成质量问题的薄弱环节。

（2）按生产作业分类，可以找出生产不合格品最多的关键过程。

（3）按生产班组或单位分类，可以分析比较各单位技术水平和质量管理水平。

（4）将采取提高质量措施前后的排列图对比，可以分析措施是否有效。

（5）此外还可以用于成本费用效益分析、安全问题分析等。

【例 8-2】对某工程楼地面质量进行调查，发现有 80 间房间地面起砂。统计结果见表 8-8，试绘制地面起砂原因的排列图并加以分析。

地面起砂原因统计结果

表 8-8

起砂原因	出现房间数	起砂原因	出现房间数
砂含泥量过大	18	养护不良	6
砂粒径过大	48	砂浆配合比不当	8

解：（1）根据统计结果整理数据，计算频率、累计频率，见表 8-9。

地面起砂原因相关资料

表 8-9

序 号	起砂原因	出现问题频数	频率%	累计频率%
1	砂粒径过大	48	60	60
2	砂含泥量过大	18	22.5	82.5
3	砂浆配合比不当	8	10	92.5
4	养护不良	6	7.5	100
	合计	80	100	—

（2）绘制排列图，如图 8-7 所示。

（3）分析。由排列图可见：主要的质量问题是砂粒径过大，应作为重点控制对象；次要问题是砂含泥量过大；一般问题为砂浆配合比不当以及养护不良。

8.2.4 因果图法

1. 因果图的构成

因果图（Cause-and-effect Diagram）又叫鱼刺图或特性因素分析图，是 1953 年由日本管理大师石川馨提出的一种把握结果（特性）与原因（影响特性的要因）的极方便而有效的方法，故又称石川图。其特点是简捷实用，深入直观。它看上去有些像鱼骨，问题或缺陷（即后果）标在"鱼头"处。在鱼骨上长出鱼刺，上面按出现机会多少列出产生问题

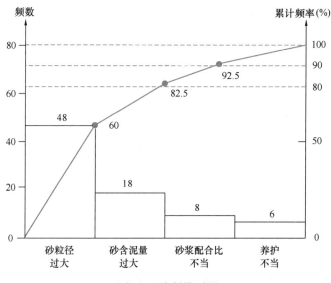

图 8-7　绘制排列图

的可能原因，有助于说明各个原因之间是如何相互影响的。

因果图利用头脑风暴法的原理，集思广益，寻找影响质量、时间、成本等问题的潜在因素，是从产生问题的结果出发，首先找出产生问题的大原因，然后再通过大原因找出中原因，再进一步找出小原因，以此类推下去，步步深入，最终查明主要的直接原因。这样有条理地逐层分析，可以清楚地看出"原因—结果""手段—目标"的关系，使问题的脉络完全显示出来。因果图的基本格式由特性、原因、枝干三部分构成，如图 8-8 所示。

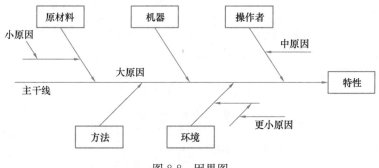

图 8-8　因果图

（1）特性。因果图中所提出的特性，是指要通过管理工作和技术措施予以解决并能够解决的问题。

（2）原因。原因是对质量特性产生影响的主要因素，一般是导致质量特性发生分散的几个主要来源。原因通常又分为大原因、中原因、小原因等。

（3）枝干。枝干是表示特性与原因关系或者原因与原因关系的各种箭头，其中，把全部原因同质量特性联系起来的是主干，把个别原因同主干联系起来的是大枝，把逐层细分的因素同各个原因联系起来的是中枝、小枝和细枝。

建立因果图要考虑所有的原因，一般可以从人、机、料、法、测、环等多个方面去寻找。在一个具体问题中，不一定每一个方面的原因都要具备。

2. 作图步骤

（1）确定质量特性（结果）。所谓质量特性是准备改善和控制的对象。

（2）组织讨论，尽可能找出可能会影响结果的所有因素。由于因果图实质上是一种枚举法，为了能够列举所有重要因素，强调通过座谈会畅所欲言、集思广益。

（3）找出各因素之间的因果关系。先找出影响质量特性的大原因，再进一步找出影响质量特性的中原因、小原因，在图上画出中枝、小枝和细枝等。注意所分析的各层次原因之间的关系必须是因果关系，分析原因直到能采取措施为止。

（4）根据对结果影响的程度，将对结果有显著影响的重要原因用明显的符号标示出来。

（5）记录必要的有关事项，如因果图的标题、制图者、时间及其他备查事项。

3. 注意事项

画因果图的注意事项主要有：

（1）所要分析的某种质量问题只能是一个，并且该问题要具体。

（2）最后细分出来的原因应是具体的，以便采取措施。

（3）在分析原因时，要设法找到主要原因，注意大原因不一定都是主要原因。为了找出主要原因，可做进一步调查、验证。

【例 8-3】某监理单位通过招标方式取得了某项目的施工监理任务，监理机构编制了监理规划和监理实施细则。根据混凝土试块的强度，判定某楼层柱子混凝土强度时，强度等级不足。在监理工程师的指导下，承包商绘制出了如图 8-9 所示的因果分析图。

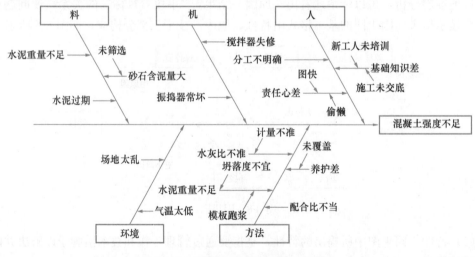

图 8-9　混凝土强度不足的因果图

【例 8-4】某监理单位通过招标方式取得了某项目的施工监理任务。在进行审查工作时，发现该项目模板工作不合格。进行分析后，监理工程师绘制出了如图 8-10 所示的模板工程常见质量问题因果图。

8.2.5　散点图法

散点图（Scatter Diagram）又称散布图或相关图，是用来分析描述两种质量特性值之间是否具有相关关系的图示。将一对数据看成坐标系中的一个点，多对数据共同组成的图

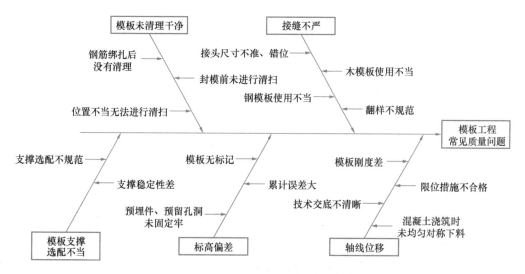

图 8-10 模板工程常见质量问题因果图

形即为散点图。例如,商品房总价与建筑面积、混凝土试块的硬度和强度等都是对应的两个变量,它们之间可能存在一定的不确定关系,可以用散点图来研究。

根据散点图中自变量 x 与因变量 y 有无相关性以及相关性的强弱,通常将散点图分为如图 8-11 的 6 种类型:

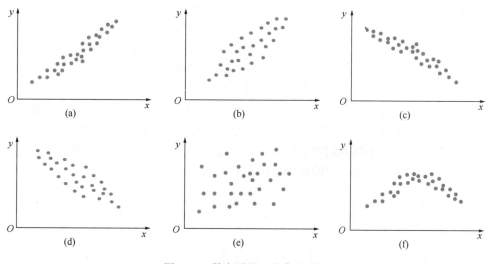

图 8-11 散点图的 6 种典型形状

(1) 强正相关。y 随 x 的增加而增加,即 x 是影响 y 的显著因素,x、y 相关性显著,如图 8-11(a) 所示。

(2) 弱正相关。y 随 x 的增加而增加,但不显著,即 x 是影响 y 的因素,但不是唯一的因素,x、y 有一定的相关关系,如图 8-11(b) 所示。

(3) 强负相关。y 随 x 的增加而减少,即 x 是影响 y 的显著因素,x、y 相关性显著,如图 8-11(c) 所示。

(4) 弱负相关。y 随 x 的增加而减少,但不显著,即 x 是影响 y 的因素,但不是唯一的因素，x、y 有一定的相关关系，如图 8-11(d) 所示。

（5）不相关。x 和 y 不存在相关关系，x 不是影响 y 的因素，如图 8-11(e) 所示。

（6）非线性相关。y 随 x 成曲线相关，如图 8-11(f) 所示。

【例 8-5】分析混凝土抗压强度和水灰比之间的关系。

（1）收集数据

本例收集数据见表 8-10。

混凝土抗压强度与水灰比统计资料　　　　　　　　　　　　表 8-10

	序号	1	2	3	4	5	6	7	8	9
x	水灰比（W/C）	0.40	0.45	0.48	0.50	0.55	0.60	0.65	0.70	0.75
y	强度（N/mm²）	36.1	35.3	31.5	28.2	24.0	23.0	20.6	18.4	15.0

（2）绘制散点图

然后将数据在坐标图相应的位置上描点，便得到散点图，如图 8-12 所示。

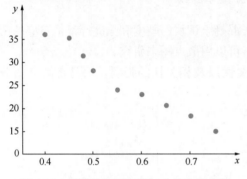

图 8-12　混凝土抗压强度与水灰比散点图

从图 8-12 中可以看出，本例水灰比对强度影响属于负相关。初步结果是，在其他条件不变的情况下，混凝土强度随着水灰比增大有逐渐降低的趋势。

8.2.6　直方图法

直方图（Histogram）又称质量分布图，是从总体中随机抽取样本，再对样本进行测量收集数据并加以处理，从数据中发现规律，来预测和判断生产过程质量和不合格率的一种常用方法。

直方图适用于对大量计量值数据进行加工处理，找出其统计规律，分析数据分布的形态，以便对其总体的分布特征进行分析。直方图一般由若干依照顺序排列的矩形组成，其底边相等，称为数据区间。横轴表示数据类型，纵轴表示分布情况。直方图的示例如图 8-13 所示。

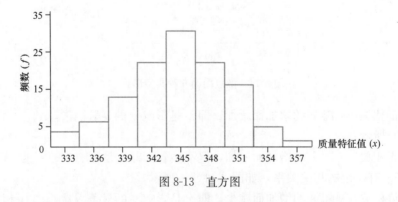

图 8-13　直方图

1. 直方图的主要作用

（1）比较直观地反映出质量特性的分布状态，便于及时掌握质量分布状况并判断一批已加工完毕的产品质量。

（2）考察过程能力，估计生产过程的不合格率，了解过程能力对产品质量的保证情况。

（3）可以用来提高人们的质量意识。在生产现场挂出直方图，可以给全体人员一个产品质量的观念，有助于提高全体人员的管理意识和质量意识。

2. 直方图的作图步骤

（1）收集数据。做直方图的数据一般应大于 50 个，最少不少于 30 个。

（2）找出最大值、最小值并求出极差。数据中最大值为 X_{max}，最小值 X_{min}，极差为 R，$R = X_{max} - X_{min}$。

（3）确定组数和组距。我们把分成组的个数称为组数，记作 k。每一个组的两个端点的差称为组距，记作 h。一般将样本分为 7～15 组为宜。具体组数可根据样本量 n 的大小而定，通常可根据表 8-11 来选择组数。

数据数量与分组数的对应表　　　　　　　　　　　　　　　　　　表 8-11

样本量（n）	组数（k）	样本量（n）	组数（k）
40～99	6～8	501～1000	10～13
100～200	8～10	1000 以上	12～15
201～500	9～11		

每个区间长度可以相同也可以不同，实际中常选用长度相同的区间，以便相互比较。当组数 k 确定后，组距 h 可由极差 R 和组数 k 来确定。具体计算公式为：

$$h = \frac{R}{k} = \frac{X_{max} - X_{min}}{k} \tag{8-4}$$

（4）确定组限值。组的上下界限称为组限值。为了确定组界，通常从最小值开始，先把最小值放在第一组的中间位置上，则第一组的上下限为 $X_{min} \pm \frac{h}{2}$。第二组的下限值就是第一组的上限值，第二组的下限值加上组距就是第二组的上限值。以此类推，可确定出各组的组界。

（5）制作频数统计表。计算出组中值，将组中值、频数、频率填入频数统计表中。

（6）绘制直方图。以质量特性为横轴，频数为纵轴，组成直角坐标系，以各组频数为高度画出一系列的直方柱，得到直方图。

（7）记录相关信息。在直方图边记录有关数据资料，如样本数、平均数、标准差等。

3. 直方图的观察分析

（1）观察直方图的形状、判断质量分布状态

作完直方图后，首先要认真观察直方图的整体状态，看其是否属于正常型直方图。正常型直方图就是中间高，两侧低，左右接近对称的图形，如图 8-14(a) 所示。

出现非正常型直方图时，表明生产过程或收集数据作图有问题。这就要求进一步分析判断，找出原因，从而采取措施加以纠正。凡属非正常型直方图，其图形分布有各种不同缺陷，归纳起来一般有 5 种类型，如图 8-14 所示。

1）锯齿型。这种类型的图形为凹凸不平的形状，如图 8-14(b) 所示。这种图形通常

由分组不当、测量有误引起。

2）陡壁型。这种类型的图形如图 8-14（c）所示，其形成往往是由于操作中对上限（或下限）控制太严造成的。

3）孤岛型。这种类型的图形为在标准型直方图的一侧有一个孤立的"小岛"，如图 8-14（d）所示。出现这种情况通常是由于原材料发生变化，或者临时他人顶班作业造成的。

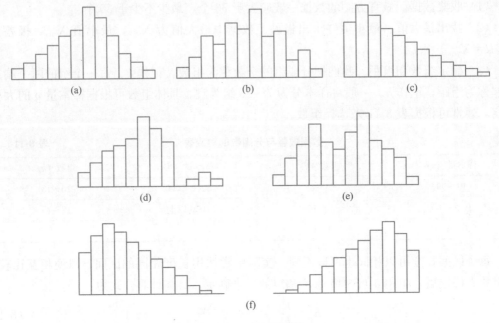

图 8-14　直方图形状

4）双峰型。这种类型的图形中有两个峰，如图 8-14（e）所示。这种图形的形成，往往是由于两种不同方法或两台设备或两组工人进行生产，然后把双方面数据混在一起整理产生的。

5）偏峰型。这种类型中数据的平均值位于中间值的左侧（或右侧），从左至右（或从右至左），数据分布的频数增加后突然减少，形状不对称，如图 8-14（f）所示。这种类型的图形通常是由数据收集不正常，可能有意识地去掉下限以下的数据，又或是在检测过程中存在某种人为因素影响所造成的。例如加工者想留有余量，便于返修，所以在钻孔时往往尺寸偏小，造成高峰偏左。

（2）将直方图与质量标准比较，判断实际生产过程能力

设 T 表示标准公差范围，B 表示直方图的实际质量分布范围，则这种比较通常会出现以下典型情况：

1）理想状况。如图 8-15（a）所示，$T>B$，实际分布中心与公差中心重合或者接近。这说明实际分布满足标准要求，两边还有适当的余量，生产过程良好，通常不会产生不合格品。

2）余量过剩的状况。如图 8-15（b）所示，$T>B$，实际分布中心与公差中心重合或者接近，但两边留有余地太多，说明质量要求过高，不经济，在这种情况下，可以对原材

料、设备、工艺、操作等控制要求适当放宽一些,有目的地使 B 扩大,从而有利于降低成本。

3)单侧无余量的状况。如图 8-15(c)所示,T > B,实际分布中心发生偏移,致使单侧余量太小。这样如果生产状态一旦发生变化,就可能超出质量标准下限而出现不合格品。出现这种情况时应迅速采取措施,使直方图移到中间来。

4)单侧超差的状况。如图 8-15(d)所示,实际分布中心偏移公差中心较大,一边已经有超差品出现。这说明已出现不合格品。此时必须采取措施进行调整,使 B 位于 T 之内。

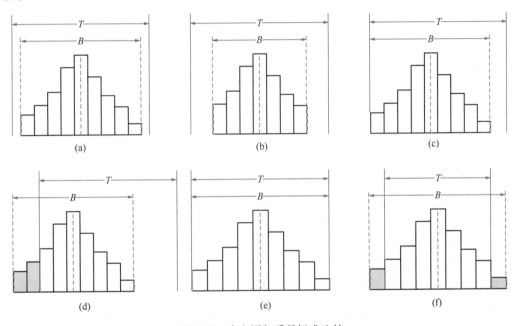

图 8-15 直方图与质量标准比较

5)双侧无余量的状况。如图 8-15(e)所示,T = B,实际分布中心与公差中心重合或者接近,两侧余量很小。这说明实际分布满足标准要求的程度降低,如果生产过程稍有恶化,就会出现大量不合格品。

6)双侧超差的状况。如图 8-15(f)所示,T < B,两侧都出现超差品。这说明生产过程已经恶化,质量保证能力很差,应该设法缩小实际分布的范围。

8.2.7 控制图法

控制图(Control Chart),也称为管理图,是用来分析和判断过程是否处于稳定状态的图形。它是 1924 年由美国贝尔电话实验室的休哈特博士首先提出来的,是一种将显著性检验的统计原理应用于控制生产过程的图形方法。由于其用法简单,效果显著,自问世以来,在生产过程管理中得到了广泛的应用。时至今日,控制图已成为实施质量管理时一种常用的工具。

1. 控制图的基本形式

控制图的种类很多,本教材主要介绍常规控制图,也就是休哈特控制图。控制图的基本形式如图 8-16 所示。纵坐标表示需要控制的质量特性;横坐标表示按系统取样方式得到的样本编号；上下两条虚线表示上控制界限（UCL）和下控制界限（LCL），中间的细直线表示中心线（CL）。在控制图上，采取系统取样方式取得的样本质量特性值，用点描在图上的相应位置。如果点全部落在上下控制界限之内，而且点的排列又没有什么异常，就判断生产过程处于稳定状态；否则，就认为生产过程中存在异常因素，就要查明原因，采取措施设法消除。

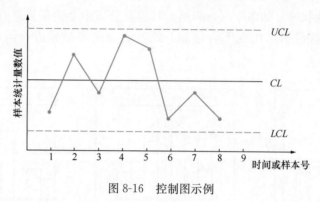

图 8-16　控制图示例

2. 控制图的基本原理

（1）3σ 原理。如果质量特性值服从正态分布，则 $x \sim N(\mu,\sigma^2)$，当生产过程中仅有偶然性因素存在时，则从过程中测得的产品质量特性值 x 有 99.27% 在 $\mu \pm 3\sigma$ 的范围内。也就是说，如果抽取少数产品，测得的质量特性值均应落在 $\mu \pm 3\sigma$ 的范围内，如果有特性值落在 $\mu \pm 3\sigma$ 的界限外，可以认为过程出现系统性因素引起的变异，使 x 的分布发生了偏离。这就是休哈特的 3σ 原理。

如果分组采集数据，可以先计算样本的统计量，此时样本均值的分布亦服从正态分布，即 $\bar{x} \sim N\left(\mu, \dfrac{\sigma^2}{n}\right)$，因此同样可以利用 3σ 原理绘制控制图，对过程进行控制。

（2）控制图控制界限的确定。在稳定状态下生产出来的产品，其质量特性值分布为正态分布。根据正态分布的性质，取 $\mu \pm 3\sigma$ 作为上下控制界限，这样质量特性值出现在 3σ 界限以外的概率为 0.27%，即 1000 次中大约有 3 次。如果这 3 次忽略不计，则认为产品质量特性值全部分布在 3σ 界限内；如果在生产过程中有质量特性值超过 3σ 界限以外的情况，就可以判断有异常原因使生产状态发生了变化。由此可推出在"3σ"原则下，控制界限的一般公式为：

$$\begin{cases} UCL = E(x) + 3\sigma(x) \\ LCL = E(x) - 3\sigma(x) \\ CL = E(x) \end{cases} \tag{8-5}$$

（3）两类错误。根据控制图的控制界限所作的判断也可能发生错误。这种可能的错误有两类：第 Ⅰ 类错误是将正常的过程判为异常；第 Ⅱ 类错误是将异常判为正常。两类错误如图 8-17 所示。

在生产正常的情况下，打点出界限的可能性为 0.27%。因此，根据小概率事件实际上不发生的原理，如果它发生，我们就可以判断有异常。这样，对于纯粹由于偶然打点出

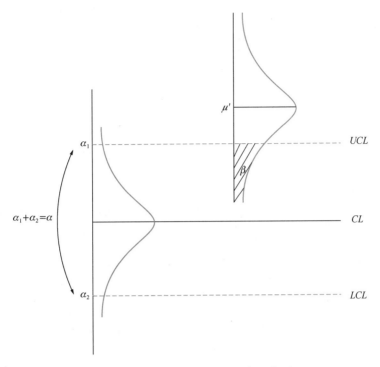

图 8-17　两类错误及其发生概率示意图

界的情形，我们根据打点出界判断生产过程异常就犯了虚发警报的错误。这类错误称为第 Ⅰ 类错误，其发生的概率一般记为 α。

如果生产过程已经发生了变化，产品质量的分布偏离了典型分布，可是总还有一部分产品的质量特性值是在上下控制界限之间的，如果我们抽取这些产品进行检验，那么，这时由于打点未出界而判断生产过程正常就犯了漏发警报的错误。这类错误称为第 Ⅱ 类错误，其发生的概率一般记为 β。

由于应用控制图的过程是通过抽样来检验产品质量的，所以要想不犯错误是办不到的。如何减少两类错误所造成的损失呢？关键在于减少犯两类错误的概率 α 和 β。理论研究表明，减少 α 必然导致增加 β，减少 β 必然导致增加 α。如图 8-17 所示，若扩大控制界限到 $\mu\pm4\sigma$，这时 α 减少，但 β 显然扩大；若缩小控制界限到 $\mu\pm2\sigma$，这时 β 明显缩小，但 α 显著增加。

要使 α 和 β 同时减少只有不断增加样本量 n，这在实际中又很难实现。另外，β 的计算与失控状态时的总体分布有关，此时总体分布多种多样，很难对 β 作出确切的估计。为此常规控制图仅考虑犯第 Ⅰ 类错误的概率 α。实践证明，能使两类错误总损失最小的控制界限幅度大致为 3σ，因此选取 $\mu\pm3\sigma$ 作为上下控制界限是经济合理的。美国、日本和我国等世界大多数国家都采用 3σ 方式。

3. 控制图的判异准则

对控制图进行观测分析是为了判断过程是否处于受控状态，还是处于失控状态。当处于失控状态时，就要采取措施，消除异常因素，使过程恢复到失控状态。根据休哈特控制图的 3σ 原理，控制图中的点子应随机排列，且落到控制限内的概率为 99.73%。因此，如果控制图中点子出界或界内点子非随机排列，就认为过程失控。

由此得出控制图的两类判异准则：

（1）点出界就判异，这一点是针对界外点的；

（2）界内点排列不随机判异，这一点则是针对界内点的。

下面介绍判异的8种常用检验模式，如果控制图出现这些模式，我们可以合理地确信过程是不稳定的。

检验1：1个点落在A区以外（图8-18）

该模式可以对分布参数μ的变化或分布参数σ的变化给出信号，变化越大给出信号的速度越快（时间周期越短）；对$X-R$控制图，如果R图保持稳定状态，则可排除参数σ变化的可能。检验1还可对过程中单个失控作出反应，如测量误差、计算错误、设备故障等。如果过程正常，则检验1犯第一类错误的概率为$\alpha_0 = 0.0027$。

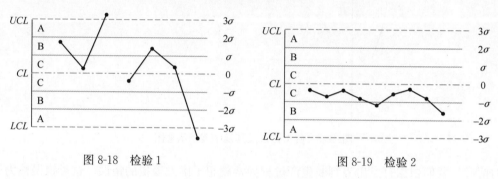

图8-18 检验1   图8-19 检验2

检验2：连续9点落在中心线同一侧（图8-19）

此模式通常是为补充检验1而设计的，以便改进控制图的灵敏度。选择9点是为了使其犯第一类错误的概率α与检验1的$\alpha_0 = 0.0027$大致相同，同时也使本模式采用的点数不致过多地超过格兰特和列文沃斯（Grant and Levenworth）在1980年提出的7点链判异模式。

检验3：连续6点递增或递减（图8-20）

此模式是针对过程平均值的趋势进行设计的，它判定过程平均值的较小趋势要比检验2更为灵敏。产生趋势的原因可能是工具逐渐磨损、维修水平逐渐降低、操作人员技能逐渐变化等，从而使得参数μ随着时间而变化。

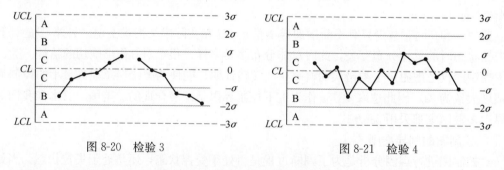

图8-20 检验3   图8-21 检验4

检验4：连续14点中相邻两点上下交替（图8-21）

出现本模式的现象是由于轮流使用两台设备或由两位操作人员轮流操作而引起的系统

效应。实际上，这是一个数据分层不够的问题。选择 14 点是通过统计模拟试验而得出的，以使其 α 与模式 1 的 $\alpha_0 = 0.0027$ 相当。

检验 5：连续 3 点中有 2 点落在中心线同一侧的 B 区以外（图 8-22）

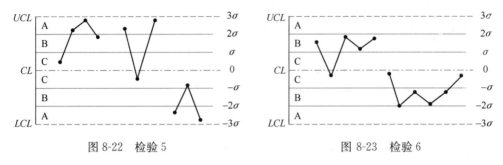

图 8-22　检验 5　　　　　　　　　　图 8-23　检验 6

过程平均值的变化通常可由本模式判定，它对于变异的增加也比较灵敏。需要指出的是 3 点中的 2 点可以是任何 2 点，第 3 点可以在任何位置。

检验 6：连续 5 点中有 4 点落在中心线同一侧 C 区以外（图 8-23）

该模式对过程平均值的偏移较灵敏。出现该模式的现象是由于参数 μ 发生了变化，与检验 5 类似，5 点中的 4 点可在任何位置。

检验 7：连续 15 点中全部在中心线两侧 C 区以内（图 8-24）

出现该模式的现象是由于参数 σ 变小。对于该模式不要被它的"良好现象"所迷惑，应该注意到它的非随机性。造成该模式现象的原因可能有数据虚假或数据分层不够等。

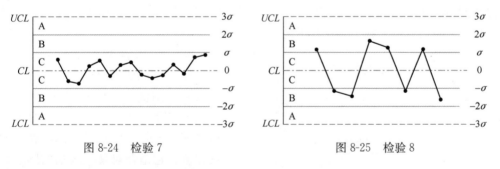

图 8-24　检验 7　　　　　　　　　　图 8-25　检验 8

检验 8：连续 8 点在中心线两侧，但无 1 点在 C 区以内（图 8-25）

造成该模式现象的主要原因是数据分层不够，该模式即为此设计。

由以上检验模式可知，检验 1、2、3、5、7 的控制范围已经覆盖了整个控制图，检验 4、8 用以判断数据分层问题。由于数据分层问题不止以上两种，故以上 8 种检验模式不可能用以判别常规控制图所有可能发生的异常情形，但出现判别不了情形的可能性是非常小的。

4. 控制图的作用

（1）控制图能及时发现生产过程中的异常现象和缓慢变异，预防不合格品产生，从而减少生产费用，提高生产效率。

（2）控制图能有效地分析判断生产过程质量的稳定性，从而降低检验、测试费用。根据供货方制造过程中有效的控制图记录等证据，购买方可免除进货检验，同时仍能在较高程度上保证进货质量。

（3）控制图可查明设备和工艺手段的实际精度，以便作出正确的技术决定。为制定生产目标和规格界限，特别是配合零部件的最优化确立了可靠的基础，也为改变未来符合经济性的规格标准提供了依据。

（4）控制图使生产成本和质量成为可预测的参数，并能以较快的速度和准确性测量出系统误差的影响程度，从而使同一生产过程中产品之间的质量差别减至最小，以评价、保证和提高产品质量，提高经济效益。

8.3 质量管理的新 7 种工具

1979 年日本一些专家学者正式提出新的全面质量管理 7 工具，即亲和图法、关联图法、树形图法、流程图法、矩阵图法、过程决策程序图法和网络图法。这"新 7 种工具"的提出并不是对"老 7 种工具"的替代，而是对它们的补充与丰富。"老 7 种工具"主要针对生产过程的质量控制，而"新 7 种工具"则主要用于整理思路，分析语言文字（非数据）资料，掌握问题的来龙去脉，帮助我们在繁杂的管理工作中抓住主要问题，解决项目全面质量管理中"计划"阶段的有关问题。

GOAL/QPC 咨询公司是推广新 7 种工具的主力。该公司建议以一种"活动循环"（Cycle of Activity）的方式使用新 7 种工具，因为其中的一种工具可以为另一种工具提供输入信息。图 8-26 为一个可能的循环，首先用流程图对要改进的过程进行基本描述；亲和图法和关联图法用于整理问题；树形图法和矩阵图法用于展开方针目标；过程决策程序图法和网络图法用于安排时间进度。其中亲和图或关联图可以作为树形图的输入，以此类推。接下来将讨论每一种工具及其用途。

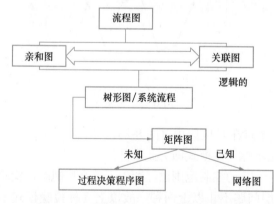

图 8-26　质量管理新 7 种工具的典型流程

8.3.1　亲和图法

1. 亲和图法的原理

亲和图法（Affinity Diagram），又称 A 型图解、近似图解，是由日本川喜田二郎提出的一种属于创造性思考的开发方法。它是针对某一未知的问题，充分收集各种经验、知识、想法和意见等语言、文字资料，并按照相互亲和性归纳整理这些资料，从复杂的现象中整理出思路，以便抓住实质，找出解决问题途径的一种方法。亲和图法通常用在头脑风暴法之后，项目组的成员经常是参加头脑风暴会议研究该问题的人和组织者，是根据问题的结果去寻找原因。一般程序是：事实—调查—文件阅读—综合—灵感—创新。通过对大量事实进行综合分析，加上个人"灵感"，最后达到创新。

亲和图法与关联图法既有相同点，又有不同点。他们的相同点是从图形上来讲都是连线图。但是，关联图法主要是依赖逻辑推理，按照原因—结果或目的—手段有逻辑地连接起来，理清复杂问题，最终找到解决问题的办法的一种方法。而亲和图法更多的是依靠感情观念，用创造性的语言，以及根据收集资料的亲和性来分析整理，以使问题得以明确，达到解决问题的目标。

2. 主要用途

亲和图的主要好处是建立了每个人对各种想法参与讨论的平台，并且作为结果所产生的图表是小组成员联合建立的针对所分析问题的概念模型，它的用途如下：

（1）用于认识事物。在未知、无经验的情况下，事物是杂乱无章的，必须弄清每一个有关的事实，冷静分析掌握的所有资料，以得到一个清晰的认识。

（2）用于形成构思。对于未知的领域，必须收集与该领域有关的事实资料，收集他人的意见和建议进行归纳，系统地形成自己的看法。

（3）用于彻底更新。在学习和效仿前人的思想体系的基础上归纳形成自己的思想体系和理论体系。在阅读前人的著作和文章的前提下，融会贯通后用亲和图法归纳出新的观点形成自己的见解。

（4）用于策划组织工作。通过小组成员之间的相互讨论，相互启发，相互了解，以促进更好的合作。

（5）用于彻底贯彻方针。通过管理者和员工的一起讨论和研究，促进管理者和员工对政策方针更好地了解，有效地贯彻和落实企业的方针政策。

3. 亲和图的绘制步骤

（1）找出需要解决的问题，清楚、简明地描述问题，使每位小组成员都能理解。

（2）发给每位小组成员笔和卡片，要求他们写下与问题相关的议题。

（3）限 10 分钟内写下想法。

（4）将写完的卡片放在桌子上。

（5）推开这些卡片，使每个人都能看到并能接触到所有卡片。

（6）让每位成员默默地快速移动卡片，将主题相近的卡片放至同一组，但不做任何讨论。

（7）如果不同意他人放卡片的位置，可以自行移动卡片，且不用做任何解释。

（8）当所有的卡片均已分组排列且没有人再移动卡片时，表示小组成员已达成共识，接着便可为每组卡片制作标题卡。

（9）绘制亲和图，并为每位小组成员提供一个副本。

【例 8-6】下面是某建筑公司通过调查研究多起建筑施工安全事故的案例，运用多种统计方法，分析总结出造成建筑施工项目安全事故的原因，最后利用亲和图对建筑施工安全事故进行分析的例子。用亲和图法展示分析结果，如图 8-27 所示。

8.3.2 关联图法

1. 关联图的原理

关联图（Interrelationship Diagram）又称相关图，是表达原因和结果之间相互关系的图示。关联图的建立常常用到对亲和图的一部分提问："如果这一项被改变，它会影响到其他项吗？"关联图可以帮助工作团队分析出一个复杂问题中不同方面之间的内在联系。

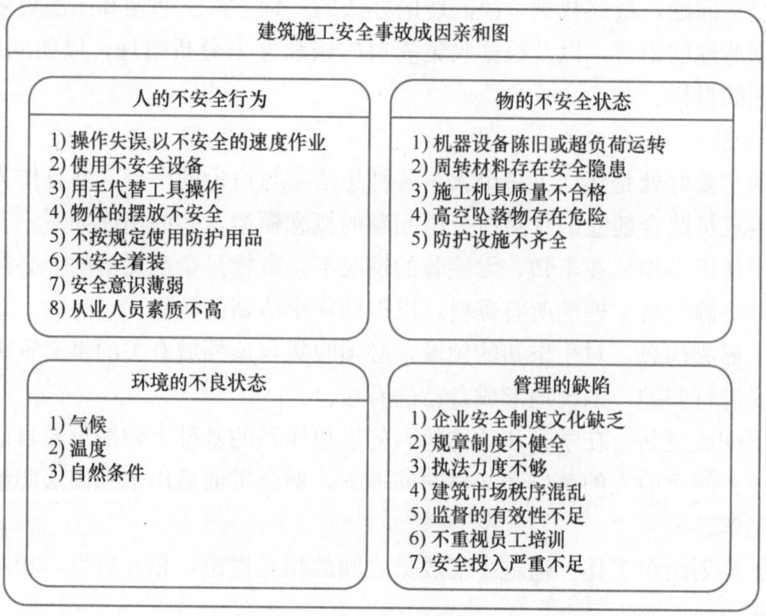

图 8-27　建筑施工安全事故成因亲和图

2. 绘制关联图的步骤

（1）绘制一张亲和图以找出与问题相关的议题，然后将卡片按议题分放在不同栏里，并在卡片间保留距离。

（2）逐一检查每张卡片并询问，"图内哪些议题受本议题影响？"当小组成员识别相关的议题时，从第一议题（原因）出发向第二议题（受该原因影响的议题）画一个单向箭头，直到所有议题讨论完毕才结束本步骤。

（3）检查所有的箭头并作必要的修改后，计算指向每张便笺的箭头数，并将数目记录在便笺上。

（4）箭头数最多的卡片便是关键要素。经验表明，依据所讨论的问题复杂程度，一般关键要素不超过 5～10 个。有些卡片虽有几个箭头，但不一定是真正的关键要素，这时可不多作讨论。输出箭头最多的图框为根本原因，而输入箭头最多的则是绩效指标。

（5）在关键要素框上作出标记，并通过头脑风暴法寻找解决方案。

3. 关联图的类型

关联图的形式比较灵活，大体可分为以下 4 种：

（1）中央型的关联图。将应解决的问题或重要的项目安排在中央位置，然后依照与它关系的密切程度，把关系最密切的因素尽量排在离它最近的地方，如图 8-28(a) 所示。

（2）单向汇集型关联图。将应解决的问题或重要的项目安排在左（或右）侧，再将各因素沿主要因果关系的方向依次排列，如图 8-28(b) 所示。

（3）关系表示型的关联图。它是以各项目间或各因素间的因果关系为主体的关联图。在排列上比较自由灵活，如图 8-28(c) 所示。

（4）应用型的关联图。它是以上述 3 种图形为基础进行综合利用的关联图，如图 8-28(d) 所示。

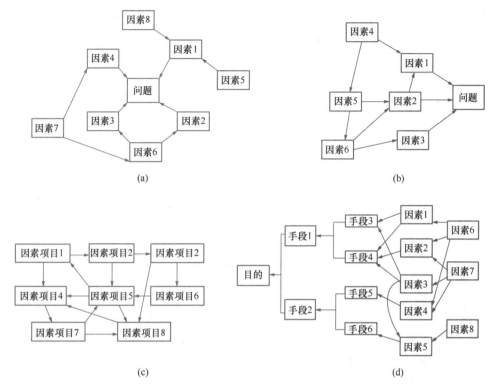

(a)　　　　　　　　　　　　　　　　(b)

(c)　　　　　　　　　　　　　　　　(d)

图 8-28　关联图的类型

【例 8-7】QC 小组针对"墙体砌筑操作"和"技术方案缺陷"两大主要原因，采用头脑风暴法，分析造成空心砌块墙体施工损耗率的原因，汇集后，绘制关联图，共找出了 7 个末端因素。影响空心砌块墙体施工损耗率关联图如图 8-29 所示。

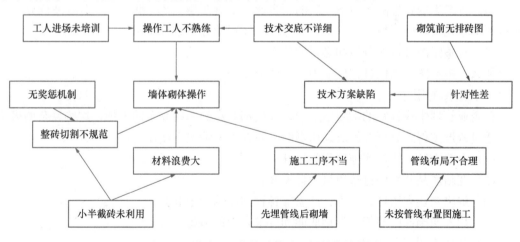

图 8-29　影响空心砌块墙体施工损耗率关联图

8.3.3　树形图法

1. 树形图的原理

树形图（Tree Diagram）又称系统图，是表示某个问题与其组成要素之间的关系，从而明确问题的重点，寻求达到目的的所应采取的最适当的手段和措施的一种树枝状的图。树形图通常用来将主要的类别逐渐分解成越来越细的层次。

根据树形图的概念，把达到某一个目的所需要的手段层层展开成图形，为了达到某个目的，就要采取某种手段。为了实现这一手段，又必须考虑下一级水平的目的。这样，上一级水平的手段，就成为下一级水平的目的，如图 8-30 所示。

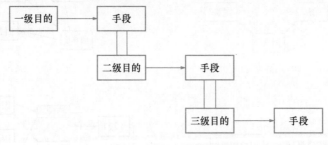

图 8-30　树形图原理图

2. 树形图的绘制步骤

树形图是目前在企业内被广泛运用的图法，其制绘制步骤有以下 5 项：

（1）明确重要的议题，即给出项目的目标、方案、计划或困难的陈述。

（2）一旦确定了研究内容，通过提问向下一层次展开，针对不同的任务类型采用不同的提问方式，如：对于一个目标、行动方案或任务分解工作，可以提问："需要采取哪些步骤来达到这一主要目标？"对于根本原因分析，可以提问："是由什么具体原因引起的？"

（3）进行必要性和充分性检验。确认该层中的所有项目对于上一层项目都是必要的，同时确认该层的项目能够充分支持上一层的项目。

（4）将产生的新想法作为下一层的新主题，实施步骤（2）和（3）。不断进行分解直至得到基本元素，即可执行的、不可再分的具体行动方案或根本原因。

（5）对整张图进行充分性和必要性分析。

那么，树形图在我们日常生活中有哪些应用呢？

3. 树形图的用途

在企业管理中或日常的学习生活中，我们都会碰到一些复杂的事情，这些复杂的事情可以透过树形图得到分析并解决。树形图一般在以下情况下使用：

（1）企业方针、目标实施项目的展开；

（2）在新产品开发中进行质量设计展开；

（3）解决企业内质量、成本、产量等各种问题的措施展开；

（4）用来明确部门职能、管理职能和寻求有效的措施；

（5）和矩阵图配合使用；

（6）作为因果分析图使用。

【例 8-8】某建筑公司对大量建筑施工安全事故进行研究与分析，针对每一类型的事故成因，总结出相应的对策措施，用树形图法展示研究结果，如图 8-31 所示。

【例 8-9】某建筑公司对大量建筑施工现场缺陷进行研究与分析，针对钢筋混凝土、

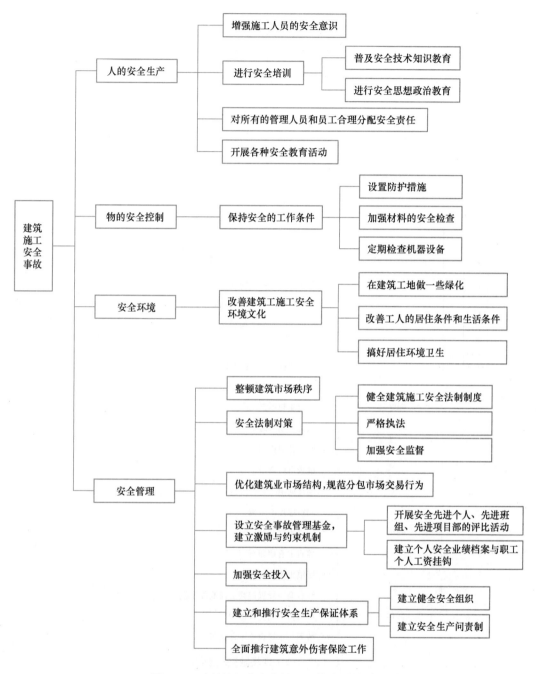

图 8-31　建筑施工安全事故的对策措施树形图

钢结构、回填等缺陷进行总结，用树形图法展示研究结果，如图 8-32 所示。

8.3.4　流程图法

1. 流程图的原理

流程图（Flow Chart），又称框图，是以特定符号加以文字说明，表示算法的图，是用图形来反映会计制度中的工作组织关系或业务处理程序等内容的方法。任何一个项目的

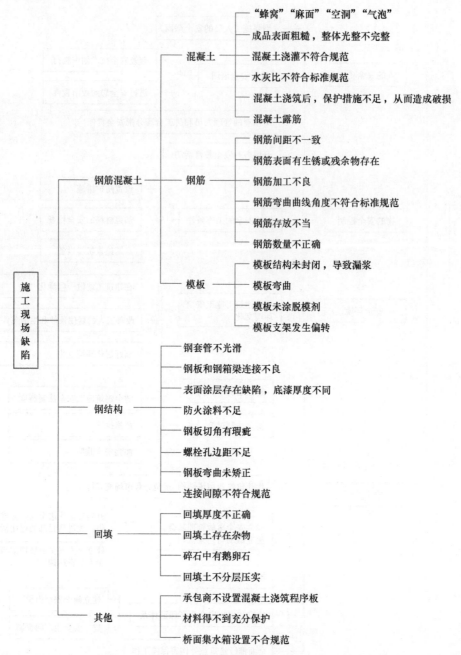

图 8-32　施工现场缺陷树形图

实施过程都有一个或几个工作流程，通过分析每一个流程步骤，我们可以识别出项目可能存在的风险。该方法的优点是清晰、直观、简捷，容易使人们更加直接地了解和掌握制度的核心内容和操作步骤，更方便地开展项目风险识别工作。

流程图常使用一些标准符号代表某些类型的动作，如图 8-33 所示。

这些基本符号用来表示一个过程的实际步骤，其走向永远是从页面的顶部到底部，或从左到右。

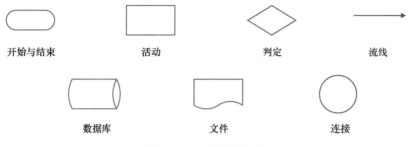

图 8-33　流程图的标志

2. 流程图的形式

流程图的形式多种多样，现介绍如下：

（1）上下流程图。上下流程图是最常见的一种流程图，它仅表示上一步与下一步的顺序关系。例如在工程质量事故发生后，项目监理机构可按以下程序进行处理，如图 8-34 所示。

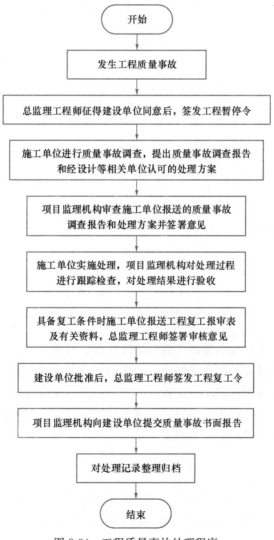

图 8-34　工程质量事故处理程序

（2）矩阵流程图。矩阵流程图不仅表示上下关系，还可看出某一过程块的负责部分。图 8-35 是决策制定流程图。

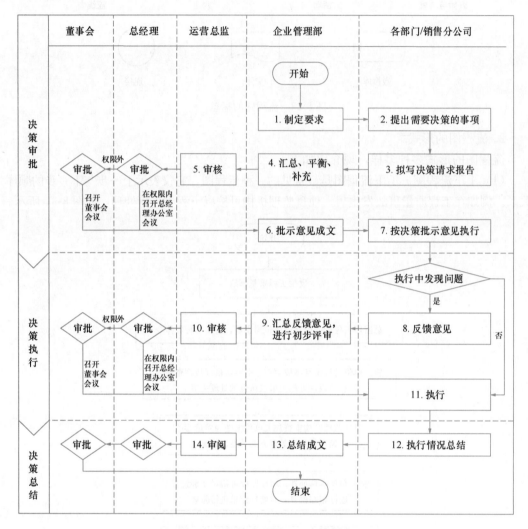

图 8-35　矩阵流程图——决策制定

（3）前后流程图。在比较质量改进前后的流程时，可以采用前后流程图。图 8-36（a）为一个城市规划部门所使用的简单流程图，用来给申请新建房屋所有权的人颁发许可证。图 8-36（a）中展示的是其当前的实际流程。由于前台人员获得更多的权力和培训来处理表格，而且分析员审核的步骤并不会给组织和顾客增加价值，因此可以省掉分析员审核的步骤，简化后的流程图如图 8-36（b）所示。

8.3.5　矩阵图法

1. 矩阵图的原理

矩阵图（Matrix Diagram）表现为几组信息间的关系，同时能提供更多相关性的信息，如强度、不同个体的角色或测量方式。矩阵图使用起来非常简单，并可用于二维、三维或四维。分别有 6 种不同形状的矩阵：L 形、T 形、Y 形、C 形、X 形和屋顶形。矩

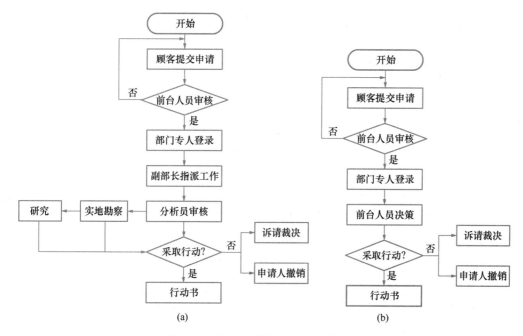

图 8-36　前后流程图——房屋申请过程

图常用于以下场合：给一组人分配任务（可称为责任矩阵）；将客户要求与过程因素相联系（可称为关键质量矩阵）；区分哪些问题影响哪些产品或机器的哪个部分；寻找因果关系；寻找将要同时执行的两个计划间的补充和冲突关系。前 6 种矩阵适用的不同场合见表 8-12。

各种矩阵的适用场合 表 8-12

矩阵	组数	关系
L 形	2	A↔B 或 A↔A
T 形	3	B↔A↔C，但不能 B↔C
Y 形	3	A↔B↔C↔A
C 形	3	3 个同时相关（三维）
X 形	4	A↔B↔C↔D↔A，但不能 A↔C 或 B↔D
屋顶形	1	A↔A 或 A↔B

2. 矩阵图的绘制步骤

矩阵图的绘制有以下 7 个步骤：

(1) 确定需要比较的组以及需要分析的信息。

(2) 选择合适的矩阵形式。

(3) 画矩阵网格线。

(4) 沿矩阵各轴列出说明。

(5) 确定在矩阵中表达信息的符号（表 8-13），写明图例描述符号的含义。

(6) 组间逐项比较，在交叉项上标注适当的符号。

(7) 分析矩阵。

符号表

表 8-13

◎强相关 ○中等相关 △弱相关或潜在相关 ⊗不相关	＋正相关 0 中性相关 一负相关
S 供方 C 顾客 D 雇员 O 雇主	↑左边的项影响上边的项 ←上边的项影响左边的项 箭头一般放在表示关系强弱的符号旁边

3. 几种常用的矩阵图

（1）L 形矩阵图。L 形矩阵图用于两组信息间的比较（或与自身的比较），它是最基本、最常见的矩阵形式。但要注意，L 形矩阵是最常用的，但不一定是最合适的。使用时，应结合各组数据及它们之间的可能关系和其他的矩阵形式，考虑是否其他形式的矩阵更能清晰地表示数据间的含义。图 8-37 所示的是一个 L 形矩阵图。

		A				
		a_1	a_2	a_3	a_4	……
B	b_1					
	b_2					
	b_3					
	b_4					
	……					

图 8-37　L 形矩阵图示例

（2）T 形矩阵图。T 形矩阵图用于三组信息时间的比较。A 组可以分别和 B 组与 C 组比较，但是 B 组和 C 组之间不能相互比较。图 8-38 所示的是一个 T 形矩阵图。

（3）X 形矩阵图。它是由四个 L 形矩阵组成的。X 形矩阵图用于四组信息间的比较，且四组信息是循环比较。图 8-39 所示的是一个 X 形矩阵图。

（4）屋顶形矩阵图。屋顶形矩阵图用于与自身的比较，通常与 L 形或 T 形矩阵一起运用，也即 A↔A 或 A↔B。屋顶形矩阵常用于质量屋，组成"屋"的"顶"，质量屋是质量功能展开（QFD）的核心，是产品开发中连接用户与产品属性的经典工具。

如图 8-40 所示，A、B 中等相关，A、F 强相关，其他因素不相关。

4. 矩阵图的用途

矩阵图应用比较广泛，一般应用在以下几种情况下：

（1）在开发系列新产品或改进老产品时，提出设想方案。

（2）为使产品毛坯的某种代用质量特性适应多种质量要求时，进行质量展开。

（3）明确产品应该保证的质量特性与承担这种保证的部门的管理职能之间的关系，以

C	……					
	c_4					
	c_3					
	c_2					
	c_1					
A		a_1	a_2	a_3	a_4	……
B	b_1					
	b_2					
	b_3					
	b_4					
	……					

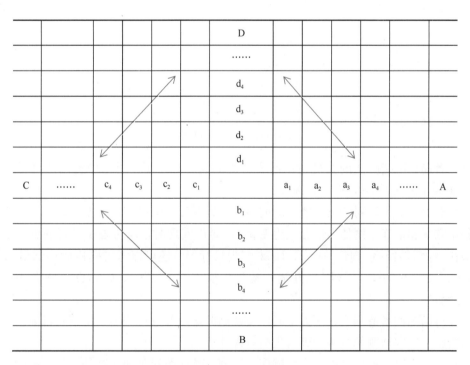

图 8-38　T 形矩阵图

图 8-39　X 形矩阵图

确定和加强质量保证体系并找出关键。

（4）加强质量评价体制并提高工作效率。

（5）探求生产工序中产生不良现象的原因。

（6）根据市场和产品的联系，制定产品占领市场的策略。

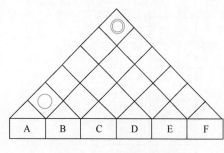

图 8-40 屋顶形矩阵图

（7）当进行多因素分析时，寻求从何入手，需用什么资料，归纳成怎样的形式。

8.3.6 过程决策程序图法

1. 过程决策程序图的原理

过程决策程序图（Process Decision Program Chart，PDPC）有助于头脑风暴法找出执行某项计划或改进过程中可能出现的意外问题，以形成对策来预防这些问题。PDPC 有助于制订应急计划，因为它能帮助团队预测那些可能破坏目标实现的中间环节。当面对的过程是新的，即没有失效的类型和频率的既往数据时，它是非常有用的工具。

2. 过程决策程序图的绘制步骤

假定从不良状态 S 转变为理性状态 G，如图 8-41 所示。

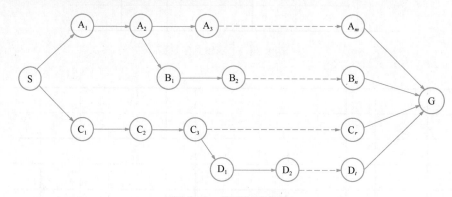

图 8-41 PDPC 示意图

（1）召集尽可能广泛的人员讨论所要解决的问题，以便在讨论中提出达到目标的手段、措施、方案 A_1，A_2，……，A_m。

（2）对提出的手段列举出可能预测的结果，以及提出的措施、方案难以实施时应该采取的备用方案和措施。例如当情况发生变化 A_3 难以实现时，应考虑设计新的可实现的程序，即在 A_2 后转经 B_1，B_2，……，B_n 来实现目标等。还可以考虑同样能达到目标 G 的方案：C_1，C_2，……，C_r（第三方案）及其应变方案 C_1，C_2，C_3，D_1，D_2，……，D_t（第四方案）。

（3）将措施按紧迫程度、所需工时以及实施的难度等进行分类，特别对目前所要着手进行的措施，根据预测的结果明确首先应该做什么。

（4）进一步决定各项措施的先后顺序，研究一条线路对其他线路是否具有影响。

（5）落实负责人及实施期限。

（6）定期召开有关人员的会议，检查 PDPC 的实施情况，了解是否出现新的情况，并按照新的情况和问题修改 PDPC 图。

3. 过程决策程序图的用途

过程决策程序图主要有 5 大方面的用处，它们分别是：

（1）制定方针目标实施计划。

（2）制定新产品开发设计的实施计划。

（3）预测系统的重大事故并制订防范措施。

（4）提出选择处理质量纠纷的方案。

（5）制订生产过程中防止发生质量问题的措施。

实际上过程决策程序图在哪里都可以应用，远远不止这 5 个。只要做事情，就可能有失败，如果能把可能失败的因素提前都找出来，制定出一系列的对策措施，就能够稳步地、轻松地到达目的地。

【例 8-10】QC 小组成员运用"头脑风暴法"进行讨论，绘制出在实施阶段工程工期控制影响工程完工的 PDPC 图（图 8-42），提前对关键技术问题进行预测，并制定出相应解决办法，有利于方案在过程中的顺利实施。

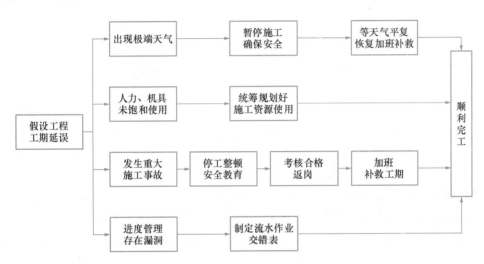

图 8-42　实施阶段工程工期控制影响工程完工的 PDPC 图

8.3.7　网络图法

1. 网络图的原理

网络图（Activity Network Diagram，AND）是对计划评审技术（Program Evaluation and Review Technique，PERT）和关键路径方法（Critical Path Method，CPM）的简化，主要用于控制项目。网络图常被用于复杂或冗长的工作任务中，它展示出谁将在什么时间做什么，同时按顺序指出什么是必须做的，如果对于目标来说总的时间要求很紧，从图中可知哪些任务可以并行完成。

2. 网络图的绘制步骤

网络图的绘制一般包括以下 4 个步骤：

（1）通过绘制树形图罗列项目的所有工序。

（2）确定各工序时间。

（3）确定各工序的前后衔接关系。

（4）绘制网络图。

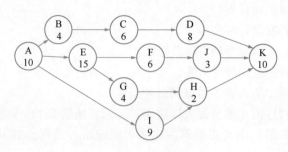

图 8-43　网络图

图 8-43 即为一个由节点和单向箭线构成的网络图，其中节点代表各个工序，用圆圈表示，工序名称和工序时间标注于圆圈内，时间单位为天。箭线代表工序间的先后关系。

课后案例

上海中心大厦幕墙玻璃项目质量管理

上海中心大厦（Shanghai Tower），位于上海浦东的陆家嘴功能区，是一座巨型高层地标式摩天大楼，其设计高度超过附近的上海环球金融中心。其建筑设计方案由 M 事务所完成，总建筑面积 57.8 万 m^2，建筑主体为地上 127 层，地下 5 层，总高为 632m，结构高度为 580m，基地面积 30368m^2。

现代建筑幕墙玻璃，伴随着人类对可持续发展和建筑节能意识的增强、对生活质量追求的提高和设计师们对现代建筑装饰美观的要求，人们对它的追求越来越普及化、多样化、个性化、复杂化。而上海中心大厦玻璃幕墙项目正是在这种大背景下的一项重大工程。

上海中心大厦幕墙玻璃项目运用了多种质量管理的方法和工具，例如使用流程图（图 8-44），对玻璃幕墙内部批量性缺陷进行处理，通过取样、分析、消除产生不合格的原因，防止不合格的再次发生；利用因果图（图 8-45），将影响质量问题的"人、机、料、法、环"等各方面的原因进行细致的分解，方便地在质量计划中制定相应的预防措施，立即采取对策和措施加以预防，对于质量监测中发现的不合格，应及时利用因果分析法分析原因，达到控制工序质量的目的。

上海中心大厦项目整体质量管理过程中，同样通过多种质量管理的方法和工具，讨论项目质量管理过程的计划、保证、控制和改进，对上海中心大厦的质量管理提出一些合理的建议，旨在使工程项目质量管理的研究成果落实到实际的大型项目质量管理中，提高企业对项目的质量管理水平，为企业创造更高的经济效益。

【案例思考】

1. 根据图 8-44，如何对玻璃幕墙内部批量性缺陷进行处理？

2. 根据图 8-45，为减少玻璃幕墙切割划伤制定相应的预防措施。

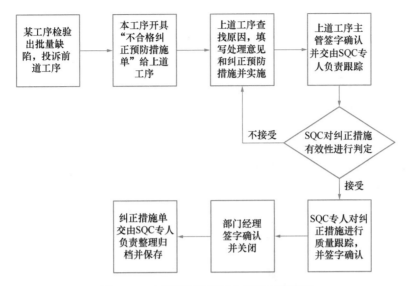

图 8-44 玻璃幕墙批量不合格处理流程图

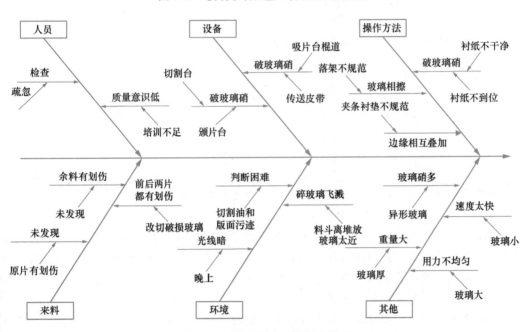

图 8-45 玻璃幕墙切割划伤因果图

"精品工程"实践背景下的梅汕高铁项目中的使用

当前,高速铁路已成为我国制造业走向世界的一张靓丽名片,国际国内高铁市场空间巨大。梅汕高铁项目作为新时期第一批高铁"精品工程"实践项目,拟通过质量管理的理论研究和实践探索,利用直方图、排列图、因果分析图、德尔菲法等质量管理工具,梳理统计质量问题,查找与"精品工程"质量的比较性差距,开展质量改进活动,提升项目质量管理水平,助推"精品工程"质量管控模式的建立。

1. 项目质量存在的差距性问题

为真正准确梳理查找本项目的质量问题，明确与"精品工程"的比较性差距，经领导小组反复商议调查实施方案，决定按照"德尔菲法"的指导思路，采取匿名函询的方式，开展调查。

调查问卷共征集到质量问题 198 个，领导小组经过研究讨论，剔除没有实际意义的问题，合并同类问题，最终梳理出 127 个有效问题。本次征集到的意见反映的问题比较全面丰富、水平较高、意见也相对集中在几个方面，决定采用"分层法"对征集到的问题进行分类梳理统计。

将上述质量问题数量用直方图进行比较展示，如图 8-46 所示。

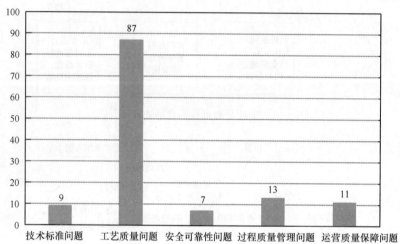

图 8-46 质量问题分类数量直方图

经领导小组研究讨论，认为从数量分布上看，工艺质量问题占了绝大多数，无疑是质量问题中的主要因素，这也与前期调研过程中产生的印象基本吻合。

2. 工艺质量差距性问题分类梳理

依据该《工艺质量标准》，"精品工程质量改进领导小组"组织专业技术人员，对比查找项目工艺质量差距，梳理本项目开工以来的各类工艺质量问题。将差距性工艺质量问题分为施工精度问题、关键工序质量问题、特殊过程卡控问题、接口质量衔接问题、质量可追溯性问题、观感质量问题 6 大类。

按各类工艺质量问题发生的频次（项次）进行统计，计算各类工艺质量问题发生的频率（占总质量问题数的百分比）。具体数据见表 8-14。

各类工艺质量问题发生频次统计表 表 8-14

序号	工艺质量问题类别	频次	频率	累积频率
1	施工精度问题	190	59.37%	59.37%
2	关键工序质量问题	67	20.94%	80.31%
3	特殊过程卡控问题	39	12.19%	92.50%
4	接口质量衔接问题	10	3.13%	95.63%
5	质量可追溯性问题	8	2.50%	98.13%
6	观感质量问题	6	1.87%	100.00%

将上述各类工艺质量问题，按照发生的频次从多到少的顺序作出排列图，如图 8-47 所示。

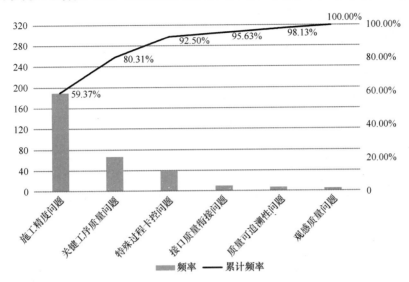

图 8-47　各类工艺质量问题发生频率排列图

从图表中可以看出，在各类工艺质量问题中，施工精度问题占了近 60%，是最重要的问题；其次是关键工序质量问题和特殊过程卡控问题，分别占了约 21% 和 12%；而其他在以往项目中发生频率较高的接口质量衔接问题、质量可追溯性问题、观感质量问题，在本项目中已经得到了较好的控制，所占比重累计不超过 10%。

3. 主要质量差距的原因分析

与"精品工程"相比，工艺质量之所以存在较多、较明显的差距，大致可从人、机、料、法、环 5 大生产要素进行管理原因分析，绘制"因果分析图"如图 8-48 所示。

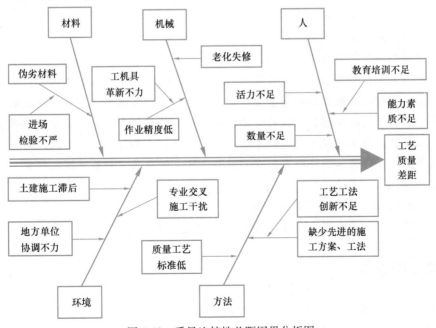

图 8-48　质量比较性差距因果分析图

利用"因果分析法",基本梳理清楚了人机料法环五大要素中对工艺质量影响最重要的因素——"人"的原因中"员工能力素质不足""机械"的原因中"工机具革新不力","材料"的原因中"材料进场检验不严""方法"的原因中"工艺工法创新不足","环境"的原因中"专业交叉施工干扰"。这些都是质量改进的关键。

4. 项目质量改进管控举措

根据前面对项目质量问题的梳理及差距原因的分析,研究确定针对性质量改进思路与主要举措,确定 5 大类差距性质量问题的总体改进方案,详见表 8-15。

5 大类差距性质量问题总体改进方案表　　　　　　　　　表 8-15

序号	质量问题大类	质量问题主次	质量问题细分	质量问题主因	质量管控举措
1	技术标准问题	次要	(略)	动态技术标准模糊	明确细化动态技术标准
2	工艺质量问题	主要	1. 施工精度问题; 2. 关键工序质量问题; 3. 特殊过程卡控问题; 4. 接口质量问题; 5. 质量可追溯性问题; 6. 观感质量问题	1. 员工能力素质不足; 2. 工机具革新不力; 3. 材料进场检验不严; 4. 工艺工法创新不足; 5. 专业交叉施工干扰	1. 强化能力素质; 2. 大力革新工机具; 3. 改进材料进场检验; 4. 创新工艺工法; 5. 解除交叉施工干扰
3	安全可靠性问题	次要	(略)	受力结构安全监控及记录不完善	加强受力结构安全监控及影像资料记录
4	过程质量管理问题	次要	(略)	质量持续改进不力	强化质量管理 PDCA 循环的执行
5	运营质量保障问题	次要	(略)	运营监测装置过少及运营维保服务不到位	增加运营监测装置、强化开通运营服务

结合项目实际情况,综合上述剖析,"精品工程质量改进领导小组"决定针对质量问题中的主要问题(工艺质量问题),采取下列 4 项质量改进重点管控举措:①系统提升质量管理理念与方法;②建设综合教育培训基地;③革新安装调试检测工机具;④建设工厂化预配中心。同时,改进配套的质量管理制度办法,带动其他各项质量问题的解决。

本案例从与"精品工程"比较的差距性质量问题的查找入手,综合运用质量管理工具等质量管理工具,聚焦主要矛盾,沿着质量主要问题、主要原因、主要改进举措、主要管控效果这条主线,对梅汕高铁项目创建"精品工程"的质量管控展开深入研究。

【案例思考】

1. 案例中使用了哪些质量管理工具?

2. 这些管理工具在解决问题的整个流程中所起的作用是什么?

复习思考题

1. 质量数据有哪些基本类型、采集方法和描述方法?

2. 排列图中所提到的 A、B、C 三类指标指的是什么?这样分类有何意义?

3. 如何绘制因果图？

4. 如何绘制控制图？通过控制图判断出现异常的准则有哪些？

5. 什么是关联图？它有哪些用途？

6. 系统图如何绘制？请结合实例说明之。

7. 某建筑施工项目中使用 C30 混凝土进行浇筑，为了对抗压能力进行分析，收集了 50 个抗压强度报告单，并整理见表 8-16。试绘制混凝土抗压强度分布直方图，并对分布状态进行分析。

混凝土抗压强度数据表（计量单位：N/mm^2） 　　表 8-16

序号	抗压强度	序号	抗压强度	序号	抗压强度	序号	抗压强度	序号	抗压强度
1	38.3	11	43.9	21	36.1	31	40.4	41	35.4
2	31.9	12	39.7	22	38.2	32	40.6	42	33.2
3	37.5	13	38.1	23	40.1	33	35.6	43	41.0
4	36.8	14	33.1	24	42.3	34	39.0	44	40.3
5	37.7	15	34.4	25	37.4	35	35.5	45	35.1
6	43.1	16	46.2	26	34.0	36	35.5	46	37.5
7	42.0	17	31.4	27	37.4	37	36.6	47	38.4
8	36.1	18	37.1	28	38.4	38	36.1	48	37.9
9	34.6	19	39.2	29	38.7	39	41.9	49	33.7
10	36.5	20	38.6	30	39.4	40	36.2	50	32.8

第9章　工程项目安全管理

引导案例

深圳赛格大厦晃动事件

2021年5月18日下午，深圳华强北地标建筑赛格广场发生晃动，下午4时许，赛格广场封闭，大厦内人员已全部撤出，外来人员已禁止进入，各出入口已有保安或物业人员值守。5月19日中午，赛格大厦再次出现晃动。

此后，深圳市第一时间启动应急响应，市应急管理局与福田区政府组织物业管理方立即对大厦内人员进行有序疏散，对大厦实行封闭管理，并对周边区域进行必要的交通管制，每天在"深圳发布"等官方渠道发布赛格广场大厦的振动、倾斜、沉降等监测数据，同时深圳市住房和建设局组织院士专家和权威技术团队对大厦结构安全和振动原因进行论证分析。

赛格大厦晃动之所以引起外界如此高的关注度，很大原因是其为深圳第三高楼，也是世界最高的钢管混凝土架构大厦之一，曾创造2.7d一层楼的"深圳速度"。赛格广场大厦坐落在繁忙的深南中路与华强北路交汇处，1999年建成。大厦总高度355.8m，总建筑层79层，地上75层，地下4层，总建筑面积达17万 m^2，也是华强北地标建筑之一。

经过近两个月大量检测、监测、试验和分析论证，近日，相关单位负责人和专家对外表示，赛格大厦在设计荷载范围内和正常使用情况下主体结构是安全的，可继续使用，桅杆风致涡激共振是引发大厦有感振动的主要外因，大厦及桅杆动力特性的改变是引发大厦建成20余年后才发生有感振动的主要内因。

专家组通过技术调查、环境和设备运行调查与测试，排除了地铁运行、周边工程施工或爆破、空调机组运行等影响因素。专家组对大厦楼顶桅杆动力性能进行测试分析结果表明，在2.12Hz频率下，桅杆的第四阶非对称振动可以带动大厦发生高阶弯扭组合振动。

对于如何解决大厦有感振动问题，专家组认为，拆除桅杆可以有效解决大厦有感振动问题，桅杆原有的防雷、航标功能可在桅杆拆除后在楼顶重新布设。拆除期间，采取严格的保护措施，对赛格广场大厦及周边部分道路进行封闭管理，有效工期约32d。

自2021年9月8日起，赛格广场大厦裙楼及塔楼将全部恢复运营使用。对于后期使用过程中如何保证超高层建筑安全或延长使用年限，深圳市现代营造科技有限公司总经理表示，虽然在超高层建筑设计时结构安全性方面都留有一定的富余度，偶尔的少量超载并不一定会影响结构安全，但普遍和长期的超载使用，对结构安全的影响就不容忽视了，特别是一些出租使用的商业大厦和写字楼，商户更换频繁，违规装修和超载使用的现象不在少数。只有规范科学地管理和使用超高层建筑，做好日常维护保养，保持结构健康，才可能延长超高层建筑的使用年限。

大厦后续如何维护？赛格集团负责人回应称，为了确保安全，赛格集团将根据专家团队的建议，委托专业机构制定具体实施方案，对大厦进行长期健康监测。在加强日常维护管理方面，赛格集团将以此为契机，进一步提升大厦管理水平，为广大商户提供更优质的服务。

学习要点

1. 工程项目施工安全控制的特点；
2. 工程项目施工安全控制的程序；
3. 工程项目施工安全控制的基本要求；
4. 危险源控制的方法；
5. 工程项目施工安全措施计划与实施。

9.1　工程项目施工安全管理的重要性及特点

长期以来，安全生产一直是我国的一项基本国策，是保护劳动者安全和发展生产力的重要工作，同时也是维护社会安定团结，促进国民经济稳定、持续、健康发展的基本条件，是社会文明程度的重要标志，因此必须贯彻执行建设工程项目施工的安全管理。

建设工程项目施工的从业人员存在人员流动频繁、文化素质参差不齐、安全和自我保护意识差的问题，这些都是导致工程事故发生的主要因素。

施工现场是工程企业生产的最前沿阵地，安全管理是项目管理的一项重要工作，如何应对日益突出的安全事故、强化项目安全管理，是每一个项目管理人员，尤其是安全管理人员工作的重心。

9.1.1　工程项目施工安全管理的重要性

伴随着我国各项安全管理法规的颁布和实施，施工企业的管理制度也日趋完善。在工程施工中，安全生产已成为施工人员必须遵守的规章制度，人们从以往被动地讲安全，到今天的安全就是效益，实现了质和量的飞跃。但是，由于施工企业生产设备的临时性，工作环境的复杂性，多种立体工作的交叉性和相关人员活动的随意性与危险因素，工程施工将随时面临安全隐患的威胁，且安全事故一旦发生，造成的危害是无法估计的。发生安全事故的原因主要有人的不安全行为、物的不安全状态以及环境的影响。在工程施工过程中，一旦对危险因素失控就会导致安全事故。以下列出的安全管理不到位的常见现象往往是造成安全事故最重要的原因。

1. 领导重视不够

有些企业领导过于追求经济效益而忽视了对安全生产的管理，虽然这些企业内部也制定了相应的安全管理规范和具体的安全操作规程，但由于领导层对职工的安全教育力度不够，致使职工的安全意识淡薄，思想上麻痹大意，导致产生一些安全隐患，一旦发生事故将造成难以弥补的损失。

2．管理系统存在漏洞

由于安监部门和技术部门工作的疏漏，使得有些施工现场的安全防范体系存在缺陷，同时由于个别项目部的安全员为兼职，或者为不能充分发挥监督作用的专职，致使现场的安全隐患不能及时得到消除，最终引发安全事故。

3．工作不细致

安监部门没有严格执行安全检查制度，管理措施不能落实到位，工作做得不够细致，对可能发生的事故隐患没有及时发现或督促有关责任部门整改，以及对整改结果轻松放行等，这些行为都会导致隐患最终演变成事故。

4．缺乏自我保护意识

部分职工自我保护意识差、违章教育不够、劳动纪律松弛、违章作业。这些职工由于思想上安全意识淡薄，缺乏自我保护意识，不能严格遵守本岗位的安全操作规程，对一些违反操作规程的行为习以为常，存在严重的侥幸心理，因此导致各种人身伤害事故的发生。

由于忽视安全管理所引发的安全事故造成的损失是无法估量的，同时安全管理也是施工企业实现效益的保证。施工企业在完善企业规章制度的前提下，须针对不同的建设工程建立起施工现场的安全生产保证体系，这样才能保证企业的安全生产并创造效益，创建优良工程，树立起企业品牌和行业信誉，以提高市场竞争力。因此，安全生产管理是建筑施工企业生存和发展的保证。

9.1.2　工程项目施工安全管理的特点

1．控制面广

由于施工项目是露天作业，工作条件艰苦、生产工艺复杂、工序多、流动作业多、高处作业多、作业位置多变、遇到的不确定因素多，所以安全管理工作涉及范围大，控制面广。

2．控制的动态性

由于各个施工项目所处的条件不同，所面临的危险因素和防范措施也会有所改变。施工作业队伍流动性强，员工转移工地后需要一定的时间去熟悉新的工作环境，并且由于施工分散于施工现场的各个部位，员工在面对不断变化的生产环境时，仍然需要自己去适应、判断和处理。

3．控制系统的交叉性

施工项目开放系统受自然环境和社会环境的影响较大，因此，安全管理需要把工程系统和环境系统及社会系统结合起来。

4．控制的严谨性

安全状态具有触发性，其控制措施必须严谨，稍有不慎就有可能酿成事故。

9.2　工程项目施工安全管理的方法

9.2.1　危险源的概念

1．危险源的定义

建设施工安全控制主要是对危险源的控制，所以有人把安全控制也称为危险源控制或安全风险控制。危险源是可能导致人身伤害或疾病、财产损失、工作环境破坏或这些情况组合的危险因素和有害因素。其中，概念中的危险因素强调突发性和瞬间作用的因素，有害因素强调在一定时期内的慢性损害和累积作用。

2. 危险源的分类

在实际生活和生产过程中的危险源是以多种多样的形式存在，危险源导致事故可归结为能量的意外释放或有害物质的泄漏。根据危险源在事故发生发展中的作用把危险源分为两大类。即：第一类危险源和第二类危险源。

（1）第一类危险源

可能发生意外释放能量的载体或危险物质称作第一类危险源。能量或危险物质的意外释放是事故发生的物理本质。通常把产生能量的能量源或拥有能量的能量载体作为第一类危险源来处理。

（2）第二类危险源

造成约束、限制能量措施失效或破坏的各种不安全因素称作第二类危险源。在生产、生活中为了利用能量人们制造了各种机器设备，让能量按照人们的意图在系统中流动、转换和做功，为人类服务。而这些设备、设施又可以看成是限制约束能量的工具。正常情况下生产过程中的能量或危险物质受到约束或限制不会发生意外释放，即不会发生事故。但一旦这些约束或限制能量或危险物质的措施受到破坏或故障就将发生事故。因此第二类危险源包括人的失误、物的故障和不良环境条件 3 个方面。

3. 危险源与事故

事故是指造成死亡、职业病、伤害财产损失或其他损失的意外事件。事故的发生是两类危险源共同作用的结果，第一类危险源是事故发生的前提，第二类危险源的出现是第一类危险源导致事故的必要条件。在事故的发生和发展过程中，两类危险源相互依存，相辅相成。第一类危险源是事故的主体，决定事故的严重程度，第二类危险源出现的难易，决定事故发生的可能性大小。

9.2.2 危险源控制的方法

对于危险源的控制工作分为危险源的辨识与风险评价和在此基础上的危险源控制两部分内容。

1. 危险源辨识的方法

在实际工作中，有效辨识危险源的主要方法如下：

（1）专家调查法

专家调查法是通过向有经验的专家咨询、调查、辨识、分析和评价危险源的一类方法，其优点是简便、易行，其缺点是受专家的知识、经验和占有资料的限制，可能出现遗漏。常用的有：头脑风暴法（Brainstorming）和德尔菲法（Delphi）。

头脑风暴法是通过专家创造性的思考，产生大量的观点、问题和议题的方法。其特点是多人讨论，集思广益，可以弥补个人判断的不足，常采取专家会议的方式来相互启发、交换意见，使危险、危害因素的辨识更加细致、具体。适用于目标比较单纯的议题；如果涉及面较广、包含因素多，可以分解目标后再对单一目标或简单目标使用本方法。

德尔菲法是采用背对背的方式对专家进行调查，其特点是避免了集体讨论中的从众性倾向，更代表专家的真实意见。要求对调查的各种意见进行汇总统计处理，再反馈给专家反复征求意见。

（2）安全检查表法

安全检查表（Safety Check List，简称 SCL）是实施安全检查和诊断项目的明细表。这种方法运用已编制好的安全检查表，进行系统的安全检查，辨识工程项目存在的危险源。检查表的内容一般包括分类项目、检查内容及要求、检查以后处理意见等。可以用"是""否"作回答或"√""×"符号作标记，同时注明检查日期，并由检查人员和被检单位同时签字。

安全检查表法的优点是：简单易懂、容易掌握，可以事先组织专家编制检查项目，使安全检查做到系统化、完整化。其缺点是一般只能作出定性评价。

2. 风险评价方法

在对危险源的辨识工作完成后，还需进行对危险源风险的评价，以便进行有效控制。风险评价是评估危险源所带来的风险大小及确定风险是否可容许的全过程，根据评价结果对风险进行分级，按不同级别的风险有针对性地采取风险控制措施。以下介绍两种常用的风险评价方法。

（1）方法一：将安全风险的大小用事故发生的可能性（p）与发生事故后果的严重程度（f）的乘积来衡量。即：

$$R = p \times f \tag{9-1}$$

式中　R——风险大小；

　　　p——事故发生的概率（频率）；

　　　f——事故后果的严重程度。

根据上述的估计结果，可按表 9-1 对风险的大小进行分级。

风险等级表　　　　　　　　　　　　　　　　　　　　　表 9-1

风险级别（大小）　后果（f）　可能性（p）	轻度损失（轻微伤害）	中度损失（伤害）	重大损失（严重伤害）
很大	Ⅲ	Ⅳ	Ⅴ
中等	Ⅱ	Ⅲ	Ⅳ
极小	Ⅰ	Ⅱ	Ⅲ

注：Ⅰ—可忽略风险；Ⅱ—可容许风险；Ⅲ—中度风险；Ⅳ—重大风险；Ⅴ—不容许风险。

（2）方法二：将可能造成安全风险的大小用事故发生的可能性（L）、人员暴露于危险环境中的频繁程度（E）以及事故后果（C）三个自变量的乘积衡量，也称为 LEC 法。即：

$$S = L \times E \times C \tag{9-2}$$

式中　S——风险大小；

　　　L——事故发生的可能性，按表 9-2 所给的定义取值；

　　　E——人员暴露于危险环境中的频繁程度，按表 9-3 所给的定义取值；

　　　C——事故后果的严重程度，按表 9-4 所给的定义取值。

事故发生的可能性（L） 表 9-2

分数值	事故发生的可能性	分数值	事故发生的可能性
10	必然发生的	0.5	很不可能、可以设想
6	相当可能	0.2	极不可能
3	可能、但不经常	0.1	实际不可能
1	可能性极小、完全意外		

人员暴露于危险环境的频繁程度（E） 表 9-3

分数值	人员暴露于危险环境的频繁程度	分数值	人员暴露于危险环境的频繁程度
10	连续暴露	2	每月一次暴露
6	每天工作时间内暴露	1	每年几次暴露
3	每周一次暴露	0.5	非常罕见的暴露

发生事故产生的后果（C） 表 9-4

分数值	事故发生造成的后果	分数值	事故发生造成的后果
100	大灾难，许多人死亡	7	严重，重伤
40	灾难，多人死亡	3	较严重，受伤较重
15	非常严重，一人死亡	1	引人关注，轻伤

根据经验，危险性（S）的值在 20 分以下为可忽略风险；危险性分值在 20～70 分为可容许风险；危险性分值在 70～160 分为中度风险；危险性的值在 160～320 分为重大风险。当危险性值大于 320 分的为不容许风险。

3. 危险源控制的策划原则

（1）尽可能完全消除有不可接受风险的危险源，如用安全品取代危险品。

（2）如果是不可能消除有重大风险的危险源，应努力采取降低风险的措施，如使用低压电器等。

（3）在条件允许时应使工作适合于人，如考虑降低人的精神压力和体能消耗。

（4）应尽可能利用技术进步来改善安全控制措施。

（5）应考虑保护每个工作人员的措施。

（6）将技术管理与程序控制结合起来。

（7）应考虑引入诸如机械安全防护装置的维护计划的要求。

（8）在各种措施还不能绝对保证安全的情况下，作为最终手段应考虑使用个人防护用品。

（9）应有可行、有效的应急方案。

（10）预防性测定指标是否符合监视控制措施计划的要求。

不同的组织可根据不同的风险量选择适合的控制策略。表 9-5 为简单的风险控制策划表。

风险控制策划表　　　　　　　　　　　　　　　　　　表 9-5

风险	分数值	措施
可忽视的	＜20	不采取措施且不必保留文件记录
可容许的	20～70	不需要另外的控制措施，应考虑投资效果最佳的解决方案或不增加额外成本的改进措施，需要监视来确保控制措施得以维持
中度的	70～160	应努力降低风险，但应仔细测定并限定预防成本，并在规定的时间期限内实施降低风险的措施。在中度风险与严重伤害后果相关的场合，必须进一步地评价，以更准确地确定伤害的可能性，以确定是够需要改进控制措施
重大的	160～320	直至风险降低后才能开始工作。为降低风险有时需要配给大量的资源。当风险涉及正在进行的工作时，就应采取应急措施
不容许的	＞320	只有当风险降低时，才能开始或者继续工作。如果无限的资源投入也不能降低风险，就必须禁止工作

4. 危险源的控制方法

根据危险源的不同类型，分别进行控制。主要控制方法如下：

（1）第一类危险源的控制方法

1）防止事故发生的方法：消除危险源、限制能量或危险物质、隔离。

2）避免或减少事故损失的方法：隔离、个体防护、设置薄弱环节、使能量或危险物质按人们的意图释放、避难与援救措施。

（2）第二类危险源的控制方法

1）减少故障：增加安全系数、提高可靠性、设置安全监控系统。

2）故障——安全设计：包括故障——消极方案（即故障发生后，设备、系统处于最低能量状态，直到采取校正措施之前不能运转）；故障——积极方案（即故障发生后，在没有采取校正措施之前，使系统、设备处于安全的能量状态之下）；故障——正常方案（即保证在采取校正行动之前，设备、系统正常发挥功能）。

9.2.3　施工安全措施计划与实施

1. 建设工程施工安全技术措施计划

建设工程施工安全技术措施计划的内容主要包括：工程概况，控制目标，控制程序，组织机构，职责权限，规章制度，资源配置，安全措施，检查评价，奖惩制度等。制定和完善施工安全操作规程，编制各施工工种，特别是危险性较大工种的安全施工操作要求，作为规范和检查考核员工安全生产行为的依据。

其中施工安全技术措施包括安全防护设施的设置和安全预防措施两方面，主要有17方面的内容如防火、防毒、防爆、防洪、防尘、防雷击、防触电、防坍塌、防物体打击、防机械伤害、防起重设备滑落、防高空坠落、防交通事故、防寒、防暑、防疫、防环境污染等方面措施。

此外，在编制施工安全技术措施计划时，还应考虑到某些特殊情况如下：

（1）对结构复杂、施工难度大、专业性较强的工程项目，除制定项目总体安全保证计划外，还必须制定单位工程或分部分项工程的安全技术措施；

（2）对高处作业、井下作业等专业性强的作业，以及电器、压力容器等特殊工种作业应制定单项安全技术规程，并对管理人员和操作人员的安全作业资格和身体状况进行合格检查。

2. 施工安全技术措施计划的实施

（1）安全生产责任制

建立安全生产责任制是施工安全技术措施计划实施的重要保证。安全生产责任制是指企业对项目经理部各级领导、各个部门、各类人员所规定的在他们各自职责范围内对安全生产应负责任的制度。

（2）安全教育

安全教育的要求如下：

1）广泛开展安全生产的宣传教育，使全体员工真正认识到安全生产的重要性和必要性，懂得安全生产和文明施工的科学知识，牢固树立安全第一的思想，自觉地遵守各项安全生产法律法规和规章制度。

2）把安全知识、安全技能、设备性能、操作规程、安全法规等作为安全教育的主要内容。

3）建立经常性的安全教育考核制度，考核成绩要记入员工档案。

4）电工、电焊工、架子工、司炉工、爆破工、机操工、起重工、机械司机、机动车辆司机等特殊工种工人，除一般安全教育外，还要经过专业安全技能培训，经考试合格持证后方可独立操作。

5）采用新技术、新工艺、新设备施工以及调换工作岗位时，需进行安全教育。未经安全教育培训的人员不得上岗操作。

（3）安全技术交底

1）安全技术交底的基本要求：

① 工程开工前，工程项目负责人应向参加施工的各类人员认真进行安全技术措施交底，使大家明白工程施工特点及各时期安全施工的要求，这是贯彻施工安全措施的关键。

② 施工过程中，现场管理人员应按施工安全措施要求，对操作人员进行详细的工序、工种安全技术交底，使全体施工人员懂得各自岗位职责和安全操作方法，这是贯彻施工方案中安全措施的补充和完善过程。

③ 工序、工种安全技术交底要结合《安全操作规程》及安全施工的规范标准进行，避免口号式、无针对性的交底，并认真履行交底签字手续，以提高接受交底人员的责任心。

④ 技术交底的内容应针对分部分项工程施工中给作业人员带来的潜在危害和存在问题。

⑤ 定期向由两个以上作业队和多工种进行交叉施工的作业队伍进行书面交底。

⑥ 保持书面安全技术交底签字记录。

2）安全技术交底主要内容：

① 施工作业特点和危险点；

② 针对危险点的具体预防措施；

③ 应注意的安全事项；

④ 相应的安全操作规程和标准；

⑤ 发生事故后应及时采取的避难和急救措施。

9.2.4 安全检查

安全检查是指企业安全生产监督部门或项目经理部对安全生产状况进行定期或不定期的检查。

安全检查是安全控制的一项重要内容，是识别和发现不安全因素、揭示和消除事故隐患、加强防护措施，以及预防工伤事故和职业危害的重要手段。实施安全检查的目的是通过检查，增强广大人员的安全意识，促进企业对劳动保护和安全生产方针、政策、规章、制度的彻底落实，解决安全生产上存在的问题。

1. 安全检查类型

安全检查可分为日常性检查、专业性检查、季节性检查、节假日前后的检查和不定期检查。

（1）日常性检查。日常性检查即经常的、普遍的检查，如班组的班前、班后岗位安全检查等。

（2）专业性检查。专业性检查是针对特种作业、特种设备、特殊场所进行的检查，如施工机械、安全防护设施等。

（3）季节性检查。季节性检查是指根据季节特点，为保障安全生产的特殊要求所进行的检查，如冬季的防寒、防冻等。

（4）节假日前后的检查。节假日前后的检查是针对节假日期间容易产生麻痹思想的特点而进行的安全检查，包括节前的安全生产检查、节后的遵章守纪检查。

（5）不定期检查。不定期检查是指在工程或设备装置试运行时的检查、设备开工前和停工前检查、检修检查等。

2. 安全生产检查的主要内容

安全检查主要是对思想、管理、隐患、整改和事故处理方面的检查。重点则是检查违章指挥以及违章作业。安全检查后还应编制安全检查报告，说明已达标项目、未达标项目、存在问题、原因分析、纠正和预防措施。

（1）思想方面，主要检查企业的领导和职工对安全生产工作的认识；

（2）管理方面，主要检查工程的安全生产管理是否有效。包括：安全生产责任制，安全技术措施计划，安全组织机构，安全保证措施，安全技术交底，安全教育，持证上岗，安全设施，安全标识，操作规程，违规行为，安全记录等；

（3）隐患方面，主要检查作业现场是否符合安全生产、文明生产的要求；

（4）整改方面，主要检查对过去提出问题的整改情况；

（5）事故处理方面，对安全事故的处理应达到查明事故原因、明确责任并对责任者作出处理，明确和落实整改措施等。同时还应检查对伤亡事故是否及时报告、认真调查、严肃处理。

3. 安全检查的注意事项

安全检查在实施过程中应该注意以下几项：

（1）安全检查要深入基层、紧紧依靠职工，坚持领导与群众相结合的原则，组织好检查工作；

（2）建立检查的组织领导机构，配备适当的检查力量，挑选具有较高技术业务水平的专业人员参加；

（3）做好检查的各项准备工作，包括思想、业务知识、法规政策和检查设备、奖金的准备；

（4）明确检查的目的和要求。既要严格要求，又要防止一刀切，要从实际出发，分清主、次矛盾，力求实效。

（5）把自查与互查有机结合起来。基层以自检为主，企业内相应部门间互相检查，取长补短，相互学习和借鉴。

（6）坚持查改结合。检查不是目的，只是一种手段，整改才是最终目的。发现问题要及时采取切实有效的防范措施。

（7）建立检查档案。结合安全检查表的实施，逐步建立健全检查档案，收集基本的数据，掌握基本安全状况，为及时消除隐患提供数据，同时也为以后的职业健康安全检查奠定基础。

（8）在制定安全检查表时，应根据用途和目的具体确定安全检查表的种类。安全检查表的主要种类有：设计用安全检查表；厂级安全检查表；车间安全检查表；班组及岗位安全检查表；专业安全检查表等。制定安全检查表要在安全技术部门的指导下，充分依靠职工来进行。初步制定出来的检查表，要经过群众的讨论，反复试行，再加以修订，最后由安全技术部门审定后方可正式实行。

4. 项目经理部安全检查的主要规定

项目经理部安全检查的主要规定如下：

（1）定期对安全控制计划的执行情况进行检查、记录、评价和考核。对作业中存在的不安全行为和隐患，签发安全整改通知，由相关部门制定整改方案，落实整改措施，实施整改后予以复查；

（2）根据施工过程的特点和安全目标的要求确定安全检查的内容；

（3）安全检查应配备必要的设备和器具，确定检查负责人和检查人员，并明确检查的方法和要求；

（4）检查应采取随机抽样、现场观察和实地检测的方法，并记录检查结果，纠正违章指挥和违章作业；

（5）对检查结果进行分析，找出安全隐患，确定危险程度；

（6）编写安全检查报告并上报。

9.3　文明施工与环境保护

9.3.1　文明施工与环境保护的概念

1. 文明施工的概念和意义

（1）文明施工的概念

文明施工就是指保持施工现场良好的作业环境、卫生环境和工作秩序。文明施工主要工作内容包括：①规范施工现场的场容，保持作业环境的整洁卫生；②科学组织施工使生产有序进行；③减少施工对周围居民和环境的影响；④保证职工的安全和身体健康。

（2）文明施工的意义

1）文明施工能促进企业综合管理水平的提高。保持良好的作业环境和秩序，对促进安全生产、加快施工进度、保证工程质量、降低工程成本、提高经济和社会效益有较大作用。文明施工涉及人、财、物各个方面，贯穿于施工全过程之中，体现了企业在工程项目施工现场的综合管理水平。

2）文明施工是适应现代化施工的客观要求。现代化施工需要采用先进的技术、工艺、材料、设备和科学的施工方案，需要严密组织、严格要求、标准化管理和较好的职工素质等。文明施工能适应现代化施工的要求，是实现优质、高效、低耗、安全、清洁、卫生的有效手段。

3）文明施工代表企业的形象。良好的施工环境与施工秩序，可以得到社会的支持和信赖，提高企业的知名度和市场竞争力。

4）文明施工有利于员工的身心健康，有利于培养和提高施工队伍的整体素质。文明施工可以提高职工队伍的文化、技术和思想素质，培养尊重科学、遵守纪律、团结协作的大生产意识，促进企业精神文明建设，从而还可以促进施工队伍整体素质的提高。

2. 环境保护的概念和意义

（1）环境保护的概念

环境保护是按照法律法规、各级主管部门和企业的要求，保护和改善作业现场的环境，控制现场的各种粉尘、废水、废气、固体废弃物、噪声、振动等对环境的污染和危害。环境保护也是文明施工的重要内容之一。

（2）现场环境保护的意义

1）保护和改善施工环境是保证人们身体健康和社会文明的需要。采取专项措施防止粉尘、噪声和水源污染，保护好作业现场及周围的环境，是保护好职工和相关人员身体健康、体现社会总体文明的一项利国利民的重要工作。

2）保护和改善施工环境是消除对外部干扰，保证施工顺利进行的需要。随着人们的法制观念和自我保护意识的增强，尤其在大城市，施工扰民问题反映突出，应及时采取防治措施，减少对环境的污染和对市民的干扰，也是施工生产顺利进行的基本条件。

3）保护和改善施工环境是现代化大生产的客观要求。现代化施工广泛应用新设备、新技术、新的生产工艺，对环境质量要求很高，如果粉尘、振动超标就可能损坏设备、影响功能发挥，使设备难以发挥作用。

4）保护和改善施工环境是节约能源、保护人类生存环境、保证社会和企业可持续发展的需要。人类社会即将面临环境污染和能源危机的挑战。为了保护子孙后代赖以生存的环境条件，每个公民和企业都有责任和义务来保护环境。良好的环境和生存条件，也是企业发展的基础和动力。

9.3.2 文明施工的组织与管理

文明施工需要相应的组织与管理，其中包括文明施工的组织和制度管理、文明施工资料的管理以及文明施工的宣传和教育等。

1. 文明施工的组织和制度管理

（1）总承包单位负责制定统一的文明施工管理制度，分包单位应服从总包单位的文明施工管理组织的统一管理，并接受监督。施工现场应成立以项目经理为第一责任人的文明施工管理组织。

（2）各项施工现场管理制度应有文明施工的规定，包括个人岗位责任制、经济责任制、安全检查制度、持证上岗制度、奖惩制度、竞赛制度和各项专业管理制度等。

（3）加强和落实现场文明检查、考核及奖惩管理，以促进施工文明管理工作的提高。检查范围和内容应全面周到，包括生产区、生活区、场容场貌、环境文明及制度落实等内容。检查发现的问题应采取整改措施。

2. 文明施工资料的管理

建立收集文明施工的资料及其保存的具体措施如下：

（1）上级关于文明施工的标准、规定、法律法规等资料；

（2）施工组织设计（方案）中对质量、安全、保卫、消防、环境保护技术措施和对文明施工、环境卫生、材料节约等管理规定，并有施工各阶段施工现场的平面布置图和季节性施工方案以及各阶段施工现场文明施工的措施；

（3）文明施工自检资料；

（4）文明施工教育、培训、考核计划的资料；

（5）文明施工活动各项记录资料。

3. 文明施工的宣传和教育

（1）在坚持岗位"练兵"基础上，要采取派出去、请进来、短期培训、上技术课、登黑板报、听广播、看录像、看电视等方法狠抓教育工作。

（2）要特别注意对临时工的岗前教育。

（3）专业管理人员应熟悉掌握文明施工的规定。

9.3.3 现场文明施工的基本要求

施工现场必须设置明显的标牌，标明工程项目名称、建设单位、设计单位、施工单位、项目经理和现场代表人的姓名、开竣工日期、施工许可证批准文号等。施工单位负责施工现场标牌的保护工作。施工现场的管理人员在施工现场应当佩戴证明其身份的证卡。应当按照施工平面布置图设置各项临时设施。现场堆放的大宗材料、成品、半成品和机具设备不得侵占场内道路及安全防护等措施。

施工现场的用电线路、用电设施的安装和使用必须符合安装规范和安全操作规程，并按照施工组织设计进行架设，严禁任意拉线接电。施工现场必须设有保证施工安全要求的夜间照明；危险潮湿场所的照明以及手持照明灯具，必须采用符合安全要求的电压。

施工机械应当按照施工平面图规定的位置和线路设置，不得任意侵占场内道路。施工机械进场须经过安全检查，经检查合格的方能使用。施工机械操作人员必须建立机组责任制，并依照有关规定持证上岗，禁止无证人员操作。应保证施工现场道路畅通，排水系统处于良好的使用状态；保持场容场貌的整洁，随时清理建筑垃圾。在车辆、行人通行的地方施工，应当设置施工标志，并对沟井坎穴进行覆盖。

施工现场的各种安全设施和劳动保护器具，必须定期进行检查和维护，及时消除隐患，保证其安全有效。施工现场应当设置各类必要的职工生活设施，并符合卫生、通风、照明等要求。职工的膳食、饮水供应等应当符合卫生要求。应当做好施工现场安全保卫工作，采取必要的防盗措施。在现场周边设立维护设施。应当严格依照《中华人民共和国消防法》的规定，在施工现场建立和执行防火管理制度，设置符合消防要求的消防设施，并保持完好的备用状态。在容易发生火灾的地区施工，或储存、使用易燃易爆器材时，应当采取特殊的消防安全措施。施工现场发生工程建设重大事故的处理，依照《生产安全事故报告和调查处理条例》执行。

9.3.4 大气污染的防治

1. 大气污染的分类

大气污染的种类有数千种，已发现有危害作用的有 100 多种，其中大部分是有机物。大气污染物通常包括存在于空气中的气体状态污染物和粒子状态污染物。

（1）气体状态污染物

气体状态污染物具有运动速度较大、扩散较快、在周围大气中分布比较均匀的特点。气体状态污染物包括分子状态污染物和蒸气状态污染物。其中分子状态污染物是指在常温常压下以气体分子形式分散于大气中的物质，如燃料燃烧过程中产生的二氧化硫（SO_2）、氮氧化物（NO_X）、一氧化碳（CO）等；蒸气状态污染物是指在常温常压下易挥发的物质，以蒸气状态进入大气，如机动车尾气、沥青烟中含有的碳氢化合物等。

（2）粒子状态污染物

粒子状态污染物又称固体颗粒污染物，它是分散在大气中的微小液滴和固体颗粒。粒径为 $0.01\sim100\mu m$，是一个复杂的非均匀体，如锅炉、熔化炉、厨房烧煤产生的烟尘、建材破碎、筛分、碾磨、加料过程、装卸运输过程产生的粉尘等。通常根据粒子状态污染物在重力作用下的沉降特性分为降尘和飘尘两种。降尘是指在重力作用下能很快下降的固体颗粒，其粒径大于 $10\mu m$；飘尘是指可长期漂浮于大气中的固体颗粒，其粒径小于 $10\mu m$。飘尘具有胶体的性质，故又称为气溶胶，它易随呼吸进入人体肺脏，危害人体健康，故称为可吸入颗粒。

2. 大气污染的防治措施

空气污染的防治措施主要针对上述粒子状态污染物和气体状态污染物进行治理，主要方法如下：

（1）除尘技术。在气体中除去或收集固态或液态粒子的设备称为除尘装置。主要种类有机械除尘装置、洗涤式除尘装置、过滤除尘装置和电除尘装置等。工地的烧煤茶炉、锅炉、炉灶等应选用装有除尘装置的设备。施工现场的其他粉尘可用遮盖、淋水等措施防治。

（2）气态污染物治理技术。大气中气态污染物的治理技术主要方法有：吸收法、吸附法、催化法、燃烧法、冷凝法、生物法。

1）吸收法。选用合适的吸收剂，可吸收空气中的 SO_2、H_2S、HF、NO_X 等。

2）吸附法。让气体温合物与多孔性固体接触，把混合物中的某个组分吸留在固体表面。

3）催化法。利用催化剂把气体中的有害物质转化为无害物质。

4）燃烧法。通过热氧化作用，将废气中的可燃有害部分，化为无害物质的方法。

5）冷凝法。使处于气态的污染物冷凝，从气体分离出来的方法。如沥青气体的冷凝、回收油品。

6）生物法。利用微生物的代谢活动过程把废气中的气态污染物转化为少害甚至无害的物质。该法应用广泛，成本低廉，但只适用于低浓度污染物。

3. 施工现场空气污染的防治措施

施工现场空气污染的主要防治措施包括：

（1）施工现场垃圾渣土要及时清理出现场。

（2）高大建筑物清理施工垃圾时，要使用封闭式的容器或者采取其他措施处理高空废弃物，严禁高空随意抛撒。

（3）施工现场道路应指定专人定期洒水清扫，形成制度，防止道路扬尘；

（4）对于细颗粒散体材料（如水泥、粉煤灰、白灰等）的运输、储存要注意遮盖、密封，防止和减少飞扬。

（5）车辆开出工地要做到不带泥砂，基本做到不洒土、不扬尘，减少对周围环境污染。

（6）除设有符合规定的装置外，禁止在施工现场焚烧油毡、橡胶、塑料、皮革、树叶、枯草、各种包装物等废弃物品以及其他会产生有毒、有害烟尘和恶臭气体的物质。

（7）机动车都要安装减少尾气排放的装置，确保符合国家标准。

（8）工地茶炉应尽量采用电热水器。若只能使用烧煤茶炉和锅炉时，应选用消烟除尘型茶炉和锅炉，大灶应选用消烟节能回风炉灶，使烟尘降至允许排放范围为止。

（9）大城市市区的建设工程已不容许搅拌混凝土，在容许设置搅拌站的工地，应将搅拌站封闭严密，并在进料仓上方安装除尘装置，采用可靠措施控制工地粉尘污染。

（10）拆除旧建筑物时，应适当洒水，防止扬尘。

9.3.5　水污染的防治

1. 水污染物主要来源

水污染物主要来源主要有：①工业污染源（即各种工业废水向自然水体的排放）；②生活污染源（包括主要食物废渣、食油、粪便、合成洗涤剂、杀虫剂、病原微生物等）；③农业污染源（如化肥、农药等）3 种。

施工现场水污染物主要来源于施工现场废水和固体废物随水流流入水体部分，包括泥浆、水泥、油漆混凝土外加剂、重金属、酸碱盐、非金属无机物等。

2. 水污染的防治措施

水污染的防治措施主要是依靠废水处理技术，把废水中所含的有害物质清理分离出来。废水处理可分为物理法、化学法、物理化学方法和生物法。

（1）物理法，即利用筛滤、沉淀、气浮等方法。

（2）化学法，即利用化学反应来分离、分解污染物，或使其转化为无害物质的处理方法。

（3）物理化学方法，主要有吸附法、反渗透法、电渗析法。

（4）生物法，即利用微生物新陈代谢功能，将废水中呈溶解和胶体状态的有机污染物降解，并转化为无害物质使水得到净化。

3. 施工过程水污染的防治措施

施工过程水污染的防治措施主要包括：

（1）禁止将有毒有害废弃物做土方回填。

（2）施工现场搅拌站废水、现制水磨石的污水以及电石（碳化钙）的污水必须经沉淀池沉淀合格后再排放，最好将沉淀水用于工地洒水降尘或采取措施回收利用。

（3）现场存放的油料必须对库房地面进行防渗处理，如采用防渗混凝土地面等措施。

（4）施工现场的临时食堂污水排放时，可设置简易有效的隔油池。

（5）工地临时厕所、化粪池应采取防渗漏措施。中心城市施工现场的临时厕所可采用水冲式厕所，并有防蝇、灭蛆措施防止污染水体和环境。

（6）化学用品、外加剂等要妥善保管防止污染环境。

9.3.6 噪声控制

1. 噪声

（1）噪声的概念：噪声是指环境中对人的生活、工作造成不良影响的声音。

（2）噪声的分类：

1）按照振动性质可分为气体动力噪声、机械噪声、电磁性噪声。

2）按噪声来源可分为交通噪声（如汽车、火车、飞机等）、工业噪声（如鼓风机、汽轮机、冲压设备等）、建筑施工噪声（如打桩机、推土机、混凝土搅拌机等发出的声音）、社会生活噪声（如高音喇叭、收音机等）。

（3）噪声的危害：噪声是影响与危害非常广泛的环境污染问题。噪声环境可以干扰人的睡眠与工作，影响人的心理状态与情绪，造成人的听力损失，甚至引起许多疾病。

2. 施工现场噪声的控制措施

噪声控制技术可从声源、传播途径、接收者防护等方面来考虑。

（1）声源控制。防止噪声污染的最根本措施是从声源上降低噪声，包括：①尽量采用低噪声设备、工艺代替高噪声设备与加工工艺，如采用静压法代替打入法进行基桩施工等；②在声源处安装消声器消声，即在通风机、鼓风机、压缩机、燃气机、内燃机及各类排气放空装置等进出风管的适当位置设置消声器。

（2）传播途径的控制。主要包括：①吸声：利用吸声材料或吸声结构吸收声能降低噪声；②隔声：应用隔声结构阻碍噪声向空间传播；③消声：利用消声器阻止传播；④减振降噪：对来自振动引起的噪声，通过降低机械振动减小噪声，如将阻尼材料涂在振动源上，或改变振动源与其他刚性结构的连接方式等。

（3）接收者防护。减少人员在噪声环境中的暴露时间，以减轻噪声对人体的危害。

（4）严格控制人为噪声。进入施工现场不得高声喊叫、无故甩打模板、乱吹哨以及要限制高音喇叭的使用等。

（5）控制强噪声作业的时间。凡在人口稠密区进行作业时，须严格控制作业时间。一般晚10点到次日早6点之间停止强噪声作业。

3. 施工现场噪声的限值

根据国家标准《建筑施工场界环境噪声排放标准》GB 12523—2011 的要求，对不同施工作业的噪声限值见表9-6。在工程施工中要特别注意不得超过国家标准的限值，尤其是夜间禁止打桩作业。确系特殊情况必须昼夜施工应尽量降低噪声，并会同建设单位找当地居委会、村委会或当地居民协调，出安民告示求得群众谅解。

建筑施工场界噪声限制　　　　　　　　　　　　　　　表 9-6

施工阶段	主要噪声源	噪声限值 [dB (A)]	
		昼间	夜间
土石方	推土机、挖掘机等	75	55
打桩	各种打桩机等	85	禁止施工
结构	振捣棒、电锯等	70	55
装修	吊车、升降机等	65	55

9.3.7　固体废物的处理

1. 建筑工地上常见的固体废物

（1）固体废物的概念

固体废物是生产、建设、日常生活和其他活动中产生的固态、半固态废弃物质。按照其化学组成可分为有机废物和无机废物；按照其对环境和人类健康的危害程度可以分为一般废物和危险废物。

（2）施工工地上常见的固体废物

1）建筑渣土，包括砖瓦、碎石、混凝土碎块、废钢铁、碎玻璃、废弃装饰材料等。

2）废弃的散装建筑材料，包括散装水泥、石灰等。

3）生活垃圾，包括炊厨废物、丢弃食品、生活用品、煤灰渣、废交通工具等。

4）设备、材料等的废弃包装材料。

5）粪便。

2. 固体废物对环境的危害

固体废物对环境的危害是很严重的，主要表现在：

（1）侵占土地。固体废物的堆放，可直接破坏土地和植被；

（2）污染土壤。固体废物的堆放中，有害成分易污染土壤，并在土壤中发生积累，给作物生长带来危害。部分有害物质还能杀死土壤中的微生物，甚至使土壤丧失腐解能力；

（3）污染水体。固体废物遇水浸泡、溶解后，其有害成分随地表径流或土壤渗流污染地下水和地表水；此外，固体废物还会随风进入水体造成污染。

（4）污染大气。以细颗粒状存在的废渣垃圾和建筑材料在堆放和运输过程中，会随风扩散，使大气中悬浮的灰尘废弃物提高；此外，固体废物在焚烧等处理过程中，可能产生有害气体造成大气污染。

（5）影响环境卫生。固体废物的大量堆放，会招致蚊蝇滋生，臭味四溢，严重影响工地以及周围环境卫生，对员工和工地附近居民的健康造成危害。

3. 固体废物的处理和处置

固体废物处理的基本思想是采取资源化、减量化和无害化的处理，对固体废物产生的全过程进行控制。主要处理方法如下：

（1）回收利用。回收利用是对固体废物进行资源化，减量化的重要手段之一。对建筑渣土可视具体情况加以利用。废钢可按需要用作金属原材料。对废电池等废弃物应分散回收，集中处理。

（2）减量化处理。减量化是对已经产生的固体废物进行分选、破碎、压实浓缩、脱水等减少其最终处置量，减低处理成本，减少对环境的污染。在减量化处理的过程中，也包括和其他处理技术相关的工艺方法，如焚烧、热解、堆肥等。

（3）焚烧技术。焚烧用于不适于再利用且不宜直接予以填埋处置的废物。尤其是对于受到病菌、病毒污染的物品，可以用焚烧进行无害化处理。焚烧处理应使用符合环境要求的处理装置，注意避免对大气的二次污染。

（4）稳定和固化技术。利用水泥、沥青等胶结材料，将松散的废物包裹起来，减小废物的毒性和可迁移性，使得污染减少。

（5）填埋。填埋是固体废物处理的最终技术，经过无害化、减量化处理的废物残渣集中到填埋场进行处置。填埋应利用天然或人工屏障。尽量使需处置的废物与周围的生态环境隔离，并注意废物的稳定性和长期安全性。

课后案例

疫情下的"安全岛"——火神山、雷神山医院

火神山、雷神山医院总建筑面积分别为 3.39 万 m^2 和 7.97 万 m^2，在疫区托举起能够及时收治患者的"安全岛"。面对工期短、任务重、协调难的局面，在党的领导下，在各方鼎力支持下，主承建方中建集团勇往直前，攻坚克难，创造了人间奇迹，为打赢疫情防控阻击战作出了积极贡献。

火神山、雷神山医院无论是规模质量还是防护隔离标准，都远胜当年的"小汤山"医院。面对极端建造条件，中建集团充分发挥规划设计、部品制造、物流保障、施工组织、工艺优化、运营维护高度融合的一体化建造关键技术优势，创造了极限工期下的快速建造与交付。集团组织编制的应急医院设计、制造、建造到运维的一体化企业技术标准，实现了应急医院建设技术的产品化和产业化。

火神山、雷神山医院建设举国关注，多方倾力打造的这个"安全岛"究竟是什么样的？通过构部件标准定型化、"小时制"作战图模式，现场工业化流水施工、"医护走廊—病房—病患走廊"施工顺序，围绕"医护主通道核心结构—病房组合式扩展结构"的创新建造思路，实践探索出一套水平以平面分区同步、竖向以工艺衔接串联的多维立体全专业穿插模型，保证所有具备条件的专业可同时施工、全面铺排，形成一套适用于极端条件下应急传染病医院统筹高效的建造管理一体化新工艺。按照工程全生命周期一体化系统理论，组织架构上运用 EPC 工程总承包管理模式，实现设计与施工、制造和建造、建造与验收等相统一的高效协同体系。应用"北斗"系统提高了复杂环境下原始地形地貌的高精度定位和精确标绘，移动端应用加快了数字孪生辅助设计的协同效率；创新采用"独立成区、分区调试、验收同步介入"的高效验收新体系实现建造质量与快速交付相统一；采取分区管制、高效转换、场外仓储等方式，有效解决现场海量物资装备交通管控难题。

火神山、雷神山医院院区建筑整体布局高度模块化，病房楼均采用箱体结构进行装配化组合，形成医疗单元。医疗单元以"工"字形设计，按照"鱼骨状"集约排布并串联起来。这种构型能够严格划分污染区和洁净区，实现"双分离"设计实现"医患隔离、通道分离"。此外，医护人员与患者在活动空间上也进行严格区分，最大限度降低交叉感染风

险，做到了医护人员的"零感染"。

火神山、雷神山医院所有病房都使用具备防火性能的环保材料的集装箱式构造，通过专业集成和交叉深化设计，工厂加工预制，在现场按型号拼装到位，可以大大加快施工进度，像搭积木一样盖房子。建造全过程应用BIM技术，通过统一排布和模拟实现虚拟建造，借助智慧工地数字化管理平台，对"人、机、料、法、环"等各生产要素进行实时、全面、智能的监控和管理，通过监控机具设备使用状态，保障建造过程高效运转以及医院运行"零事故"。

火神山、雷神山医院分别毗邻知音湖、黄家湖大型水体，医疗污水是否影响周边环境、医院建成后能否达到环保标准，始终是公众关心的焦点。中建集团严格按照《传染病医院建设标准》实施建设，采用模块化单元密封及气压控制病房防扩散技术、"两布一膜"（双层无纺布＋HDPE防渗膜）整体防渗和"活性炭吸附＋紫外光降解"工艺的污水处理技术、干式脱酸医疗废物无害化焚烧技术，形成多维度管控的防扩散集成技术，对废液、废气和固体污染物进行无害化处理。采用冗余性安全防疫创新管理理念，在施工与运维阶段，采用线性矩阵管理相结合的方式、多角度安全防疫措施，实现了建设、运维全过程的"零扩散"并且医疗废弃物"零污染"目标。

医护人员"零感染"、医院运行"零事故"、医疗废弃物"零污染"、重症患者低死亡率的"奇迹"，验证了建设及维保过硬的质量。

【案例思考】

1. 火神山、雷神山医院如何保证质量？
2. 结合案例阐述工程项目施工安全管理的重要性。

玉林市某项目"5·16"施工升降机吊笼坠落事故

2020年5月16日19时20分左右，玉林市某项目的5号楼施工升降机发生高空坠落较大事故，导致施工升降机吊笼内的6名工人死亡。

事故发生后，自治区党委、政府主要领导高度重视，先后作出批示，要求迅速查明事故原因，妥善处理事故善后工作，举一反三组织开展排查消除安全隐患，防止安全事故发生。接到事故信息后，广西壮族自治区住房和城乡建设厅主要领导立即指派厅相关处室同志连夜赶赴事故项目现场指导事故处置和调查分析，从严从速从重实施责任追究。厅领导随即带领有关建筑起重机械专家到达事故项目现场开展详细勘查，对事故原因进行分析研究。

据了解，该事故项目于2019年8月1日开工建设，2020年4月14日完成5号楼主体结构施工，5号楼施工升降机导轨架最顶上一段标准节于5月14日安装完毕。

据初步调查分析，该起事故的直接原因是5月14日加装施工升降机最顶上一段电梯导轨时，第64节、第65节标准节之间应当连接的4根高强度连接螺栓中有2根缺失。5月16日晚上，工人乘坐施工升降机右侧吊笼前往加班，吊笼运行至第65节标准节以上时，标准节连接处失效，吊笼连同第65节及以上标准节、附着装置部件倾翻，整体坠落，导致吊笼中的6名工人有3人当场死亡、3人送至医院后抢救无效死亡，事故直接经济损失约1000万元。

　　调查同时发现，项目还存在施工升降机安装人员无特种作业证书、无专职安全管理人员进行现场监督以及未按要求对设备进行自检、调试、试运行和组织验收等问题。

　　该事故发生在全国"两会"召开前夕，给人民生命财产造成巨大损失，社会影响十分恶劣。深刻吸取该事故教训，切实做好全自治区房建市政工程建筑施工重大危险源监管，坚决防范类似事故再次发生，确保扭转全自治区房建市政工程领域建筑施工安全生产严峻形势。进一步规范起重机械设备租赁、安拆、使用、检验等行为，充分运用"广西建筑起重机械安全监督管理系统"和"广西建设工程检测监管信息系统"两个信息平台，加强对建筑起重机械设备的信息监管，应做到以下要求：

　　加强起重设备的产权备案管理。各市在受理辖区内新提交的起重机械产权备案时，应委托当地建设工程质量安全监督机构或直接由当地住建主管部门对该设备进行现场核查。

　　加强起重设备从业单位安全监管工作。监理单位应严格审核建筑起重机械各专业施工方案，严格审核特种作业人员的特种作业操作资格证书，严格执行旁站制度，参与安装、拆卸、顶升加高验收、安全检查，并检查日常维保工作。

　　加强起重设备安装、拆卸、顶升过程的管控。建筑起重机械进入施工现场时，建设、施工、监理单位应对起重机械及其配件进行全面检查，核验其产权备案等档案资料，严禁不同厂家、不同型号、不同材质的标准节、附着装置在同一台起重机械上混用。确保起重设备安全检查和维修保养真实有效。施工总承包单位和设备租赁单位应在设备租赁合同中明确起重机械安全检查和维修保养由设备租赁单位负责。参与安全检查和维修保养的工人，必须受聘于出租该设备的单位，否则不允许参与安全检查和维修保养工作。

【案例思考】

　　1. 该工程项目危险源是什么？该如何控制？

　　2. 结合案例阐述工程项目施工过程如何避免此类事故发生？

复习思考题

　　1. 安全控制的概念、方针与目标是什么？

　　2. 施工安全控制的特点和程序是什么？

　　3. 施工安全控制的基本要求是什么？

　　4. 危险源如何分类？其辨识方法有哪些？

　　5. 危险源控制的方法有哪些？

　　6. 施工安全措施计划如何实施？

　　7. 安全检查如何分类？主要内容有哪些？

　　8. 文明施工与环境保护的概念和意义是什么？如何进行大气污染和水污染的防治？

　　9. 噪声如何分类？如何进行施工现场的噪声控制？

　　10. 固体废物对环境的危害有哪些？如何进行固体废物的处理？

参 考 文 献

[1] 苏秦. 质量管理[M]. 北京：中国人民大学出版社，2019.

[2] 中国建设监理协会. 2021 监理工程师学习丛书 建设工程质量控制 土木建筑工程[M]. 北京：中国建筑工业出版社，2021.

[3] 苏秦. 质量管理与可靠性[M]. 北京：机械工业出版社，2019.

[4] 岳鹏. "样板引路＋全周期管控"碧桂园交付宜居标准再升级[J]. 中国质量万里行，2022(7)：2.

[5] 李慧敏. 抢建战地医院 战"疫"施工没有"暂停键" 建筑央企：重大工程项目率先复工[J]. 中国经济周刊，2020(Z1)：32-34.

[6] 刘宏泰，卜崇鹏，柳丽英. 国际 EPC 总承包项目质量管理[J]. 建筑技术开发，2017，44(07)：73-74.

[7] 王莹，陈桂芳. 创新管理铸就卓越[N]. 中国铁道建筑报，2010-03-23(001).

[8] 戈珍平，裴燕，葛芊芊. "藏韵红山"——北京藏医院二期工程项目设计[J]. 建筑技艺，2021(S1)：28-31.

[9] 成飞飞. 建筑产品设计过程建模与仿真研究[D]. 哈尔滨：哈尔滨工业大学，2009.

[10] 吴浙文. 建设工程项目管理[M]. 武汉：武汉大学出版社，2013

[11] 王争鸣. 忆国家大剧院设计方案的产生[J]. 北京观察，2021(08)：76-79.

[12] 吴国勤，傅学怡，黄用军，等. 华润深圳湾总部大楼结构设计[J]. 建筑结构，2019，49(07)：43-50＋34.

[13] 陈学先. 国家电网公司集中监造管理体系研究[J]. 项目管理技术，2009(05)：53-57.

[14] 朱伟伟，田清，何斌，等. 华龙一号核二三级换热器典型设备监造管理[J]. 电站辅机，2020，41(02)：21-25.

[15] 刘新利. 海阳核电厂设备监造管理实践[J]. 核安全，2021，20(02)：18-24.

[16] 苏秦. 质量管理与可靠性 [M]. 2 版. 北京：机械工业出版社，2013.

[17] 韩福荣. 现代质量管理学 [M]. 4 版. 北京：机械工业出版社，2018.

[18] 王丹丹，刘平. 质量管理理论与实务 [M]. 北京：清华大学出版社，2017.

[19] 袁付礼. 质量管理学 [M]. 3 版. 武汉：武汉理工大学出版社，2018.

[20] 孙顺利. 质量改进统计方法 [M]. 北京：冶金工业出版社，2015.

[21] 温德成. 质量管理学 [M]. 北京：机械工业出版社，2014.

[22] 光昕，李沁. 质量管理与可靠性工程 [M]. 北京：电子工业出版社，2005.

[23] 苏秦. 现代质量管理学 [M]. 北京：清华大学出版社，2005.

[24] 陈国华，贝金兰. 质量管理 [M]. 北京：北京大学出版社，2018.

[25] 何晓群，付韶军. 六西格玛质量管理与统计过程控制 [M]. 北京：清华大学出版社，2016.

[26] 马玉宏，林志刚. 青藏铁路西格二线工程强化施工质量管理[N]. 经济日报，2008-09-01(001).

[27] 许强，吴红杰. 基于 PDCA 循环的工程项目施工阶段质量管理体系探析[J]. 中国标准化，2018(10)：185-186.

[28] 刘文峰，杨希涛，李强. 六西格玛(6σ)理论在桥梁墩柱混凝土外观质量控制中的实践[J]. 河南建材，2012(04)：180-182.

[29] 刘杰，张志威，王振宇，等. 北京大兴国际机场项目技术质量控制策略研究[J]. 工程质量，

2020，38(01)：20-23.

[30] 王妍. W酒店改造工程业主方全过程管理研究[D]. 北京：北京化工大学，2020.

[31] 田文钊，刘志文，李刚，等. 浅谈北京大兴国际机场机坪航油管线施工过程质量管理[J]. 安装，2020(02)：17-20.

[32] 吴松勤. 建筑工程质量管理[M]. 北京：中国建筑工业出版社，2019.

[33] 港珠澳大桥主体工程荷载试验完成 全面进入验收期[J]. 城市道桥与防洪，2018(01)：4.

[34] 张建荣，周名翠. 三峡二期工程分部(分项)工程验收的组织与实施[J]. 人民长江，2002(10)：64-65.

[35] 彭佳秋. 谈加强建筑工程验收资料管理的重要性[J]. 居舍，2020(10)：130.

[36] 张涑贤，乔宏. 项目质量管理[M]. 北京：化学工业出版社，2009.

[37] 朱洁民. 上海中心大厦桁架层安装施工质量控制[J]. 施工技术，2012，41(18)：27-30＋38.

[38] 刘辉. M住宅工程施工质量管理研究[D]. 北京：北京工业大学，2018.

[39] 贾先国，何海涛，刘大鹏. 基于亲和图和系统图的建筑施工安全事故分析[J]. 山西建筑，2010，36(20)：193-195.

[40] 马慧. QC小组在工程项目管理实践中的应用研究[D]. 西安：西安建筑科技大学，2018.

[41] Cheng Y M, Leu S S. Integrating data mining with KJ method to classify bridge construction defects [J]. Expert Systems with Applications, 2011, 38(6)：7143-7150.

[42] S·托马斯·福斯特. 质量管理整合供应链[M]. 何桢，译. 北京：中国人民大学出版社，2018.

[43] 王进波. 基于PDPC法的工程项目全寿命周期动态管理研究[D]. 杭州：浙江大学，2013.

[44] 范立瑀. 上海中心大厦幕墙玻璃项目质量管理研究[D]. 上海：华东理工大学，2012.

[45] 何明全. "精品工程"实践背景下的梅汕高铁M项目质量管控研究[D]. 广州：华南理工大学，2018.

[46] 张献兵，雷军，张秀玲，等. 深圳赛格大厦异常振动成因分析[J]. 科学技术与工程，2021，21(25)：10588-10602.

[47] 佚名. 火神山、雷神山医院建设背后的"科技密码"[J]. 工程质量，2020，38(03)：4，9，40，62.

[48] 林翼彪. 关于施工升降机吊笼坠落事故原因分析与对策探讨[J]. 建筑技术开发，2021，48(03)：143-144.